Der Stein der Weisen

Der Nobelpreisträger Friedrich Wilhelm Ostwald (1853 – 1932) studiert Chemie an der Universität Dorpat. 1875 wurde er Assistent am physikalischen Institut bei Arthur von Oettingen, später am chemischen Institut bei Carl Schmidt. 1878 beendet er seine Dissertation, die den Titel „Volumchemische und optisch-chemische Studien." trug. 1887 wurde er auf den Lehrstuhl für physikalische Chemie an der Universität Leipzig berufen. Er emeritierte 1906, um dann als freier Forscher zu arbeiten. 1909 erhielt er den Nobelpreis für Chemie für seine Arbeiten über die Katalyse sowie seine Untersuchungen über Gleichgewichtsverhältnisse und Reaktionsgeschwindigkeiten. – Ostwald engagierte sich in verschiedenen internationalen wissenschaftlichen Organisationen und setzte sich als visionärer Wissenschaftler für die Nutzung der Sonnenenergie in der Zukunft ein. In der Zeitschrift „Technische Rundschau" vom 18.6.1930 erschienen seine Vorstellungen unter dem Titel „Energiequellen der Zukunft". Des weiteren propagierte er in seinem Vortrag „Die wissenschaftliche Elektrochemie der Gegenwart und die technische der Zukunft" den zukünftigen Einsatz von Brennstoffzellen.

Der Naturwissenschaftler Dipl.-Math. Klaus-Dieter Sedlacek, Jahrgang 1948, studierte in Stuttgart neben Mathematik und Informatik auch Physik. Nach dem Diplomabschluss 1975 und einigen Jahren Berufspraxis gründete er eine eigene Firma, die sich mit der Entwicklung von Anwendungssoftware beschäftigte. Diese führte er mehr als fünfundzwanzig Jahre. In seiner zweiten Lebenshälfte widmet er sich nun privaten Forschungsvorhaben. Er hat sich die Aufgabe gestellt, die Physik von Information, Bedeutung und Bewusstsein näher zu erforschen und einem breiteren Publikum zugänglich zu machen. Im Jahr 2008 veröffentlichte er ein aufsehenerregendes und allgemein verständliches Sachbuch mit dem Titel „Unsterbliches Bewusstsein – Raumzeit-Phänomene, Beweise und Visionen". Er ist der Herausgeber der Reihen „Wissenschaftliche Bibliothek" und „Wissenschaft gemeinverständlich".

Nobelpreisträger
Wilhelm Ostwald et al.

Der Stein der Weisen

Überarbeitet und aktualisiert von

Klaus-Dieter Sedlacek (Hrsg.)

Abenteuer Naturwissenschaft Bd. 01

Bibliographische Information Der Deutschen Bibliothek:
Die Deutsche Bibliothek verzeichnet diese Publikation in der
Deutschen Nationalbibliographie; detaillierte
bibliographische Daten sind im Internet über
http://dnb.ddb.de
abrufbar.

Originalausgabe

Herstellung und Verlag:
BoD – Books on Demand, Norderstedt
ISBN 978-3-7534-6108-3

Inhaltsverzeichnis

1. Die wunderbare Wandlung des Steins der Weisen

Abb. 1.1: Nachbildung des Labors von Andreas Libavius in Rothenburg ob der Tauber. CC0

1.1   Auf dem Weg zur chemischen Revolution

Es ist nicht leicht, sich eine Vorstellung über den Umfang des chemischen Wissens in der gegenwärtigen Zeit zu machen, ohne den Blick rückwärts auf vergangene Jahrhunderte zu lenken. Die Geschichte einer Wissenschaft ist eine Seite in der Geschichte des menschlichen Geistes; in Beziehung auf ihre Entstehung und Entwicklung gibt es keine, welche merkwürdiger und lehrreicher wäre, als die Geschichte der Chemie. Der verbreitete Glaube an das jugendliche Alter der Chemie ist ein Irrtum, welcher zufälligen Umständen seine Entstehung verdankt; sie gehört zu den ältesten Wissenschaften.[1]

---

1   Justus von Liebig: Chemische Briefe.

Derselbe Geist, welcher zu Ende des 18. Jahrhunderts in einem hochzivilisierten Volk das wahnsinnige Bestreben erweckte, die Denkmale seines Ruhmes und seiner Geschichte zu vernichten, der Göttin der Vernunft Altäre zu erbauen und einen neuen Kalender einzuführen, gab Veranlassung zu dem seltsamen Fest, in welchem Madame Lavoisier in dem Gewand einer Priesterin das phlogistische System auf einem Altar den Flammen übergab, während eine feierliche Musik ein Requiem dazu spielte. Damals vereinigten sich die französischen Chemiker zu einer Änderung aller bis dahin gebräuchlichen Namen und Bezeichnungsweisen von chemischen Vorgängen und chemischen Verbindungen, es wurde eine neue Nomenklatur eingeführt, welche im Gefolge eines in sich vollendeten neuen Systems sich in allen Ländern die Aufnahme erzwang.

Daher denn die scheinbare große Kluft zwischen der gegenwärtigen und früheren Chemie.

Der Ursprung einer jeden wichtigen Entdeckung, einer jeden gesonderten Beobachtung, welche bis zu Lavoisiers Zeit in irgendeinem andern Teil Europas gemacht worden war, war verwischt, die neuen Namen und geänderten Vorstellungen zerrissen allen Zusammenhang mit der Vergangenheit, unser gegenwärtiger Besitz scheint Vielen nur das Erbe der damaligen französischen Schule zu sein und die Geschichte nicht über diese hinaus zu reichen. Dies eben ist der Irrtum.

Wie es kein Ergebnis gibt in der Geschichte der Völker, dem nicht Zustände oder Ereignisse, deren Folge es ist, vorangegangen sind, ganz so verhält es sich mit dem Fortschritt in den Naturwissenschaften. Wie eine Erscheinung in der belebten oder unbelebten Natur die Bedingungen voraussetzt, durch welche sie entsteht, so wird der Fortschritt in den Naturwissenschaften angebahnt durch vorangegangene Erwerbung von Wahrheiten, welche Ausdrücke für Tatsachen, oder der gegenseitigen Abhängigkeit von Tatsachen sind. Ein neues System, eine neue Theorie ist immer die Folge von mehr oder weniger umfassenden, der herrschenden Lehre widersprechenden Beobachtungen; zu Lavoisiers Zeit waren alle Körper, alle Erscheinungen, mit deren Studium er sich beschäftigt hat, bekannt; er hat keinen neuen Körper, keine neue Naturerscheinung entdeckt, alle durch ihn festgestellten waren die notwendigen Folgen von Arbeiten, die den seinigen vorangegangen waren; sein unsterbliches Verdienst war es, den Körper der Wissenschaft mit einem neuen Sinn begabt zu haben, alle Glieder waren bereits vorhanden und in die richtige Verbindung gebracht.

Die Chemie umfasst die Wirkungen von Naturkräften der verborgensten Art, die sich nicht wie viele physikalische Kräfte, wie das Licht, die Schwere, durch Tätigkeiten kundgeben, welche täglich die Aufmerksamkeit der Menschen auf sich ziehen; es sind Kräfte, welche nicht in Entfernungen wirken, deren Äußerungen nur bei der unmittelbaren Berührung verschiedenartiger Materien wahrnehmbar sind. Es gehörten Jahrtausende dazu, um die Welt von Erscheinungen zu schaffen, woraus die Chemie zu Lavoisiers Zeiten bestand. Unzählige Beobachtungen mussten gemacht sein, ehe man imstande war, die auffallendste chemische Erscheinung, das Brennen eines Lichtes, zu erklären, ehe man die verborgenen Fäden auffand, welche zum Bewusstsein führten, dass das Rosten des Eisens in der Luft, das Bleichen der Farben, der Atmungsprozess der Tiere abhängig von derselben Ursache ist.

Um zu den chemischen Kenntnissen zu gelangen, über die wir heute verfügen, war es nötig, dass Tausende von Männern, mit allem Wissen ihrer Zeit ausgerüstet, von einer unbezwinglichen, in ihrer Heftigkeit an Raserei grenzenden Leidenschaft erfüllt, ihr Leben und Vermögen und alle ihr Kräfte daransetzten, um die Erde nach allen Richtungen zu durchwühlen, dass sie, ohne müde zu werden und zu erlahmen, alle bekannten Körper und Materien, organische und unorganische, auf die verschiedenartigste und mannigfaltigste Weise miteinander in Berührung brachten; es war erforderlich, dass dies fünfzehn Jahrhunderte hindurch geschah.

Es war ein mächtiger unwiderstehlicher Reiz, der die Menschen antrieb, sich mit einer Geduld und Ausdauer, die ohne Beispiel in der Geschichte ist, mit Arbeiten zu beschäftigen, welche kein Bedürfnis der Zeit befriedigten. Es war das Streben nach irdischer Glückseligkeit.

Eine wunderbare Fügung pflanzte in die Gemüter der weisesten und erfahrensten Männer die Idee der Existenz eines in der Erde verborgenen Dinges, durch dessen Auffindung der Mensch in den Besitz dessen gelangen kann, was die höchsten Wünsche der höheren Sinnlichkeit umschließt: Gold, Gesundheit und langes Leben. Das Gold gibt die Macht, ohne Gesundheit gibt es kein Genießen, und das lange Leben tritt an die Stelle der Unsterblichkeit. (Goethe.)

Diese drei obersten Erfordernisse der irdischen Glückseligkeit glaubte man vereinigt in dem Stein der Weisen; die Aufsuchung der jungfräulichen Erde, des Mittels zur Darstellung der geheimnisvollen Substanz, welche in der Hand der Weisen oder Wissenden jedes unedle Metall in Gold verwandelt, das, wie man später glaubte, in seiner höchsten Vollkommenheit als Arzneimittel gebraucht, alle Krankheiten heilt, den Körper verjüngt und das Leben verlängert, war aber tausend Jahre lang der alleinige und Hauptzweck aller chemischen Arbeiten.

Um das Wesen der Alchemie richtig aufzufassen und zu beurteilen, muss man sich daran erinnern, dass man bis zum sechszehnten Jahrhundert die Erde für den Mittelpunkt des Weltalls hielt, das Leben und die Schicksale der Menschen wurden als in engster Verbindung stehend betrachtet mit der Bewegung der Gestirne. Die Welt war ein großes Ganzes, ein Organismus, dessen Glieder in ununterbrochener Wechselwirkung standen. „Nach der Erde hin strahlen von allen Enden des Himmels die schöpferischen Kräfte und bestimmen das Irdische." (Roger Baco.)

„Isst jemand ein Stück Brot, sagt Paracelsus, genießt er nicht in demselben Himmel und Erde und alle Gestirne, insofern der Himmel durch seinen befruchtenden Regen, die Erde durch das Feld und die Sonne durch ihre leuchtenden und erwärmenden Strahlen an der Hervorbringung desselben mitgewirkt haben und das Ganze im Einzelnen gegenwärtig ist."

Was auf der Erde geschah, stand am Himmel in Sternenschrift, das am Himmel Geschriebene musste auf der Erde geschehen, Mars oder Venus, oder ein anderer Planet regierten von der Geburt an die Taten und Erlebnisse der einzelnen Menschen; die in ihrer Erscheinung regellosen Kometen galten als drohende Schriftzeichen der Bedrängnis und Not ganzer Völkerschaften.

Die Erkenntnis und Betrachtung der Natur und ihrer Kräfte umfasste die Wissenschaft der Magie; mit der Heilkunst verbunden galt sie für den Inbegriff geheimer Weisheit. In den Erscheinungen des organischen Lebens, in großartigen Naturwirkungen, im Donner und Blitz, im Sturm und Hagel erkannte man das Walten unsichtbarer Geister.

Was ein Denker sich durch Beobachtung erworben hatte, war ein Besitz, dessen Quelle der Menge nicht erkennbar war, er war ein Zeichen des Verkehrs mit übernatürlichen Wesen, sein Wissen galt als Macht, mit ihm beherrschte er die Geister. „Die Dämonen, sagt Cäsalpinus, erkennen durch den inneren Sinn, ohne eines Körpers zu bedürfen, aber ohne natürliche Mittel können sie auf Menschen und Tiere keinen Einfluss äußern. – Die von der argen Art erregen die Behexungen und allerlei Unfälle." Vier Jahrhunderte lang brachte die Jurisprudenz der Idee des Bestehens von Bündnissen der Menschen mit dem bösen Geiste Tausende von Menschenopfern; man war überzeugt von der Existenz von Verträgen der seltsamsten Art, insofern keine der Parteien irgendeinen Nutzen daraus zog, denn die Unglücklichen, welche ihre Seele dem Teufel verschrieben hatten, lebten größtenteils im Elend und tiefer Armut und tauschten dafür einmal weltliche Freuden ein, und ihr Anteil an himmlischer Seligkeit, welchen der Teufel erwarb, war für ihn ein wertloser Besitz. (Carriere.)

Mit diesem Zustand der Entwicklung des menschlichen Geistes verglichen, war die Alchemie in Beziehung auf Naturerkenntnis anderen Naturwissenschaften voraus; die Chemie stand damals und bis zum 15. Jahrhundert auf derselben Stufe, sie war in ihrer Ausbildung nicht weiter zurück als die Astronomie.

Die Idee des Steines der Weisen, als eines Mittels zur Verwandlung der unedlen Metalle in Gold, wurde vorzüglich durch die Araber von Ägypten aus verbreitet. Durch die Eroberung von Ägypten gelangten die Araber in den Besitz von naturwissenschaftlichen Kenntnissen, ursprünglich vielleicht der Erwerb einer eifersüchtigen Priesterkaste, welche als Mysterien in den Tempeln gelehrt, nur den Eingeweihten zugänglich waren. Schon Herodot und Plato hatten in diesem Lande Unterricht und Belehrung gefunden. Neunhundert Jahre vor der Eroberung war bereits in der alexandrinischen Akademie ein Mittelpunkt wissenschaftlicher Tätigkeit gebildet, und noch zur Zeit der Verbrennung der großen Büchersammlung durch die Araber war Alexandrien der Sitz und der wichtigste Zufluchtsort griechischer Wissenschaft. In diesem geistig frischen Volke, in welchem der Fatalismus Mohameds, im Widerspruch mit der Entwicklung der Heilkunde, so wie die Gebote ihres religiösen Gesetzbuches, welche das Grübeln ausdrücklich untersagten, die Pflege der Wissenschaften, der Medizin, der

Astronomie, der Mathematik, nicht zu hindern vermochten, fanden die Vorstellungen der alexandrinischen Gelehrten über Metallverwandlung einen empfänglichen, vorbereiteten und fruchtbaren Boden.

Zur Zeit als Bagdad, Bassora und Damaskus Mittelpunkte des Welthandels waren, gab es kein Volk der Erde, welches geschickter und tätiger im Erwerb und begieriger nach Gewinn und Gold war, als die Araber. In ihren Märchen und Sagen sind uns die Lieblingswünsche der damaligen Zeit, die bewegenden Ursachen der Tätigkeit des Volkes aufbewahrt. Während die Elfen und Nixen, die Zwerge und Undinen der germanischen Sagen Spender von Schwertern waren, denen kein Feind widerstand, oder von Salben, welche alle Wunden heilten, von Bechern, die sich niemals leerten, oder Tischen, die immer gedeckt waren, sind die Geister der Tausend und einen Nacht stets die Bewahrer von unermesslichen Schätzen, die Hüter von Gärten mit Bäumen von Gold und Früchten von edlen Steinen. Die Wunderlampe der arabischen Erzähler, durch welche der Mensch in den Besitz dieser Herrlichkeiten gelangen konnte, war offenbar als etwas eben so Erreichbares und Wirkliches angesehen, als wie die Besen, auf welchen viele Jahrhunderte später die Hexen auf den Blocksberg ritten, um in rasenden Tänzen die Walpurgisnacht zu feiern; sie gestaltete sich in Ägypten in den Steinen der Weisen.

Durch die arabischen Hochschulen wurde das Streben nach der Auffindung des Steins der Weisen, und damit der Erwerb chemischer Kenntnisse und die ganze wissenschaftliche Richtung, dem nordwestlichen Europa mitgeteilt. Nach dem Muster der Hochschulen zu Córdoba, Sevilla, Toledo, welche seit dem 10. Jahrhundert von Wissbegierigen aus allen Ländern besucht wurden, entstanden zu Paris, Salamanca, Padua etc. Sitze der Wissenschaften, und dem Kulturzustand der damaligen Zeit gemäß wurden die christlichen Geistlichen die alleinigen Besitzer und Verbreiter der Forschungen der arabischen Gelehrten; noch viele Jahrhunderte später blieb die sprichwörtlich gewordene dunkle Erklärungsweise der ägyptischen Priester, ihr mystischer, bilderreicher, mit religiösen Ideen gemischter Stil der Alchemie eigentümlich.

Aus den Schriften Gebers, des Plinius des achten Jahrhunderts, ergibt sich ein Umfang von chemischen Erfahrungen, welcher für diese Zeit Bewunderung erweckt und die Theorien der großen Naturforscher des 13. Jahrhunderts, Roger Bacos und Alberts von Bollstadt (Albertus Magnus, Bischof in Regensburg), können an Ideenreichtum und umfassender Naturanschauung nur mit denen der neueren naturphilosophischen Schulen verglichen werden.

Wie wir noch heute die Körper nach ihrer Ähnlichkeit oder Gleichheit in gewissen Eigenschaften in Gruppen ordnen, ganz so geschah dies zu Gebers Zeit. Die Metalle haben gewisse Grundeigenschaften gemein, der Metallglanz gehört allen an, es gibt Metalle, welche im Feuer unveränderlich sind, es waren die sogenannten edlen Metalle; die Mehrzahl der andern verliert im Feuer den Glanz und die Dehnbarkeit; es waren dies die unedlen Metalle; außer diesen unterschied man noch die unvollkommenen oder sogenannten Halbmetalle.

Dem Metallglanz nach konnte damals der Bleiglanz, der Schwefelkies, nicht von den Metallen getrennt werden; der Bleiglanz stand dem Blei, der Schwefelkies dem Gold in der Farbe nahe. Aus dem Bleiglanz und dem Schwefelkies konnte Schwefel ausgetrieben werden, aus dem ersteren erhielt man ohne Änderung der Farbe und des Glanzes metallisches, dehnbares, schmelzbares Blei; was war natürlicher als zu glauben, dass der Schwefel ein Bestandteil der Metalle sei, durch dessen Verhältnis ihre Eigenschaften bedingt seien. Durch Austreiben von Schwefel wurde der Bleiglanz in Blei verwandelt, war es nicht wahrscheinlich, dass durch Entfernung von etwas mehr Schwefel eine noch größere Veredlung des Bleies bewirkt werden könnte?

In der Tat erhielt man aus dem Blei, indem man es einer weiteren Behandlung im Feuer aussetzte (durch das Abtreiben), eine gewisse Menge Silber, aus dem Silber schied man Gold. Die Alchemie betrachtete diese Scheidungen als Erzeugungen, das Blei, Silber und Gold als Produkte ihrer Prozesse. War es nicht wahrscheinlich, dass durch Vervollkommnung der Prozesse alles Blei im Bleiglanz in Silber, alles Silber in Gold umgewandelt werden könnte? Die Erfahrung hatte bewiesen, dass durch eine jede Verbesserung des Verfahrens mehr Blei, mehr Silber, mehr Gold aus derselben Menge Bleiglanz genommen werde.

Die Verdampfbarkeit des Quecksilbers war bekannt; was war natürlicher, als vorauszusetzen, dass der Verlust der metallischen

Eigenschaften bei der Verkalkung der unvollkommenen Metalle durch das Feuer, dass das Rosten derselben auf einer Entweichung von einer Art Mercur (Quecksilber) beruhe?

Noch heute setzt die gewöhnliche Erfahrung in vielen Stoffen, welche eine Farbe besitzen, einen Farbstoff voraus; die rote Farbe des Rubins, die grüne des Smaragds, die blaue des Saphirs beruht auf ähnlichen Ursachen wie die Farbe der gefärbten Zeuge. Das weiche Eisen kann durch eine kleine Beimischung eines fremden Körpers hart, das harte Roheisen durch eine gewisse Behandlung weich und dehnbar gemacht werden; das rote Kupfer kann durch Behandlung mit Galmei eine dem Golde ähnliche Farbe erhalten, dasselbe Metall durch Arsenik silberweiß erhalten werden; das Gold erhält durch Erhitzen mit Salmiak eine rotgelbe Farbe, durch Borax wird es bleich; in gewöhnlicher Tinte (welche Kupfervitriol enthält) verwandelten die Kinder noch im 19. Jahrhundert das Eisen in Kupfer, indem jenes für die Wahrnehmung verschwindet; aus dem Sand gewisser Flüsse erhielt man Gold, aus rotem Lehm mit Öl geglüht bekam man Eisen.

Was war dem unerfahrenen Geist natürlicher, als zu glauben, dass die Eigenschaften der Metalle von Dingen, von gewissen Bestandteilen herrühren, dass durch Entziehung oder Hinzufügung von gewissen Stoffen das Blei oder Kupfer die Eigenschaften des Silbers oder Goldes erlangen könne? Die unvollkommene Tinktur gab die Farbe, eine vollkommenere konnte die fehlenden Eigenschaften geben!

Dass die alten Alchemisten Schwefelverbindungen der Metalle für Metalle selbst hielten, wird niemand in Verwunderung setzen, welcher weiß, dass die Chemiker des 19. Jahrhunderts 26 Jahre lang ein Oxid (Uranoxidul) und eine Stickstoffverbindung (Stickstofftitan) für einfache Metalle angesehen und gehalten haben.

Es gibt, sagt Geber, wie diese in seinem Sinne unzweifelhaften Tatsachen beweisen, Mittel der Erzeugung und Verwandlung der Metalle, und zwar bestehen sie aus dreierlei Medizinen. Die der ersten Ordnung sind die rohen Materialien, wie sie die Natur liefert (Erze.) Die der zweiten Ordnung sind die durch chemische Prozesse gereinigten der ersten Ordnung; durch weitere Veredelung und Fixierung entsteht die Medizin der dritten Ordnung, dies ist das große Magisterium, die rote Tinktur, das große Elixier, der Stein der Weisen.

In allen Metallen, so glaubte man, ist ein Prinzip enthalten, welches ihnen den Charakter der Metallität erteilt, es ist der Mercur der Weisen; Bereicherung eines unedlen Metalls an dem Prinzip ist Veredelung desselben. Zieht man aus irgendeinem Stoff oder Metall das metallische Prinzip aus, steigert man seine Kraft durch Läuterung und stellt so die Quintessenz der Metallität dar, so hat man den Stein, der, auf unreife Metalle gebracht, diese in edle verwandelt. Die Wirkung des Steins der Weisen wurde von Vielen ähnlich der eines Enzyms angesehen. „Verwandelt nicht die Hefe die Pflanzensäfte, das Zuckerwasser durch die Umsetzung der Bestandteile in das verjüngende und stärkende Wasser des Lebens (aqua vitae), bewirkt es nicht die Ausscheidung aller Unreinigkeiten! Verwandelt nicht der Sauerteig das Mehl in nährendes Brot!" (Georg Rippel. 15. Jahrhundert.)

In seiner größten Vollkommenheit, als Universal, genügte nach Roger Baco ein Teil, um eine Million Teile, nach Raymund Lullus sogar tausend Billionen Teile unedles Metall in Gold zu verwandeln. Nach Basilius Valentinus erstreckt sich seine Kraft nur auf 70 Teile, nach John Price (dem letzten Goldmacher des 18. Jahrhunderts) nur auf 30 bis 60 Teile unedles Metall.

Zur Darstellung des Steins der Weisen gehörte vor allem die rohe erste Materie, die Adamserde, jungfräuliche Erde, sie ist zwar überall verbreitet, aber ihre Auffindung an gewisse Bedingungen, welche nur der Eingeweihte kennt, geknüpft. Hat man diese, sagt Isaac Hollandus, so ist die ganze Darstellung des Steins ein Werk der Weiber, ein Spiel für Kinder. Aus der materia prima cruda oder remota erhält der Philosoph den Mercur der Weisen, verschieden von dem gemeinen Quecksilber, die Quintessenz, die Bedingung der Erzeugung aller Metalle. Zu diesem wird philosophisches Gold gesetzt und die Mischung in einem Brütofen, welcher die Gestalt eines Eies haben muss, längere Zeit gelassen. Man erhält jetzt einen schwarzen Körper, das Rabenhaupt, Caput Corvi, welcher nach längerem Verweilen in der Wärme sich in einen weißen verwandelt, dies ist der weiße Schwan. Bei längerem und stärkerem Feuer wird die Materie gelb und endlich glänzend rot und mit dieser ist das große Werk vollbracht.

Andere Beschreibungen der Bereitungsmethode des Steins der Weisen sind durch Einmischung mystischer Anschauungsweisen noch dunkler und geheimnisvoller. Die Gewohnheit, Zeitlängen mittelst Gebeten zu bestimmen, ging im 10. und 12. Jahrhundert in die Laboratorien der Alchemisten über, und es ist leicht erklärlich, wie allmählich das Gelingen der Operationen wesentlich bedingt von der Wirksamkeit des Gebetes angesehen wurde, was ursprünglich nur die Dauer derselben bezeichnen sollte. Im 17. Jahrhundert war die Umkehrung alchemistischer Ideen in religiöse Begriffe so vollkommen, dass man für Letztere häufig die alchemistischen Ausdrücke gebrauchte. In den Schriften der mystischen Sekten (z. B. des Schwärmers Jacob Böhme, † 1624) bedeutet S t e i n d e r W e i s e n nicht mehr die Gold erzeugende Substanz, sondern „Bekehrung", der irdene Ofen ist der irdische Leib, der grüne Löwe der Löwe Davids etc.

Vor der Erfindung der Buchdruckerkunst war es leicht, das, was ein Alchemist erforscht hatte, geheim zu halten; er tauschte es nur gegen die Erfahrungen anderer Eingeweihten aus. Die chemischen Prozesse, welche sie bekannt machten, sind klar und verständlich, insoweit dieselben zu keinem Resultat in Hinsicht auf den Hauptzweck ihres Strebens führten; ihre Ansichten und Arbeiten über das große Magisterium drückten sie in Bildern und Symbolen aus: In einer unverständlichen Sprache sagten sie, was ihnen selbst nur dämmernde Vermutung war.

Worüber man am meisten sich wundern muss, ist offenbar der Umstand, dass die Existenz des Steins der Weisen so viele Jahrhunderte hindurch als eine über jeden Zweifel erhabene Wahrheit gelten konnte, obwohl ihn keiner besaß, und jeder behauptete, dass ihn ein anderer besitze.

Wer konnte in der Tat einen Zweifel hegen, nachdem van Helmont erzählt hatte (1618), dass ihm mehrmals von unbekannter Hand ¼ Gran des kostbaren Körpers zugestellt worden sei, womit er 8 Unzen Quecksilber in reines Gold verwandelt habe! Hatte nicht Helvetius, der ausgezeichnete Leibarzt des Prinzen von Oranien, der bittere Widersacher der Alchemie, selbst in seinem Vitulus aureus quem mundus adorat et orat (1667) erzählt, die bündigsten Beweise der Existenz des Steins der Weisen erhalten zu haben? Denn er, der Zweifler, hatte von einem Fremden ein Stückchen von der Größe eines halben Rübsamenkorns erhalten, und damit in

Gegenwart seiner Frau und seines Sohnes 6 Drachmen Blei in Gold verwandelt, was die Prüfung der Münzwardeine im Haag bestand! Wurden nicht in Gegenwart des Kaisers Ferdinand III. zu Prag (1637 bis 1657) mit Hilfe von einem Gran eines roten Pulvers, welches er von einem gewissen Richthausen, und dieser von einem Unbekannten erhalten hatte, durch den Oberbergmeister Graf von Russ drittehalb Pfund Quecksilber in feines Gold verwandelt, woraus eine große Medaille geprägt wurde (Kopp. II. 171), worauf der Sonnengott (Gold) dargestellt war, Mercurs Schlangenstab haltend (um die Entstehung aus dem Quecksilber anzudeuten) mit der Umschrift Divina Metamorphosis exhibita Pragae XV. Jan., An MDCXLVIII in Praesentia Sac. Caes. Maj. Ferdinandi Tertii etc. (sie soll noch 1797, wie J. F. Gmelin berichtet, sich in der Schatzkammer zu Wien befunden haben). Auch der Landgraf von Hessen-Darmstadt, Ernst Ludwig, hatte, so erzählen die Alchemisten, von unbekannter Hand ein Päckchen mit roter und weißer Tinktur erhalten, nebst Anweisung sie zu gebrauchen. Von dem Gold, was er damit aus Blei darstellte, wurden Dukaten geprägt, und aus dem Silber die hessischen Speciestaler von 1717, auf welchen steht: Sic Deo placuit in tribulationibus. (Kopp. II. 271.)

Es ist wohl kaum zu bezweifeln, dass es den Liebhabern der Alchemie in den eben bezeichneten Fällen ergangen ist wie dem berühmten und hochverdienten Professor der Theologie Joh. Sal. Semler in Halle († 1791), der sich 1786 mit einer damals berühmten Universalarznei, welche ein gewisser Baron von Hirsch unter dem Namen Luftsalz feilbot, beschäftigte; er glaubte gefunden zu haben, dass in diesem Salz, angefeuchtet und warmgehalten, sich Gold erzeuge. Er schickte 1787 eine Portion dieses Salzes samt darin gewachsenem Gold an die Akademie zu Berlin. Klaproth, der es untersuchte, fand darin Glaubersalz, Bittersalz in ein Harnmagma eingehüllt und Blattgold in hübschen Dimensionen. Semler schickte auch an Klaproth Salz, in welchem noch kein Gold gewachsen sei, und einen Liquor, welcher „den Goldsamen enthalte und das Luftsalz in der Wärme befruchte," es zeigte sich indes, dass das Salz bereits mit Gold vermengt war. Semler glaubte fest an die Entstehung des Goldes, er schrieb 1788: „2 Gläser tragen Gold, alle 5 oder 6 Tage nehme ich es ab, 12 bis 15 Gran, 2 bis 3 andere sind auf dem Wege, und das Gold blüht unten durch." Eine neue Sendung an Klaproth in Blättern von 4 bis 6 Quadratzoll zeigte, dass die Pflanze sich verschlechtert hatte, sie trug jetzt unechtes Gold,

Tomback. Die Sache klärte sich dahin auf, dass Semlers Diener, welcher des Treibhauses warten sollte, Gold in die Gläser gelegt hatte, um seinen Herrn zu vergnügen; bei einer Verhinderung des Dieners übernahm dessen Frau das Geschäft, welche indes der Meinung war, dass unechtes Gold preiswerter sei und denselben Zweck erfülle.

Im 14., 15. und 16. Jahrhundert war man aber mit den Mitteln echtes Gold und Silber von gold- und silberähnlichen Gemischen zu unterscheiden, nicht so vertraut als zu Semler's Zeit. Die großartigen Betrügereien, welche von den Goldmachern verübt wurden, vermochten den Glauben an die Wirklichkeit der Metallverwandlung nicht zu schwächen; Heinrich VI. von England (1423) forderte in vier aufeinanderfolgenden Dekreten alle Edlen, Professoren und Geistlichen auf, sich dem Studium der Kunst nach Kräften zu widmen, damit man Mittel gewinne, die Staatsschulden zu bezahlen. Die Geistlichen namentlich, meinte der König, sollten sich um die Erfindung des Steins der Weisen bemühen, da sie ja Brod und Wein in Christi Leib und Blut verwandeln könnten, so werde es ihnen mit Gottes Hilfe auch gelingen, eine Verwandlung der unedlen Metalle in Gold zu bewirken. Welchen Erfolg diese Dekrete hatten, wird man daraus entnehmen können, dass das schottische Parlament in allen Häfen des Reichs, und namentlich an der Grenze zu wachen befahl, dass kein falsches Gold eingebracht werde, und es sollen die Nachkommen dieser Goldmacher noch jetzt in Birmingham existieren.

Im 16. Jahrhundert befanden sich Alchemisten an allen Höfen der Fürsten; Kaiser Rudolph II., Friedrich von der Pfalz war als Gönner der Alchemie berühmt. In allen Ständen beschäftigte man sich mit dem Goldmachen und strebte in den Besitz des großen Geheimnisses zu gelangen. Ganz ähnlich wie heutzutage von Großunternehmen, Privatpersonen und Gesellschaften große Summen für bergmännische Unternehmungen zur Aufsuchung von Erzen, Öl oder anderen Rohstofflagerstätten verwendet werden, so geschah es im 16. und 17. Jahrhundert für die zur Entdeckung des Steins der Weisen nötigen Arbeiten. Eine Menge Abenteurer tauchten auf, welche an den Höfen der Mächtigen das Glück versuchten als Adepten (Besitzer des Geheimnisses) zu gelten, aber es war ein gefährliches Spiel. Denn diejenigen, denen es an dem einen oder andern Hofe gelang, durch geschickt ausgeführte Metallverwandlungen sich als Adepten zu legitimieren, und welche Ehre und reichen Lohn davon trugen, scheiterten zuletzt an anderen, und ihr Ende war in der Regel in einem mit Flittergold beklebten Kleid an gleichfalls vergoldete Galgen aufgehängt zu werden. Die anderen, welche des Betrugs nicht überführt werden konnten, büßten in den Händen habsüchtiger Fürsten durch Gefangenschaft und Folterqualen die Ehre, Besitzer des Steins der Weisen zu sein. Das grausame Verfahren gegen diese galt als der stärkste Beweis für die Wahrheit ihrer Kunst. (Kopp.)

Baco von Verulam, Luther, Benedict Spinoza, Leibniz glaubten an den Stein der Weisen und an die Möglichkeit der Metallverwandlung, und es zeigen die Urteilssprüche juristischer Fakultäten, welche Tiefe und welchen Umfang die Ideen dieser Zeit gewonnen hatten. Die juristische Fakultät zu Leipzig erklärte (1580) in ihrem Urteil gegen David Beuther diesen für überwiesen der Kenntnis des Steines der Weisen, und im Jahre 1725 gab dieselbe Fakultät ein Gutachten ab in der Sache der Gräfin Anna Sophie von Erbach gegen ihren Gemahl Graf Friedrich Karl. Die Erstere hatte auf ihrem Schloss Frankenstein einem als Wilddieb verfolgten Flüchtling Schutz gewährt, und zum Dank dieser, der ein Adept war, der Gräfin das Silbergeschirr in Gold verwandelt. Der Graf nahm die Hälfte davon in Anspruch, weil der Zuwachs des Wertes auf seinem Gebiet und in der Ehe erworben sei. Die Rechtsfakultät entschied gegen ihn, weil das streitige Objekt vor der Verwandlung Eigentum der Gräfin gewesen sei, und sie durch Verwandlung das Besitzrecht nicht verlieren könne. (Kopp.)

Man ist in unserer Zeit nur zu sehr geneigt, die Ansichten der Schüler und Anhänger der arabischen Schule und der späteren Alchemisten über Metallverwandlung als eine Verirrung des menschlichen Geistes anzusehen und seltsamer Weise zu beklagen; aber der Begriff des Wandelbaren und Veränderlichen entspricht der allgemeinsten Erfahrung und geht dem des Unveränderlichen stets voraus.

Vor der Einführung der Waage und der Entwicklung der chemischen Analyse war kein wissenschaftlicher Grund vorhanden für die Meinung, dass das Eisen in einem roten, das Kupfer in einem blauen oder grünen Stein als solche vorhanden und nicht Erzeugnisse des Prozesses seien, der zu ihrer Gewinnung dient. Waren aber die Metalle erzeugte (Produkte) und nicht ausgeschiedene

Stoffe (Edukte), so waren sie auch verwandelbar; alles hing dann vom Prozess ab.

Erst durch die Einführung der daltonschen Lehre wurde in der Annahme fester, nicht weiter teilbarer Teilchen (Atome) der Begriff von chemisch einfachen Körpern in der Wissenschaft festgestellt; aber die Vorstellung, die man damit verbindet, ist so wenig naturgemäß, dass kein Chemiker des 19. Jahrhunderts die Metalle für einfache unzerlegbare Körper, für Elemente hält. Aber der Vater der modernen Chemie Berzelius (1779 – 1848) glaubte anfangs noch fest an die Zusammengesetztheit des Stickstoffs, des Chlors, Broms und Jods. Andererseits galten im Jahre 1807 die Alkalien, alkalische Erden und Erden für einfache Körper, von denen wir durch H. Davy wissen, dass sie zusammengesetzt sind.

In dem letzten Viertel des 18. Jahrhunderts glaubten viele der ausgezeichnetsten Naturforscher an die Verwandelbarkeit des Wassers in Erde, und es war diese Meinung so verbreitet, dass es der größte Chemiker seiner Zeit, Lavoisier, für angemessen hielt, durch eine Reihe schöner Versuche die Gründe, worauf sie sich stützte, einer Untersuchung zu unterwerfen und den Irrtum darzutun. Die Erzeugung von Kalk während der Bebrütung der Hühnereier, die von Eisen und Metalloxiden in dem tierischen und vegetabilischen Lebensprozess, fand noch im 19. Jahrhundert warme und scharfsinnige Verteidiger.

Die Unkenntnis der Chemie und ihrer Geschichte ist der Grund der sehr lächerlichen Selbstüberschätzung, mit welcher Viele auf das Zeitalter der Alchemie zurückblicken, wie wenn es möglich oder überhaupt denkbar wäre, dass über tausend Jahre lang die kenntnisreichsten und scharfsinnigsten Männer, ein Baco von Verulam, Spinoza, Leibniz eine Ansicht für wahr hätten halten können, der aller Boden gefehlt und welche keine Wurzel gehabt hätte! Muss nicht im Gegenteil als ganz unzweifelhaft vorausgesetzt werden, dass die Idee der Metallverwandlung mit allen Beobachtungen dieser Zeit in vollkommenster Übereinstimmung und mit keiner im Widerspruch stand?

In der ersten Stufe der Entwicklung der Wissenschaft konnten die Alchemisten über die Natur der Metalle keine andere Vorstellung haben, als die, welche sie hatten, keine andere Vorstellung war zulässig oder möglich, sie war darum naturgesetzlich notwendig. Man sagt, dass die Vorstellung des Steins der Weisen ein Irrtum gewesen sei; aber alle unsere Ansichten sind aus Irrtümern hervorgegangen. Was wir heute für wahr halten, ist vielleicht morgen schon ein Irrtum.

Eine jede Ansicht, welche zum Arbeiten antreibt, den Scharfsinn weckt und die Beharrlichkeit erhält, ist für die Wissenschaft ein Gewinn; denn die Arbeit ist es, welche zu Entdeckungen führt. Die drei keplerschen Gesetze, welche als die Grundlage der heutigen Astronomie gelten, sind nicht aus richtigen Vorstellungen über die Natur der Kraft, welche die Planeten in ihren Bahnen und ihrer Bewegung erhält, hervorgegangen, sondern es sind einfache Resultate der Experimentierkunst.

Die lebhafteste Einbildungskraft, der schärfste Verstand ist nicht fähig, einen Gedanken zu ersinnen, welcher vermögend gewesen wäre, mächtiger und nachhaltiger auf den Geist und die Kräfte der Menschen einzuwirken, als wie die Idee des Steins der Weisen. Ohne diese Idee würde die Chemie in ihrer gegenwärtigen Vollendung nicht bestehen, und um sie ins Leben zu rufen und in 1500 oder 2000 Jahren auf den Standpunkt zu bringen, auf dem sie sich heute befindet, würde sie aufs Neue geschaffen werden müssen. Es war dieselbe Macht, welche mit und nach Kolumbus Tausende von Abenteurern ihr Vermögen und Leben wagen ließ, um eine neue Welt zu entdecken, welche in unsern Tagen Hunderttausende treibt, die Felsengebirge des Westens in Amerika zu übersteigen, um Kultur und Gesittung gleichmäßig auf diesem Teil des Erdballs zu verbreiten.

Um zu wissen, dass der Stein der Weisen nicht existierte, musste alles der Untersuchung und Beobachtung Zugängliche, entsprechend den Hilfsmitteln der Zeit, untersucht und beobachtet werden; darin liegt aber der ans Wunderbare grenzende Einfluss dieser Idee: Ihre Macht konnte erst gebrochen werden, wenn die Wissenschaft eine gewisse Stufe ihrer Vollendung erreicht hatte; Jahrhunderte hindurch, wenn Zweifel erwachten, und die Arbeitenden in ihren Bemühungen ermatteten, trat zu rechter Zeit ein rätselhafter Unbekannter auf, der einen hervorragenden glaubwürdigen Mann von der Wirklichkeit des großen Magisteriums überzeugte.

Ein der Wissenschaft Unkundiger, der sich die Mühe gibt, eine einzige Seite eines Handbuchs der Chemie durchzulesen, muss in Erstaunen versetzt werden von der Masse der einzelnen Tatsachen, welche darauf verzeichnet sind; ein jedes Wort beinahe in einem solchen Werk drückt eine Erfahrung, eine Erscheinung aus. Alle diese Erfahrungen boten sich dem Beobachter nicht von selbst dar, sie mussten mühsam aufgesucht und errungen werden. Auf welchem Standpunkt wäre die heutige Chemie ohne die Schwefelsäure, welche eine über tausend Jahre alte Entdeckung der Alchemisten ist, ohne die Salzsäure, die Salpetersäure, das Ammoniak, ohne die Alkalien, die zahllosen Metallverbindungen, den Weingeist, Äther, den Phosphor, das Berlinerblau! Es ist unmöglich, sich eine richtige Vorstellung von den Schwierigkeiten zu machen, welche die Alchemisten in ihren Arbeiten zu überwinden hatten; sie waren die Erfinder der Werkzeuge und der Prozesse, welche zur Gewinnung ihrer Präparate dienten, sie waren genötigt, alles, was sie brauchten, mit ihren eigenen Händen darzustellen.

Die Alchemie ist niemals etwas anderes als die Chemie gewesen; ihre beständige Verwechslung mit der Goldmacherei des 16. und 17. Jahrhunderts ist die größte Ungerechtigkeit. Unter den Alchemisten befand sich stets ein Kern echter Naturforscher, die sich in ihren theoretischen Ansichten häufig selbst täuschten, während die fahrenden Goldköche sich und Andere betrogen. Die Alchemie war die Wissenschaft, sie schloss alle technisch-chemischen Gewerbezweige in sich ein. Was Glauber, Böttger, Kunkel in dieser Richtung leisteten, kann kühn den größten Entdeckungen aller Jahrhunderte an die Seite gestellt werden.

Manche leitende Ideen der gegenwärtigen Zeit erscheinen dem, welcher nicht weiß, was die Wissenschaft bereits geleistet hat, so ausschweifend wie die der Alchemisten. Nicht die Verwandlung der Metalle, welche den Alten so wahrscheinlich schien, sondern viele seltsamere Dinge halten wir für erreichbar. Wir sind an Wunder so gewöhnt worden, dass wir uns über nichts mehr wundern. Wir befestigen die Sonnenstrahlen auf Papier (Fotografie) und senden unsere Gedanken in die größten Entfernungen mit der Schnelligkeit des Blitzes. Wir schmelzen Kupfer im Wasser und gießen daraus Bildsäulen in der Kälte. Wir lassen Wasser, sogar Quecksilber, in rotglühenden Tiegeln zu Eis, zu festem hämmerbaren Quecksilber gefrieren, und halten es für möglich, ganze Städte aufs Glänzendste zu beleuchten mit Lampen ohne Flamme, ohne Feuer, und zu denen die Luft keinen Zutritt hat. Wir stellen eine der kostbarsten Mineralsubstanzen, den Ultramarin, fabrikmäßig dar, und glauben, dass haben Verfahren entdeckt, aus einem Stück Holzkohle einen prächtigen Diamanten, aus Alaun Saphire oder Rubine, aus Steinkohlenteer den herrlichen Farbstoff des Krapps oder das wohltätige Chinin, oder das Morphin zu machen; es sind dies lauter Dinge, welche entweder eben so kostbar, oder weit nützlicher sind wie das Gold.

Mit der Entdeckung dieser Dinge beschäftigen sich alle, und doch kein Einzelner. Es beschäftigen sich alle Chemiker damit, insofern sie die Gesetze der Veränderungen und Umwandlungen der Körper erforschen, und es beschäftigt sich kein Einzelner damit, insofern keiner die Erzeugung des Diamants oder des Chinins zur Aufgabe seines Lebens wählt. Gäbe es einen solchen Mann, ausgerüstet mit den erforderlichen Kenntnissen und dem Mut und der Beharrlichkeit der alten Goldmacher und den finanziellen Mitteln, er würde diese Aufgabe lösen können. Nach den Entdeckungen über die organischen Basen ist es uns gestattet, an alles dieses zu glauben, ohne jemand das Recht einzuräumen, uns zu verlachen.

Die Wissenschaft hat uns bewiesen, dass der alle diese Wunder vollbringende Mensch aus verdichteter Luft besteht (d. h. aus Luft gewonnenem Kohlenstoff), dass er von unverdichteter und verdichteter Luft lebt, und sich in verdichtete Luft kleidet, dass er seine Nahrung mit Hilfe von verdichteter Luft zubereitet, und damit die größten Lasten mit der Schnelligkeit des Windes fortbewegt. Das Seltsamste hierbei ist, dass Tausende dieser auf zwei Beinen gehenden Gehäuse von verdichteter Luft sich zuweilen des Zuflusses und des Erwerbs von verdichteter Luft wegen, die sie zur Ernährung und Kleidung bedürfen, oder ihrer Ehre und Macht wegen, in großen Schlachten durch verdichtete Luft vernichten, und dass viele die Eigentümlichkeiten des unkörperlichen, selbstbewussten, denkenden und empfindenden Wesens, in diesem Gehäuse, als eine einfache Folge von dessen innerem Bau und Anordnung seiner kleinsten Teilchen ansehen, während die Chemie unzweifelhaften Beweis liefert, dass, was diese allerletzte feinste, nicht mehr von den Sinnen wahrnehmbare Zusammensetzung betrifft, der Mensch identisch mit dem niedrigsten Tier der Schöpfung ist.

Um aber auf die Alchemie zurückzukommen, so vergisst man in ihrer Beurteilung nur allzu sehr, dass eine Wissenschaft einen geistigen Organismus darstellt, in welchem, wie im Menschen, erst auf einer gewissen Stufe der Entwicklung das Selbstbewusstsein offenbar wird. Wir wissen jetzt, dass alle besonderen Zwecke der Alchemisten der Erreichung eines höheren Zieles dienten. Der Weg, der dazu führte, war offenbar der beste.

Um einen Palast zu bauen, sind viele Steine nötig, welche gebrochen, und viele Bäume, welche gefällt und gesägt werden müssen. Der Plan kommt von oben, nur der Baumeister kennt ihn.

Der Stein der Weisen, den die Alten im dunkeln unbestimmten Drang suchten, ist in seiner Vollkommenheit nichts anderes gewesen, als die Wissenschaft der Chemie.

Ist sie nicht der Stein der Weisen, der uns verspricht, die Fruchtbarkeit unserer Felder zu erhöhen und das Gedeihen vieler Millionen Menschen zu sichern; verspricht sie uns nicht, statt sieben Körner deren acht und mehr auf demselben Feld zu erzielen?

Ist nicht die Chemie der Stein der Weisen, welcher die Bestandteile des Erdkörpers in nützliche Produkte umformt, welche der Handel in Gold verwandelt; ist sie nicht der Stein der Weisen, der uns die Gesetze des Lebens zu erschließen verspricht, der uns die Mittel liefern muss, die Krankheiten zu heilen und das Leben zu verlängern?

Eine jede Entdeckung schließt der Forschung immer ausgedehntere und reichere Gebiete auf, und in den Naturgesetzen suchen wir immer noch nach der jungfräulichen Erde; dieses Suchen wird kein Ende haben.

Der Mangel an Kenntnis der Geschichte ist der Grund, warum man häufig auch auf die zweite Periode der Chemie, auf die phlogistische, mit Geringschätzung, ja mit einer Art von Verachtung zurückblickt. Unser Dünkel findet es unbegreiflich, dass die Versuche von Jean Rey über die Gewichtszunahme der Metalle beim sogenannten Verkalken unbeachtet bleiben, dass neben diesen die Idee des Phlogistons[2] sich entwickeln und Bestand gewinnen

---

2   Die überholte Phlogistontheorie war ein Erklärungskonzept, um den (chemischen) Prozess der Verbrennung zu erklären. Das hypothetische Phlogiston sollte eine Substanz sein, die allen brennbaren Körpern bei der Verbrennung entweiche.

konnte. Aber alle Bemühungen in diesem Zeitalter waren auf das Ordnen des Erworbenen gerichtet, nachdem das zu Ordnende vorhanden war. Die Beobachtungen Jean Reys sind für diese Periode ohne allen Einfluss geblieben, weil sie nicht in Verbindung gebracht waren mit dem Verbrennungsprozess überhaupt; denn wie viele Körper gab es nicht, welche beim Verbrennen leichter wurden, oder welche ganz für die Wahrnehmung verschwanden! Das Ziel aller Arbeiten Bechers und Stahls und ihrer Nachfolger war eben die Aufsuchung der Erscheinungen, welche in einerlei Klasse gehörten und einerlei Ursache ihre Entstehung verdankten.

Dass die Verkalkung der Metalle und die Erzeugung der Schwefelsäure aus Schwefel, so wie die Wiederherstellung der Metalle aus den Metallkalken und die des Schwefels aus der Schwefelsäure analoge Vorgänge seien und miteinander im Zusammenhang stehen, diese große unvergleichliche Entdeckung bedingte den Fortschritt bis zu uns; in ihr liegt eine Wahrheit, welche heute noch als solche gilt und unabhängig ist von der Kenntnis des Gewichtes; ehe man anfangen konnte zu wägen, musste man wissen, was gewogen werden solle; ehe man misst, muss man eine Beziehung zwischen zwei Dingen kennen, welche festgestellt werden soll. Diese Beziehungen für den wichtigsten aller Prozesse, den Verbrennungsprozess, entdeckt und dargetan zu haben, ist Stahls unsterbliches Verdienst.

Wir schätzen die Tatsachen ihrer Unvergänglichkeit wegen, und weil sie den Boden für die Ideen abgeben; den eigentlichen Wert empfängt aber die Tatsache erst durch die Idee, die daraus entwickelt wird. Es fehlten Stahl die Tatsachen, aber die Idee ist sein Eigentum.

Cavendish und Watt waren beide die Entdecker der Zusammensetzung des Wassers; Cavendish stellte die Tatsachen fest, Watt die Idee. Cavendish sagt: Aus brennbarer Luft und dephlogistisierter Luft entsteht Wasser; Watt sagt: Wasser besteht aus brennbarer Luft und dephlogistisierter Luft. In diesen Ausdrücken liegt ein großer Unterschied.

Eine allzu große Schätzung der bloßen Tatsachen ist übrigens häufig ein Merkzeichen eines Mangels an richtigen Ideen. Nicht der Reichtum, sondern die Ideen-Armut umgibt sich mit einem

Schwulst von Lappen, oder trägt alte, zerrissene, fadenscheinige oder unpassende Kleider.

Es gibt Ideen von einer Größe und Weite, dass sie, auch völlig durchlöchert, immer noch so viel Stoff übrig lassen, um die Denkkraft einer ganzen Generation ein Jahrhundert lang zu beschäftigen. Eine solche Idee war das Phlogiston.

Das Phlogiston war ursprünglich ein Begriff und die Frage nach seiner materiellen Existenz so lange ohne alle Bedeutung, als die Idee desselben noch Früchte bringend für das Ordnen, und befruchtend für neue Verallgemeinerungen war. Indem man die Eigenschaft des Gewichtes in die Erklärung mit aufnahm, entdeckte man die Abhängigkeit des Vorganges von einem besonderen Bestandteil der Luft, die Erscheinung an sich war aber damit nicht besser wie früher erklärt. Das Verhältnis, um wie viel die Luft oder ein Körper beim Verbrennen schwerer wird, war Stahl nicht bekannt, und in welcher Beziehung der Zersetzungsprozess, in dessen Folge Licht- und Wärmeentwicklung statt haben, zu dem Verbindungsprozess oder zu dem leichter oder schwerer werden steht, dies ist ein Problem, das im 19. Jahrhundert noch zu lösen war. Was Stahl für die Hauptsache hielt, lassen wir zur Seite liegen; dies ist der Unterschied.

Was naturgesetzlich sich entwickelt, kann nicht schneller gehen, als es geht. Erst nach der Bekanntschaft mit dem Verhalten der tastbaren Dinge konnte eine Chemie der unsichtbaren Körper sich gestalten. Der heutige Begriff einer chemischen Verbindung ist aus der pneumatischen Chemie hervorgegangen; zu Stahls Zeit war der Begriff von dem chemischen Charakter eines Gases oder der Luft noch nicht entwickelt. In der Volumenabnahme, in dem Verschwinden eines Gases, da sah und erkannte man erst die chemische Anziehung.

Hales sah (1727) aus einer Menge von Körpern, durch Einwirkung des Feuers, Luft sich entwickeln; alles, was Luftform und Elastizität besaß, war für ihn Luft, der auffallende Unterschied des kohlensauren Gases, der brennbaren Gase und der gemeinen Luft fiel ihm gar nicht auf. Die Volumenabnahme eines Gases bei Berührung mit Wasser, oder in der Verbrennung, erklärte er, nicht durch eine Auflösung oder durch Verbindung, sondern durch den Verlust des Ausdehnungs-Vermögens.

Blacks meisterhafte Untersuchungen legten den ersten Grund zur antiphlogistischen Chemie. Der Fundamentalversuch Lavoisiers, die Verkalkung und Wiederherstellung des roten Quecksilberoxids, und die Aufsaugung und Entwicklung eines Bestandteils der Luft während dieser Prozesse, ist nur eine Nachahmung der Versuche Blacks über den Kalk und die Alkalien. Als Black nachwies, dass der ätzende Kalk, wenn er an der Luft liegt, in milden Kalk übergeht, indem er an Gewicht zunimmt; als er zeigte, dass diese Gewichtszunahme von der Aufnahme eines Gases (der Kohlensäure) aus der Luft herrührte, welches durch Hitze wieder ausgetrieben werden konnte; als er zeigte, dass die Gewichtsvermehrung dem Gewicht des aufgenommenen Gases entsprach, da begann die Epoche der quantitativen Untersuchung. Das Phlogiston verlor seine Bedeutung, an die Stelle der Idee trat ein festgegliedertes Band von Tatsachen.

Noch heute können viele Chemiker Kollektivnamen, ähnlich dem Worte Phlogiston, für Vorgänge, von denen man vermutet, dass sie in einerlei Klasse gehören oder von derselben Ursache bedingt werden, nicht entbehren; aber anstatt hierzu Worte zu wählen, welche Dinge bezeichnen, wie dies bis Ende des 18. Jahrhunderts gewöhnlich war, bedienen wir uns seit Berthollet eigens für diesen Zweck erfundener „Kräfte." So gibt es kaum etwas, was gegen die Regeln echter Naturforschung mehr streitet, als die Erfindung und der Gebrauch des Wortes K a t a l y s e oder katalytische Kraft; wir alle wissen, dass in diesem Wort keine Wahrheit liegt; aber die Mehrzahl der Menschen kann, aus Mangel an richtigen Begriffen, des Wortes nicht entbehren, und das Bedürfnis des Ordnens und Zusammenbindens wird demselben auch bei anderen solange Bestand verleihen, bis die Tatsachen, auf die es sich bezieht, in die ihnen zukommenden richtigen Fächer eingereiht sind.

Man hat gesagt, dass eine jede Wissenschaft sich in drei Perioden entwickle, die erste sei die der Ahnung oder des Glaubens, die zweite die der Sophistik, die dritte endlich die der nüchternen Forschung. Die Alchemie hält man für die religiöse Periode der Wissenschaft, welche später Chemie hieß. Diese Ansicht ist entschieden falsch für die Chemie, so wie für alle induktiven Wissenschaften. Um das Wesen einer Naturerscheinung zu erforschen, sind dreierlei Bedingungen zu erfüllen. Man muss zuerst die Erscheinungen an sich, nach allen Seiten hin kennenlernen, sodann ermitteln, in welchem Zusammenhang die Erscheinung mit anderen Naturerscheinungen steht; und wenn alle diese Beziehungen entdeckt sind, so besteht die letzte Aufgabe darin, diesen Zusammenhang oder das Abhängigkeitsverhältnis zu messen, d. h. durch Zahlen festzustellen.[3] Die Wissenschaft der Chemie umfasst alle Erscheinungen der Körperwelt, welche durch eine gewisse Anzahl derselben Ursachen bedingt werden, und ihre geschichtliche Entwicklung zerfällt in drei Perioden, entsprechend den drei Bedingungen, welche die Erkenntnis einer einzelnen Naturerscheinung voraussetzt.

In der ersten Periode der Chemie waren alle Kräfte der Erkenntnis der Eigenschaften der Körper zugewendet, ihre Eigentümlichkeiten mussten entdeckt, beobachtet und festgestellt werden: Dies ist die Periode der Alchemie. Die zweite Periode umfasst die Ermittlung der gegenseitigen Beziehungen oder des Zusammenhangs dieser Eigenschaften: dies ist die Periode der phlogistischen Chemie; in der dritten Periode, – dies ist die, in welcher wir uns befinden, – bestimmen wir durch Maß und Gewicht das Verhältnis, in welchem die Eigenschaften der Körper abhängig voneinander sind. Die induktiven Naturwissenschaften beginnen mit dem Stoff, dann kommen die richtigen Ideen, zuletzt kommt die Mathematik mit ihren Zahlen und macht das Werk fertig.

Die politische Geschichte der Völker, ähnlich wie die der Wissenschaften, zeigt uns ebenfalls drei Epochen. In der ersten entwickeln sich die Eigenschaften der Menschen in allen ihren Gegensätzen. Die Schwäche unterordnet sich der Stärke; Weisheit und Erfindungsgabe werden als göttliche Eigenschaften verehrt, in Geboten werden die allgemeinsten Bedingungen des gesellschaftlichen

---

3   Die Erscheinung des Aufbrausens des Kalksteins und der Pottasche mit Säuren ist seit den ältesten Zeiten bekannt gewesen; erst im 17. Jahrhundert nahm man wahr, dass es von der Entwicklung einer Luftart herrühre, verschieden von der gemeinen Luft, dass diese Luft in Mineralwassern vorkomme, bei der Gärung sich erzeuge und bei der Verbrennung von Kohle entstehe, dass Tiere darin ersticken, Flammen erlöschen. Es vergingen Jahrhunderte, ehe man die Erscheinung des Aufbrausens nach allen Seiten hin erkannt hatte; dann wurde entdeckt, dass die kaustische oder milde Beschaffenheit des Kalks und der Alkalien abhängig sei von der Abwesenheit oder Anwesenheit der Kohlensäure, dass das Erhärten des Kalkmörtels in der Luft von einer Aufnahme von Kohlensäure herrühre; dass die Entwicklung derselben in der Wein- und Biergärung abhängig sei von der Zersetzung des Zuckers etc.; zuletzt wurde sie in ihre Bestandteile zerlegt, und ihre Zusammensetzung und die Gewichtsverhältnisse ermittelt, in welchen sie sich mit Kalk und Metalloxyden verbindet, so wie das Verhältnis der Abhängigkeit ihres Gaszustandes von der Wärme und dem Druck, ihre spezifische und latente Wärme.

Zusammenlebens niedergelegt. Alle diese Gebote beginnen mit: „Du sollst"; die Menschen haben Pflichten, keine Rechte. In der darauf folgenden Epoche entwickeln sich alle Beziehungen der Abhängigkeit dieser Eigenschaften. Der Streit der einander entgegengesetzten Eigenschaften führt zu Gesetzen: Aus dem Bewusstsein des Rechts entwickelt sich das Bewusstwerden von Rechten. Durch die Zusammenfügung gleichartiger Rechte entstehen die Gewalten. Der Kampf der einander entgegengesetzten Gewalten führt zu Revolutionen; eine Revolution heißt der Vorgang der Störung oder der Herstellung eines Gleichgewichtszustandes. In der letzten Epoche wird das Verhältniss der Abhängigkeit aller Eigenschaften, Rechte oder Gewalten festgestellt, welche dem Einzelnen die freieste Entwicklung aller seiner Fähigkeiten und Eigenschaften ohne Nachteil für den Andern sichert. Die Revolutionen sind am Ende.

1.2   Die Umwälzung in der Medizin

Unzählige Keime des geistigen Lebens erfüllen den Weltraum, aber nur in einzelnen, seltenen Geistern finden sie den Boden zu ihrer Entwicklung; in ihnen wird die Idee, von der niemand weiß, von wo sie stammt, in der schaffenden Tat lebendig; durch sie erhält das verborgene Naturgesetz die Allen erkennbare, wirksame, tätige Form.

Nicht an die Taten mächtiger Fürsten oder berühmter Feldherren, sondern an die unsterblichen Namen Kolumbus, Kopernikus, Kepler, Galilei, Newton knüpft die Geschichte den Fortschritt in den Naturwissenschaften und den Zustand der Geistesbildung in der gegenwärtigen Zeit.

Die Entwicklung des menschlichen Geistes schien ein Jahrtausend lang unterbrochen.

Ein System des Unterrichts, wie das in dem Reiche der Mitte, was in den heutigen chinesischen Gelehrten, beim Lesen einer Seite voll sinnloser Namen, ein eigentümliches Gefühl von Vergnügen erweckt, hatte in der Schule der scholastischen Philosophie alles Streben nach der Erforschung der Wahrheit getötet.

Gleich einem Baum, der durch äußere Hemmnisse in seinem Wachstum gehindert, in den seltsamsten Windungen verkrüppelt, so verkümmerten die edelsten Kräfte in den Formen einer spitzfindigen Dialektik. Männer von anerkanntem Ruf und Gelehrsamkeit schrieben Bücher und Traktate über Gewitter, über Blutregen, worin von allem andern, nur nicht von der Erklärung dieser Naturerscheinung die Rede war.

Ob Adam, solange er noch ohne Sünde war, auch den Liber Sententiarum des Petrus Lombardus[4] schon gekannt habe – welches Alter und Kleid der Engel hatte, welcher der heil. Jungfrau die himmlische Botschaft ausgerichtet – ob es im Paradies auch Exkremente gegeben – ob die Engel griechisch oder hebräisch sprechen – wie viel tausend Engel auf einer Nadelspitze Platz hätten, ohne sich zu drängen – dieser Art Fragen und Untersuchungen, welche in unserer Zeit als gültige Beweise von Verstandesverwirrung und Narrheit angesehen werden würden, waren die ausgezeichnetsten Geisteskräfte gewidmet. Über die Gabe der Könige von Frankreich und England, die Kröpfe durch bloße Berührung zu heilen, wechselten angesehene Gelehrte eine Menge von Schriften; man stritt sich darüber, ob die Wundergabe an dem Thron oder der Familie hafte, sie wurde zu den verborgenen Kräften gerechnet, welche durch die Erfahrung hinlänglich bestätigt seien.

Um den richtigen Pfad zu finden, bedarf der menschliche Geist der wegkundigen Führer; aber eine dünkelvolle Macht hielt das Licht gefangen im Kerker, es fehlten in dieser Geistesnacht die leitenden Sterne. Der Schatz, den das Altertum an Naturerkenntnis erworben hatte, wurde seinem Wert nach nicht erkannt oder nicht beachtet, er verlor seine bereichernde Macht.

Die Fragen der Physik wurden nach den Regeln der Diskussionskunst entschieden.

Indem man auf die Erfahrung verzichtete, welche das Wissen schafft, verbannte man die echte Wissenschaft.

Durch den Mangel an Stoff für die Denkkraft verlor sich die Übung und Geschicklichkeit, über die Ursachen der Dinge und Erscheinungen richtige Fragen zu stellen, sie zu beobachten und ihren Zusammenhang durch Versuche zu erforschen. Ein solcher Zustand macht die Herrschaft der Astrologie, der Kabbala, der Chiromantie, des Glaubens an Hexen, Wehrwölfe, Zauberer begreiflich, dass man noch Jahrhunderte nachher die Krankheiten als Strafen des

---

4   Starb 1164 als Bischof zu Paris.

Himmels, oder als Werke des Teufels, Gebete, Amulette, Weihwasser und Reliquien als die wirksamsten Arzneien ansehen konnte. Die Geschichte des goldenen Zahns, zu Ende des sechszehnten Jahrhunderts, beweist, wie gründlich sich die Fähigkeit, die einfachste Erscheinung zu ermitteln, selbst in den gebildeteren Klassen verloren hatte.

Geschichte des Knaben mit dem goldenen Zahn. Sprengel. III. Band. 403–406. 16. Jahrh.

Ein Knabe von zehn Jahren in der Gegend von Schweidnitz war das Wunderkind, dem dieser goldene Zahn gewachsen war. Jakob Horst, der in Schweidnitz Arzt gewesen, hörte in Helmstädt, wo er damals (1595) Professor war, von dieser Geschichte und schrieb ein eigenes, höchst seltsames Buch darüber, worin er zuvörderst, ohne einen Augenblick an der Glaubwürdigkeit der Geschichte zu zweifeln, die Erzeugung dieses Zahnes als eine übernatürliche Wirkung ansieht, die von der Konstellation abhänge, unter welcher der Knabe geboren. Am Tage seiner Geburt (22. Dezember 1586) habe nämlich die Sonne im Zeichen des Widders gestanden. Durch diese übernatürliche Ursache sei die ernährende Kraft vermittelst der Zunahme der Hitze, wunderbar verstärkt, und so sei, statt der Knochenmaterie, Goldstoff abgesondert worden.

Als Kolumbus zu Salamanca, dem großen Sitz der Gelehrsamkeit, vor einem Kollegium, welches aus den gelehrtesten Professoren der Astronomie, Geografie, Mathematik des Reiches und den angesehensten und weisesten Würdeträgern der Kirche bestand, seine Ansichten von der Gestalt der Erde und der Möglichkeit ihrer Umschiffung zu verteidigen hatte, da erschien er der Mehrzahl als ein Träumer, welcher Spott, oder als ein Abenteurer, der Verachtung verdiente.

Nie aber hat eine gelehrte Diskussion einen größeren Einfluss auf die Geistesentwicklung ausgeübt, als die in dem Kollegiatsstift von St. Stephan; sie war die Morgenröte eines neuen Tages, der Vorbote des großen Sieges der Wahrheit über den blinden Glauben der Zeit.

In diesen merkwürdigen Erörterungen verloren die mathematischen Beweise ihre Gültigkeit, wenn sie mit Stellen der

Schrift oder deren Erklärungen durch die Kirchenväter zu streiten schienen.

„Wie könne die Erde rund sein, da doch in den Psalmen gesagt sei, der Himmel wäre ausgespannt gleich einem Fell." „Wie wäre es möglich, die Erde anders als für flach zu halten, da der heilige Petrus in seinem Briefe an die Hebräer den Himmel mit einem Tabernakel oder Zelt vergleiche, welches über die Erde ausgebreitet sei." Hatte sich nicht Lactantius gegen die Existenz der Antipoden ausgesprochen? „Ist wohl irgendjemand so verrückt zu glauben, es gäbe Menschen, die mit den Füßen gegen die unseren ständen, die mit in die Höhe gekehrten Beinen und herunterhängenden Köpfen zu gehen vermögen; dass eine Gegend der Welt existiere, wo alle Dinge oberst zu unterst ständen; wo die Bäume mit ihren Zweigen abwärts wachsen, und wo es in die Höhe hagelt, schneit und regnet?"

Sagte nicht der heilige Augustinus, „dass die Lehre von den Antipoden mit der historischen Wurzel des christlichen Glaubens durchaus unverträglich sei; denn wer versichere, dass es bewohnte Länder an der anderen Seite der Erde gebe, der nehme an, dass dort Menschen wohnten, die nicht von Adam stammten, da es für dessen Abkömmlinge unmöglich gewesen sei, über das dazwischen liegende Weltmeer zu kommen. Eine solche Meinung müsse der Bibel den Glauben entziehen, welche ausdrücklich erklärt, dass alle Menschen von einem Elternpaar abstammen."

„Welche Anmaßung sei es für einen gemeinen Mann, zu glauben, es bleibe für ihn eine so große Entdeckung zu machen übrig, nachdem so viele tiefe Philosophen und Erdkundige die Gestalt der Welt zum Gegenstand ihrer Untersuchung gemacht hätten, und so mancher tüchtige Seemann vor Abertausend Jahren auf ihr herumgeschifft wäre."

So sprachen die Gegner des großen Mannes.

Zwei Jahre darauf kam Kolumbus aus Westindien zurück; die Erde war eng und klein, sie war eine Kugel; es gab bewohnte Länder auf der andern Seite der Halbkugel.

Aber nicht bloß die Erde, auch der Himmel widersprach den Lehren der größten Lichter der goldenen Zeit der mittelalterlichen Weisheit; denn durch Kopernikus hatte die Erde aufgehört, der Mittelpunkt des Weltalls zu sein, sie war nicht bloß eng und klein und eine Kugel, sie war ein bloßer Punkt im unendlichen Raum, ein kleiner Planet, der sich um die Sonne bewegte.

Wie den, welcher von einem Erdbeben überrascht wird, ein unbeschreibliches Gefühl von Bangigkeit befällt, wenn er, einem wogenden Meere gleich, wanken fühlt, was Gewohnheit und Nachdenken ihn als das Festeste und Unerschütterlichste erkennen ließ, so durchzuckten, infolge der Entdeckungen der Wissenschaft, Angst und Zweifel die zivilisierte Welt. Die Erde war nicht mehr der Mittelpunkt des Weltgebäudes, das Gewölbe des Himmels hatte seine Säulen, der Thron Gottes, wie manche ihn sich gedacht, seinen Platz verloren, es gab kein oben mehr und kein unten.

Was der Glaube für fest begründet hielt, war zertrümmert, was für Wahrheit galt, zeigte sich als Irrtum.

Zahlreiche Prophezeiungen verknüpfen in der ersten Hälfte des sechszehnten Jahrhunderts die Tatsache der Entdeckung der neuen mit dem Untergang der alten Welt; sie sind Zeugen dieser erregten Zeit.

Nachdem Kolumbus dem Weltmeer seine Schrecken genommen, und Kopernikus „jenes Selbstvertrauen auf die Macht des Erkennens gelehrt hatte, das die Bänder äußerlicher Autorität zersprengt und nur dem Zeugnis der Vernunft Glauben schenkt" [5], erwachte auch in Andern der Mut zur Durchforschung unbekannter geistiger Regionen.

Die Kraft war bereits vorhanden, welche den mächtigen Anstoss fortpflanzen sollte in alle Gebiete der Wissenschaft. Gleichwie durch das Herz das Blut seine Bewegung empfängt, welche alle körperliche Tätigkeit vermittelt, so verbreitete Gutenbergs Erfindung in dem neu sich gestaltenden geistigen Organismus Wärme und tätiges Leben. [6]

---

5   Carriere in seinem ausgezeichneten Werk: Die philosophische Weltanschauung der Reformationszeit in ihren Beziehungen zur Gegenwart. Tübingen, (S. 125.) Cotta 1841.

6   In demselben Jahr, in welchem Kolumbus geboren wurde, 1436, erfand Gutenberg den Bücherdruck.

In Folge der Errichtung zahlreicher Universitäten[7] und der Verbreitung griechischer Gelehrsamkeit im Abendland, nach der Eroberung von Konstantinopel durch die Türken (1453), wandte sich die Aufmerksamkeit der Menschen den geistigen Schätzen zu, welche die alten Griechen und Römer hinterlassen hatten. Das klassische Altertum verbreitete, gleich der feststehenden Sonne, ein lebenserweckendes Licht; als die Gelehrten anfingen, von diesen unerreichten Mustern zu lernen und sich nach ihnen zu bilden, da schärften sich die Augen ihres Geistes; das Studium der Alten, indem es zur kritischen Prüfung alles Überlieferten führte, zerbrach die Fesseln der Schulweisheit.

In der Natur wiedererkannte man die nie versiegende Quelle einer reineren Erkenntnis; sie erschien als ein neu entdecktes, in einem Meer von Unwissenheit geistig untergegangenes Atlantis.

Trefflich bezeichnet Luther in seinen Tischreden die mit der Reformation aufgehende Lust an der Natur und Naturforschung[8]: „Wir sind jetzt in der Morgenröthe des künftigen Lebens, denn wir fahren wiederum an zu erlangen die Erkenntnis der Kreaturen, die wir verloren haben durch Adams Fall; jetzt sehen wir die Kreatur gar recht an. Erasmus aber fraget nichts danach, wie die Frucht im Mutterleibe sich bildet, zugerichtet und gemacht wird. Wir aber beginnen von Gottes Gnaden seine Wunder und Werke auch in den Blümlein zu erkennen, wenn wir bedenken, wie allmächtig und gütig Gott sei. In seinen Kreaturen erkennen wir die Macht seines Wortes, wie gewaltig das sei."

Ungewöhnliche Kräfte brachte die Natur hervor, um in dem beginnenden Kampfe des zum Bewusstsein erwachten Geistes der europäischen Nationen, gegen jegliche Tyrannei, gegen einen übermächtigen Aberglauben, welcher unausrottbar schien, der Vernunft den Sieg zu sichern.

Eine Anzahl der größten Männer folgten einander in einer ununterbrochenen Reihe, bis das große Werk getan und sein Erfolg gesichert war. Einhundert Jahre nach Kopernikus wurde Kepler, in dem Jahre, in welchem Galilei starb, wurde Newton geboren.

---

7   1300 Oxford. 1347 Prag. 1384 Wien. 1385 Heidelberg. 1388 Köln. 1392 Erfurt. 1401 Krakau. 1406 Würzburg. 1409 Leipzig.

8   Carriere Seite 116.

Das Mittelalter hatte in der theologischen Philosophie eine Universal-Wissenschaft aufgestellt und sie mit der ganzen Autorität eines religiösen Glaubens befestigt. Ein Irrtum in der Wissenschaft war ein Laster, die Abweichung von ihren Lehren war Ketzerei, sie war gleichbedeutend mit der Verwerfung der Offenbarungen des Himmels; Folter und Scheiterhaufen erwarteten den freier, den andersdenkenden. Einhundert Jahre nach Luther sollte Galileo Galilei in den Kerkern der Inquisition die Bewegung der Erde widerrufen, und die Worte, die er murmelte: „E pur si muove," als er in bloßem Hemde von den Knien sich erhob, schließen noch jetzt die überwältigende Macht feststehender Tatsachen in sich ein. Niemand kann noch jetzt seinen berühmten Brief an Madama Christiana Granduchessa madre ohne Bewegung lesen, der seine Gegner nicht überzeugte.

> *„Wir bringen das Neue, nicht um die Natur und die Geister zu verwirren, sondern um sie aufzuklären, nicht um die Wissenschaften zu zerstören, sondern um sie wahrhaft zu begründen. Unsere Gegner aber nennen falsch und ketzerisch was sie nicht widerlegen können, indem sie aus erheucheltem Religionseifer sich ein Schild machen und die heilige Schrift zur Dienerin von Privatabsichten erniedrigen. Aber man darf einen Schriftsteller nicht ungehört verdammen, wo er gar keine kirchlichen Dinge, sondern natürliche behandelt und dieselben mit astronomischen und geometrischen Gründen erörtert. Wer sich immer an den nackten grammatischen Sinn halten wollte, würde der Bibel Widersprüche, ja Blasphemien schuld geben, wenn sie von Gottes Auge, Hand oder Zorn redet. Und wenn solches nach der Fassungskraft des Volkes vorkommt, wie viel mehr musste diese bei Gegenständen berücksichtigt werden, die von der Wahrnehmung der Menge weit abliegen und das Seelenheil nicht betreffen, wie die Naturwissenschaften. Darum darf man bei ihnen nicht mit der Autorität der Bibel anfangen, sondern mit den Sinneswahrnehmungen und den nothwendigen Beweisen, weil in gleicher weise Natur und Bibel durch das göttliche Wort ihr Sein haben."*

Alle diese Hindernisse konnten aber auf die Dauer den Aufschwung und Fortschritt der Wissenschaften mit eben so wenig Erfolg hemmen, wie dies später in Beziehung auf religiöse Meinungen ein dreißigjähriger Krieg vermochte; denn der Irrtum ist vergänglich, nur die Wahrheit ist ewig; der Irrtum ist ja nichts anderes als der Schatten, den die Wahrheit wirft, wenn ihr Licht durch den ungeläuterten dunkeln Geist des Menschen auf seinem Wege aufgehalten wird.

Auch die Chemie ging in dieser merkwürdigen Zeit einer Umwälzung entgegen; indem sie mit der Heilkunst zusammenschmolz, gewann sie ein neues Ziel, und nahm eine ganz veränderte Richtung an.

Die Alchemie hatte die Waffen geschmiedet, um der Chemie in der Medizin ein neues Gebiet zu erkämpfen und der tausendjährigen Herrschaft des Galenschen Systems ein Ende zu machen.

Die große und heilsame Umwälzung, welche die Medizin erfuhr, die Befreiung von den Fesseln des Autoritätsglaubens ging aus der Erkenntnis der Unzulänglichkeit und Unrichtigkeit aller bis dahin für wahr gehaltenen Ansichten über das Wesen der Körperwelt hervor.

Das neue Licht war ein Erwerb der Alchemisten, durch sie gewann die Lehre der griechischen Philosophen über die Ursachen der Naturerscheinungen eine neue Gestalt.

In allen Zeiten hatte der denkende Mensch versucht sich Rechenschaft zu geben über den Ursprung der Dinge, und sich Aufschluss zu verschaffen über den Grund ihrer Eigentümlichkeiten. Am nächsten lag unstreitig das Verfahren der Mathematiker zu befolgen, welche ohne äußere Mittel die Gesetze und Eigenschaften mathematischer Figuren erforschen. Dies war in der Tat der Weg, den die griechischen Philosophen wählten, um zur Erkenntnis der Naturerscheinungen zu gelangen. Sie betrachteten die verschiedenen und vielfältigen Eigenschaften der Körper als Dinge für sich, und suchten mithilfe des Verstandes die gemachten Wahrnehmungen zu verbinden, und diejenigen Eigenschaften zu ermitteln, welche allen gemein sind.

Die Entstehung, die Eigenschaften aller Dinge setzt, so lehrt Aristoteles, drei Grundursachen voraus. Die erste ist die eigenschaftslose Materie (ὕλη), die zweite die Ursache oder Ursachen, welche dem Stoff seine Eigentümlichkeiten geben, und die sich in dem Begriff der körperlichen Gestalt (εἶδος) zusammenfassen lassen. Die dritte ist eine Ursache oder Ursachen (Kräfte in dem Sinne und

Begriff, wie sie die Worte Arzneikraft, Ernährungskraft enthalten), welche sie verändern, indem sie diese Eigenschaften nehmen (στέρησις Beraubung). Was den Veränderungen in den Eigenschaften der Materie vorhergeht, ist die Ursache (το ποιοῦν das Wirkende), was diesem folgt die Wirkung (τέλος der Zweck).

Diese Vorstellung, dass die Eigenschaften der körperlichen Dinge gleichsam wie die Farben seien, womit der Maler der farblosen Leinwand die Eigenschaften eines Gemäldes erteilt, oder den Kleidern, die sich an- und ausziehen lassen, und welche die Gestalt des Menschen bestimmen, ist die Grundlage der Alchemie und des ersten wissenschaftlichen Systems der Heilkunde gewesen.

Dem schärfsten Verstand dürfte es schwer sein, ohne andere Mittel als die einfache Wahrnehmung durch die Sinne zu gebrauchen, mehr als vier Eigenschaften aufzufinden, welche allem tastbaren Körperlichen angehören.

Dem Auge und Geschmacksinn bieten die Körper unendlich viele Verschiedenheiten dar, es gibt gefärbte und ungefärbte, schmeckende und riechende, geschmack- und geruchlose.

Aber alle Körper sind entweder feucht oder trocken, warm oder kalt. Alles Tastbare besitzt zwei von diesen Eigenschaften. Der Körper ist fest oder flüssig, er besitzt eine gewisse Temperatur.

Diese Eigenschaften, sagt Aristoteles, sind offenbar einander entgegengesetzt; denn die Kälte kann durch Hitze, die Trockenheit durch Feuchtigkeit aufgehoben werden, durch Zusammenwirken zweier nicht entgegengesetzter Eigenschaften, z. B. von Trockenheit und Kälte, sieht man feste Körper entstehen, durch Feuchtigkeit oder Hitze werden sie flüssig oder luftförmig. Die Beziehungen dieser Eigenschaften zueinander sind hiernach klar. Nicht bloß der Zustand und die kalte oder warme Beschaffenheit, auch die Dichtigkeit und Lockerheit sind von diesen Grundeigenschaften bedingt; die Kälte ist die Ursache der Dichtigkeit, denn durch sie werden die materiellen Teilchen einander genähert, die Lockerheit ist verursacht durch die Wärme. Aber alle anderen Eigenschaften stehen in einer bestimmten Beziehung zu den vier Grundeigenschaften; denn die Farbe, der Geruch, der Geschmack, der Glanz, die Härte der Körper erleiden durch Hinzufügung oder Beraubung von Feuchtigkeit, Hitze, Trockenheit oder Kälte eine Veränderung.

Es ist klar, sagt Aristoteles, alle sinnlich wahrnehmbaren Eigenschaften der tastbaren Körper sind abhängig von diesen vier Grundeigenschaften; denn mit einer Änderung in diesen Grundeigenschaften wechseln auch alle übrigen; es ist einleuchtend, dass diese anderen von den vier Grundeigenschaften bedingt sind; es gibt vier Elementareigenschaften. Die Richtigkeit dieser Abstraktionen, so weit sie die Eigenschaften der Körper umfassen, welche durch einfache Wahrnehmung ermittelbar sind, ist nicht zu bestreiten. Der Unterschied unserer jetzigen und der damaligen Ansichten liegt darin, dass wir den flüssigen, festen und luftförmigen Zustand, so wie die Temperatur durch zwei anstatt durch vier einander entgegengesetzte Ursachen bedingt betrachten. Noch heute sind wir der Ansicht, dass alle physikalischen Eigenschaften der Körper in einem bestimmten Verhältnis abhängig sind von der Kohäsionskraft und Wärmekraft.

„Zwischen vier Dingen," sagt Aristoteles, „gibt es sechs Kombinationen (Paarungen) zu zwei. Aber die Paarung zweier entgegengesetzter Eigenschaften, wie kalt und warm, feucht und trocken, heben einander auf, sie ist nicht wahrnehmbar für die Sinne. Es bleiben demnach nur vier Kombinationen, die mit den vier Körpern, woraus der Erdkörper besteht, übereinstimmen. Die Erde, als der Inbegriff des Festen, ist kalt und trocken, das Wasser kalt und feucht, die Luft feucht und heiß, das Feuer heiß und trocken. Durch diese Paarung entstehen demnach die vier materiellen Elemente, aus diesen vier Elementen entstehen alle übrigen Körper, sie sind in allen enthalten; die Abweichung und Verschiedenheit in den Eigenschaften der anderen Körper hängt lediglich von dem Verhältnis ab, in welchem die vier zusammengetreten sind; welches Element hervorsticht, dessen Eigenschaft nimmt der Körper an."

Wie aus dem folgenden Schema sich ergiebt, haben die Elementarkörper, je zwei, eine Grundeigenschaft gemein.

Es ist demnach einleuchtend, dass, wenn dem luftförmig flüssigen Körper die Elementareigenschaft der Wärme durch Kälte entzogen wird, die Luft in Wasser, und in ähnlicher Weise

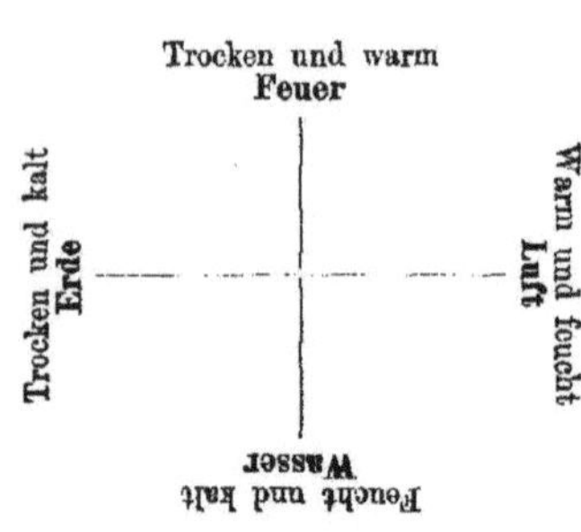

Abb. 1.2

durch Hitze das Wasser in Luft, durch Trockenheit das Wasser in Erde verwandelt werden kann.

Das Feuer schließt nach Aristoteles in sich den Begriff der Helligkeit und Empfindung, das Wasser und die Luft der Durchsichtigkeit, die Erde der Dunkelheit. Die Farben entstehen durch Mischung von Feuer und Erde, d. h. von Helligkeit und Dunkelheit. Die Durchsichtigkeit des Bergkristalls rührt vom Wasser her. (Die Durchsichtigkeit des Diamants heißt noch heute sein Wasser.) Aber auch der Hauptbestandteil der Augen ist Wasser, wie die Luft die Grundlage des Gehörs, Luft und Wasser den Geruch, die Erde das Gefühl ausmachen. Der Geschmack wird durch die Feuchtigkeit vermittelt; je inniger sich die Geschmacksteile an die Zunge hängen, desto bitterer, je mehr sie sich auflösen, desto salziger ist der Körper; wenn aber die Geschmacksteile erhitzt werden und die Teile des Mundes wieder erhitzen, so entsteht der scharfe, wenn sie in Gärung geraten und Blasen werfen, der saure Geschmack.

In allen diesen Fällen sieht man, dass die genaue und richtig erkannte physikalische Eigentümlichkeit der auf die Sinne wirkenden Dinge stets als das Ursächliche oder Bedingende angesehen wird. Was man wahrnahm in der Wirkung, war die Ursache der Wirkung. Die Erklärung der Naturerscheinung war die Beschreibung ihrer Eigentümlichkeit.

Diese Lehren der griechischen Philosophen wurden durch Galen die Grundlagen des ersten theoretischen Systems der Heilkunde.

Nach Galen entstehen alle Teile des organischen Körpers durch die Mischung der vier Elementarqualitäten in verschiedenen Verhältnissen; im Blut sind sie gleichmäßig gemischt, im Schleim ist das Wasser, in der gelben Galle das Feuer, in der schwarzen die Erde vorherrschend. Auf dem Vorherrschen dieser vier Kardinalsäfte beruhen die vier Temperamente.

Die Gesundheit ist ein Gleichgewichts-Zustand, bedingt durch die richtige Beschaffenheit der gleichartigen Teile (der Organe) und der richtigen Mischung der Elemente. In der Krankheit sind die Verhältnisse gestört, sie ist ein widernatürlicher Zustand der Form oder Mischung.

Infolge des Missverhältnisses der Elementareigenschaften befinden sich die Säfte in zu erhitztem, gekältetem, gefeuchtetem, getrocknetem Zustande. Wenn ihre Bewegung stockt und die Ausdünstung gehemmt ist, so tritt eine Verderben der Säfte ein, es entstehen verschiedenartige Fieber. Die widernatürliche Fieberhitze ist eine Folge dieser Fäulnis. Durch Fäulnis des Schleims, der gelben oder schwarzen Galle, entsteht das alltägliche, drei- oder mehrtägige Fieber.

Auf den ihnen innewohnenden Grundeigenschaften beruht nach Galen gleichermaßen die Wirksamkeit der Arzneien; sie sind heiß oder kalt, feucht oder trocken. Ein Mittel kann, je nach dem Verhältnis der Grundeigenschaft der Wärme, unmerklich, merklich, erwärmen, erhitzen oder heftig erhitzen, eine jede Qualität besitzt vier ähnliche Grade der Wirkung. Substanzen von brennendem Geschmack gehören zu den heißen, von kühlendem Geschmack zu den kalten Arzneimitteln.

Die Hebung der Krankheit oder der Wiederherstellung der Gesundheit beruht nach Galen auf dem Ersatz der fehlenden Qualität durch Übertragung oder in einer Aufhebung der vorherrschenden durch Beraubung.

In diesem folgerichtigen System waren die Krankheit und die Wirksamkeit der Heilmittel auf eine sehr kleine Anzahl von Ursachen zurückgeführt. Die Krankheiten ließen sich, wie die Arzneimittel, in eine gewisse Anzahl von Fächern ordnen; hatte man den Platz erkannt, wohin die Krankheit gehörte, so fand der Arzt in dem Gefach gegenüber die geeigneten Mittel, um die Gesundheit wieder herzustellen. Man wusste, woher die Krankheit kam, man wusste, warum das Mittel heilte.

An die Stelle der Experimentierkunst oder des Erfahrungsweges, welcher Hippokrates von Kos zu einer Fülle von Beobachtungen und einer bewunderungswürdigen Diätetik geführt hatte, trat jetzt die Theorie, die sie in Verbindung brachte, ordnete und erklärte. Das Heilverfahren des koischen Arztes ließ sich durch Nachahmung erlernen, das neue System war unendlich geeigneter zum Lehren, das Erlernen war erleichtert.

Die griechischen Philosophen, so wie Galen, hatten keine Vorstellung von den besonderen Eigenschaften, welche zum Vorschein kommen, wenn verschiedenartige Körper sich wechselseitig berühren.

Man bemerkt leicht, dass die Grundidee des Galenschen Systems vollkommen identisch war mit der, welche den Alchemisten zum Führer diente, die Idee der Verwandelbarkeit der Elementarkörper durch Entziehung oder Übertragung von Elementarqualitäten. Der Glanz, die Farbe, die Feuerbeständigkeit und Flüchtigkeit konnten hinweggenommen und ersetzt, sie konnten, so glaubte man, erhöht und vermindert werden. Das Gold war das vollkommenste Metall, ihm konnten keine Eigenschaften zugesetzt werden, weil es alle besaß; es stellte unter den Metallen den gesunden Menschen dar. „Bringet mir die sechs Aussätzigen," ruft Geber (Silber, Quecksilber, Kupfer, Eisen, Blei, Zinn), „damit ich sie heile." Das Messing war krankes Gold, das Quecksilber krankes Silber; durch die Medizin der dritten Ordnung konnten sie in Gold verwandelt, d. h. geheilt werden.

Die Entstehung des Goldes wurde der tierischen Zeugung ähnlich betrachtet, oder der Entstehung und dem Wachstum der Pflanzen. Raymund Lullus vergleicht die Darstellung des Steins der Weisen mit der Verdauung, der Entstehung des Blutes und der Ausscheidung der organischen Säfte.

In ihren Arbeiten hatten die Alchemisten gewisse Besonderheiten in den Eigenschaften der Körper wahrgenommen, welche den griechischen Philosophen unbekannt oder unbeachtet geblieben waren, und es waren allmählich den Elementen des Aristoteles drei neue Elemente hinzugefügt worden, deren Existenz niemand mehr bezweifelte. Zu den vier Ursachen der physikalischen Beschaffenheit kamen drei Grundursachen der allgemeinsten chemischen Eigenschaften, Mercurius, Schwefel und Salz.

Dem Geist der frühesten Zeit gemäß, welcher alle nicht sinnlich wahrnehmbaren Ursachen von Tätigkeiten unsichtbaren Geistern, und die sinnlich wahrnehmbaren Eigenschaften tastbaren körperlichen Dingen zuschrieb, hielt man den gewöhnlichen Schwefel und das Quecksilber anfänglich für wirkliche Bestandteile der Metalle; man glaubte von ihrem Vorhandensein gewisse Eigenschaften abhängig, ganz so, wie man später die Kaustizität des Kalkes und der Alkalien einem Kaustikum, den eigentümlichen Geruch gewisser Körper dem Spiritus rector und die Sauerheit der Säuren einer Ur- oder Primitivsäure zuschrieb.

Die Sprache des gewöhnlichen Lebens, welche alle abstrakten Begriffe vermeidet, erklärt es, warum man im Beginn der Forschung ein gewisses Verhalten oder gewisse Eigentümlichkeiten körperlichen Ursachen zuschreibt. Selbst Lavoisier konnte sich von der Idee einer Ursäure nicht trennen, er hielt den Sauerstoff für den Ursäure-Erzeuger, und lange noch nach ihm sahen Viele in dem Wasserstoff die sauren Eigenschaften der Säure bedingt.

Allmählich traten in den Ideen der Alchemisten an die Stelle von wirklichem Schwefel und Quecksilber ein ideeller Schwefel, ein ideelles Quecksilber, Dinge, welche eine gewisse Anzahl von Eigenschaften in sich vereinigten. Später gestalteten sich diese Dinge zu Elementarqualitäten.

Eine Anzahl von Körpern besaß die Eigenschaft der Flüchtigkeit im Feuer ohne Änderung ihrer übrigen Eigenschaften; sie waren sublimirbar wie Arsenik, oder destillierbar wie Quecksilber; eine andere Klasse war im Feuer flüchtig und veränderlich wie Schwefel; eine dritte war veränderlich und feuerbeständig wie die Aschensalze. Schwefel, Mercurius (Arsenik), Salz wurden, wie bemerkt, zuletzt zu abstrakten Begriffen, zu einfachen Elementen in dem Sinne der aristotelischen Elemente.

Wie wir von der Gestalt und Form eines Gedankens sprechen, ohne uns darunter eine körperliche Gestalt zu denken, so drückte man damals einfache Begriffe durch körperliche Dinge aus, ohne sich etwas anderes als Eigenschaften darunter zu denken. Die Namen dieser Dinge wurden zu Bindenamen für gewisse Eigentümlichkeiten, die wir heute noch brauchen, mit dem Unterschied, dass wir denselben, um ihre Unkörperlichkeit zu bezeichnen, das Wort Kraft, wie in dem Wort „katalytische Kraft", anhängen.

Von dem Weingeist sagt Basilius Valentinus: „Da ein rectificirtes Aqua vitae angezündet wird, so scheidet sich der Mercurius und der Sulphur voneinander, der Schwefel brennt ganz hitzig, denn er ist ein lauter Feuer, so fleuget der zarte Mercurius in die Luft und gehet wieder in sein Chaos."

Der Weingeist war schwefelhaltiger vegetabilischer Mercur, was nichts anderes sagen wollte, als dass er Brennbarkeit und Flüchtigkeit besaß.

Indem man in den einfachen Begriff der Brennbarkeit (Schwefel), Feuerbeständigkeit (Salz) und Flüchtigkeit (Mercur) besondere Eigentümlichkeiten der brennbaren, flüchtigen und feuerbeständigen Körper mit aufnahm, nach Maßgabe als sie beobachtet wurden (öliger, fetter, erdiger Mercur, öliger, fetter, erdiger, leicht-, schwer-entzündlicher Schwefel, erdiges, schmelzbares, glasartiges Salz, brennbare, fette, ölige mercurialische Erde etc.), da verlor sich die Bedeutung des ursprünglichen Begriffs; indem er zu weit und ausgedehnt wurde, schloss er das Beobachtete nicht mehr in sich ein, und als Boyle nach dem Schwefel, Mercur und Salz der Alchemisten suchte, da waren diese Elemente nicht mehr da; der Begriff war verbraucht. Noch lange nachher wurde der Begriff der erstickenden Eigenschaft eines Gases mit schweflig, die Verbrennung einer feuerbeständigen Substanz mit Verkalkung bezeichnet, d. h., sie hatten eine Eigenschaft mit dem brennenden Schwefel oder mit dem Kalkstein gemein.

So ist es heutzutage nicht mehr möglich, eine Definition einer „Säure" oder eines „Salzes" zu geben, welche alle Körper, die man als Säuren oder Salze bezeichnet, in sich einschließt. Wir haben Säuren, welche geschmacklos sind, welche die Pflanzenfarben nicht röten, welche die Alkalien nicht neutralisieren; es gibt Säuren, in denen Sauerstoff ein Bestandteil ist und in denen der Wasserstoff fehlt, in anderen ist Wasserstoff, kein Sauerstoff. Der Begriff von Salz ist zuletzt so verkehrt geworden, dass man dahin kam, das Kochsalz, das Salz aller Salze, von dem die anderen den Namen haben, aus der Reihe der eigentlichen Salze auszuschließen.

Man sieht leicht, wie allmählich ein einfacher, bestimmter Begriff unbestimmt wird, indem andere Begriffe demselben zugefügt werden. An der Stelle des verbrauchten Begriffs erhalten wir, indem wir zu sondern anfangen, eine Anzahl neuer und bestimmterer Begriffe; es ist möglich, dass der ursprüngliche bis auf den Namen sich verliert, und man wird einst vielleicht weder eine Säure noch ein Salz mehr finden, so wie man keinen Schwefel und keinen Mercur mehr fand, als man sie nicht mehr nötig hatte. Vorher war ihre Gegenwart jedermann geläufig, erst dann, als man sie nicht mehr bedurfte, suchte man danach.

Die chemischen Elemente waren, wie es sich von selbst versteht, nicht darstellbar, eben weil sie nur Qualitäten bezeichneten.

Niemand dachte daran, sie darzustellen; sie wurden als Bestandteile von allen Körpern angesehen.

Zwischen organischen Körpern und Mineralsubstanzen machte man keinen Unterschied, ihre Verschiedenheit glaubte man bedingt durch einen ungleichen Gehalt von Elementen. Man stellte den Essig in dieselbe Reihe mit den Mineralsäuren, der Weingeist (Spiritus vini) stand neben dem Zinnchlorid (Spiritus Libavii), das Chlorantimon (Butyrum antimonii) neben der Kuhbutter.

Zu Gebers Zeit hielt man den chemischen Prozess für ähnlich dem organischen Prozess; im 13. Jahrhundert bildete sich die Idee aus, der Lebensprozess sei analog dem chemischen. In frühester Zeit glaubte man, die Metalle entwickelten sich aus einem Samen, wie die Pflanzen; später hielt man dafür, der chemische Prozess erzeuge den Samen. Den Gärungs- und Fäulnisprozess hielten die Alten für die Ursache der Erzeugung von Pflanzen und Tieren.

Naturanschauungen und Betrachtungen lassen sich dem Geist nur durch Bilder oder durch Begriffe verständlich machen, welche der Naturwissenschaft entlehnt sind, und die ihr Gewand tragen.

Wenn man nun in Betracht zieht, dass im 13. bis 15. Jahrhundert alles Wissen von der Natur und ihren Kräften sich in der Alchemie, der Magie und Astrologie vereinigte, so wird es erklärlich, wie allmählich alchemistische Bezeichnungsweisen für irdische Vorgänge in die Sprache des gewöhnlichen Lebens übergingen. Die Erscheinungen des organischen Lebens, das Leben selbst, der Tod, die Auferstehung wurden durch die in der Alchemie gewonnenen Begriffe verständlicher, sie ließen sich wissenschaftlich nur durch die Sprache der Wissenschaft, welche die Alchemie war, versinnlichen.

„Wir armen Menschen," sagt Basilius Valentinus, „werden für unsere Sünden allhier durch den Tod, den wir wohl verdient, in das Irdische, nämlich das Erdreich, eingesalzen, bis so lange wir durch die Zeit putrificirt werden und verfaulen, und dann hinwiederum endlich durch das himmlische Feuer und Wärme auferweckt, clarificirt und erhoben werden zu der himmlischen Sublimation und Erhöhung, da alle Fäces, Sünden und Unreinigkeiten abgesondert bleiben." (Kopp. II. 236.) Luther lobt die Alchemie in seiner Canonica „wegen der herrlichen und schönen Gleichnisse, die sie hat mit der Auferstehung der Toten; denn ebenso, wie das Feuer aus einer jeden Materie das Beste auszieht und vom Bösen scheidet, und also selbst den Geist aus dem Leib in die Höhe führt, dass er die obere Stelle besitzt, die Materie aber, gleich wie ein toter Körper, unten am Boden liegen bleibt, also wird auch Gott am Jüngsten Tag durch sein Gericht, gleich wie durch Feuer die Gottlosen und Ungerechten scheiden von den Gerechten und Frommen. Die Gerechten werden auffahren gen Himmel, die Ungerechten aber werden unten bleiben in der Hölle." (Kopp. II. 238.)

Erst im 13. Jahrhundert entstand die Idee, dass der Stein der Weisen gesund machende und verjüngende Eigenschaften besitze. Sie entwickelte sich aus der Vorstellung, dass der Lebensprozess nichts weiter sei, als ein chemischer Prozess. Mit dem Stein der Weisen vermochte man die Metalle von ihren Gebrechen zu heilen, sie gesund zu machen, in Gold zu verwandeln, und es lag die Meinung nahe, dass er eine gleiche Wirkung auf den menschlichen Körper haben müsse. Arnold Villanovus, Raymund Lullus, Isaac Hollandus überbieten sich in Anpreisung seiner Heilkraft. In seinem Opus Saturni sagt Hollandus: „Ein Weizenkorn groß soll in Wein gelegt und diesen der Kranke trinken. Die Wirkung des Weins werde zum Herzen dringen und sich auf alle Säfte verbreiten. Der Kranke werde schwitzen und dabei nicht matter, sondern immer stärker und lustiger werden. Diese Gabe soll alle neun Tage wiederholt werden, wo es dem Menschen dünken solle, er sei kein Mensch mehr, sondern ein Geist. Es soll ihm zu Mut werden, als sei er neun Tage im Paradies und nähre sich von dessen Früchten." Salomon Trismosin behauptet, er habe sich im hohen Alter mittelst eines Grans vom Stein der Weisen verjüngt, seine gelbe runzlige Haut sei glatt und weiß, die Wangen rot, das graue Haar sei schwarz, der gekrümmte Rücken sei gerade geworden. Frauen von 90 Jahren habe er damit die volle Jugend wiedergegeben.

Nachdem sich die Idee ausgebildet hatte, dass der Stein der Weisen eine Universalmedizin sei, kam man auf dem natürlichsten Wege auf die Anwendung chemischer Präparate in der Medizin, mit welcher eine neue Periode dieser Wissenschaft beginnt.

Besaß in der Tat der Stein die Metall veredelnde und gesund machende Eigenschaft in gleichem Grade, so war der kranke Körper ein weit bequemeres Mittel, die Materia prima zu erkennen, und im Verlauf ihrer Bearbeitung ihre Veredelung zu prüfen. Denn die Anzahl von Krankheiten, welche das Präparat zu heilen vermochte, gab ein untrügliches Kennzeichen dafür ab. Je mehr Krankheiten ein

Präparat heilte, desto näher stand es in seinen Eigenschaften dem Stein der Weisen. Der wahre Stein musste alle Krankheiten heilen.

Der Arzneischatz der Galenschen Medizin enthielt keine chemischen Arzneien und bestand ausschließlich in organischen Substanzen: Moschus, Rhabarber, Bibergeil, Kampher, Tamarinden, Ingwer, Zittwerwurzel und ähnliche waren die Hauptmedikamente. Die Arzneibereitung bestand in der Kunst, diese Stoffe in die Form von Siupen oder Latwergen zu bringen; Kräuter, Rinden und Wurzeln wurden in Abkochungen oder Pulvern den Kranken gegeben.

Auf Galens Autorität hin waren bis dahin alle metallischen Präparate aus dem Arzneischatz verbannt. Quecksilberpräparate galten ihm unbedingt als Gifte. Avicenna hatte zwar dem Gold und Silber blutreinigende Eigenschaften beigelegt, aber diese Metalle wurden in der Regel nur zu Pillenüberzügen verwendet, und noch zu Ende des 15. Jahrhunderts erfuhr die äußerliche Anwendung der mit Fett bereiteten Quecksilbersalbe den lebhaftesten Widerspruch.

Wenn man in Betracht zieht, dass die Ansichten Galens in Beziehung auf die Ursache der Krankheit und die Wirksamkeit der Arzneien dreizehn Jahrhunderte lang als unumstößliche Wahrheiten galten und die ganze Untrüglichkeit von Glaubenssätzen erlangt hatten, so begreift man, welchen Eindruck im 16. Jahrhundert die Entdeckung der wahrhaft wunderbaren Wirkungen der Quecksilber-, Antimon- und der anderen metallischen Präparate auf den Geist der damaligen Ärzte machen musste. Ein ganzes Gebiet neuer Entdeckungen erschien durch die Ideen der Alchemisten und durch die Anwendung chemischer Arzneien aufgeschlossen.

In dem Blut entdeckte man eine Eigenschaft, welche die Alkalien, in dem Magensaft eine Eigenschaft, welche die Säuren besaßen. Man nahm in beiden einen Gegensatz wahr, genau entsprechend den Gegensätzen der Galenschen Qualitäten.

Beim Zusammenbringen der Säuren mit Alkalien entstanden neue Körper von ganz veränderten Eigenschaften, die weder sauer noch alkalisch waren.

An den sogenannten milden Alkalien erkannte man die Eigenschaft des Aufbrausens mit Säuren, und das Wesen aller Gärungen, welches man für abhängig von dem Aufbrausen hielt, schien damit erklärt zu sein.

Man beobachtete Wärmeentwicklung in Flüssigkeiten durch Mischung von Säuren mit Alkalien, ohne dass man eine eigentliche Verbrennung vor sich gehen sah. Die Wärmeentwicklung in dem Respirationsprozess schien damit erklärt zu sein.

Wie konnte man der Theorie der Lebenserscheinungen und Heilwirkungen nach Galen ferner noch eine Geltung zuschreiben, nachdem erwiesen worden war, dass alle seine Ansichten hinsichtlich der Metalle und ihrer Präparate vollkommen falsch seien, als man entdeckt hatte, dass die Eigentümlichkeiten des organischen Körpers und die Wirkungen der Arzneien auf Grundursachen beruhten, welche Galen nicht in seine Erklärungen aufgenommen hatte, weil er sie nicht kannte. Nicht nur die Grundursachen, welche die physikalischen Eigenschaften, sondern auch die chemischen Elemente, welche die chemischen Eigenschaften bedingen, mussten von jetzt an bei der Erklärung der organischen Prozesse mit im Rat sitzen und in Rechnung genommen werden. Nicht bloß von dem Verhältnis von Feuchtigkeit und Trockenheit, Hitze oder Kälte allein, sondern noch überdies von dem Verhältnis von Salz, Mercur, Schwefel, Laugensalz und Säure hingen die Lebenserscheinungen und die Wirkungen der Arzneien ab. Durch solche neue und geänderte Begriffe nahm die Heilkunst eine andere Form an.

Wenn die regelrechte chemische Beschaffenheit der Säfte den Gesundheitszustand bedingte, so war die regelwidrige chemische die nächste Ursache der Krankheit; durch die vorherrschenden chemischen Qualitäten der Arzneien konnte die Krankheit gehoben, die Gesundheit wieder hergestellt werden.

Auf die chemische Beschaffenheit der Galle, des Speichels, des Schweißes, des Harns musste jetzt bei der Wahl der Mittel vorzugsweise Rücksicht genommen werden: Dies war ein unermesslicher Fortschritt. Man machte die wichtige Entdeckung, dass die Beschaffenheit des Harns in einem bestimmten Abhängigkeitsverhältnis zu den Krankheiten stand, und wie in dieser Periode der Wissenschaft alle Wirkungen für die Ursachen selbst genommen wurden, so galten die Absätze im Harn, der Tartarus, als Ursache vieler Krankheiten.

In Paracelsus' Geiste verkörperten sich die Ideen dieser Zeit, und als er zu Basel einige Jahre darauf, nachdem Luther die päpstliche Bulle verbrannt hatte, diesem Beispiele folgend, die Werke Galens und Avicennas den Flammen übergab, da hatte deren Reich ein Ende.

Man hatte die Natur verlassen, so sagt Paracelsus, und sich leeren Träumereien hingegeben, darum verwies er auf das offene Buch der Natur, „das Gottes Finger geschrieben"; die Sonne, kein trübseliges Stubenlämpchen, solle das rechte Licht verleihen; die Augen, die an der Erfahrenheit Lust haben, die seien die rechten Professoren. Die Natur sei ohne Falsch, gerecht und ganz; aus dem Bücherwesen und aus menschlichem Fantasiewerk sei Verwirrung und Spiegelfechterei erwachsen. „Mir nach," so beginnt er sein Paragranum, „ich nicht euch, Avicenna, Rhases, Galen, Mesur! Mir nach und ich nicht euch, ihr von Paris, ihr von Montpellier, ihr von Schwaben, ihr von Meißen, ihr von Köln, ihr von Wien, und was an der Donau und an dem Rheinstrom liegt, ihr Inseln im Meer, du Italien, du Dalmatien, du Athen, du Grieche, du Araber, du Israelit! Mir nach und ich nicht euch, mein ist die Monarchie."

In Paracelsus spiegeln sich alle Ideen, alle Fehler und Irrtümer seiner Zeit. In ihm kämpft eine gigantische Kraft gegen äußere hemmende Fesseln. Er hat den Instinkt des richtigen Wegs, nicht das Bewusstsein. Er sucht ihn vergebens in der ihn umgebenden Wildnis; daher seine Widersprüche und seine Zerrissenheit. – Aber sein Wort gibt einem Jahrhundert die Richtung; „der wahre Gebrauch der Chemie", sagt er, „ist nicht Gold zu machen, sondern Arzneien zu bereiten."

Durch Paracelsus kam die Chemie aus den Händen der Goldköche in den Dienst der weit unterrichteteren und gebildeteren Ärzte, und da er und seine Nachfolger ihre Arzneien selbst bereiteten, so gehörten von da an chemische Kenntnisse und Bekanntschaft mit chemischen Operationen zu den wesentlichsten Erfordernissen des Arztes.

Im 16. und 17. Jahrhundert bewegten sich immer noch die Erklärungen um das Vorhandensein verborgener Qualitäten, bis erweiterte Erfahrungen zu der wichtigen Wahrheit führten, dass Eigenschaften und Materie tatsächlich nicht trennbar seien; für uns sind sie getrennt nicht mehr denkbar.

Noch lange nach Paracelsus glaubte man, dass die chemische Operation für das Arzneimittel dasselbe sei, was der Magen ist für die Speisen, aus denen das Blut entsteht. Durch dreimalige Sublimation des ätzenden Quecksilbersublimats mit metallischem Quecksilber stellte man den Calomel dar, durch neunmalige die Panacea Mercurialis.

Die begeistigenden Grundursachen Platos, welche nach ihm die vitalen Tätigkeiten bedingen, treten bei den Paracelsisten zu dem Archäus zusammen, der seinen Sitz im Magen hat und, mit allen Leidenschaften des Menschen begabt, die Verdauung, die Bewegungserscheinungen und die Seelenstimmung regiert.

Wenn man die gründliche Verachtung sich vergegenwärtigt, mit welcher die heutige Medizin auf die Ansichten von Paracelsus und seiner Nachfolger herabblickt, welche, ähnlich wie die Ideen der Alchemisten über Metallverwandlung, von Vielen als eine Geistesverwirrung bemitleidet werden, wenn man damit die gegenwärtigen Theorien über die Ursachen der Krankheiten und die Heilmethoden vergleicht, so wird der Naturforscher in seinem Stolz auf die Errungenschaften des Geistes im Gebiete der Wahrheit gedemütigt durch die tägliche Wahrnehmung von Widersprüchen, die man für unmöglich halten müsste, wenn sie in der Wirklichkeit nicht beständen.

Über den Standpunkt der theoretischen Medizin wird sich niemand täuschen können, welcher ins Auge fasst, dass sich in unserer Periode, in welcher die richtigen Grundsätze der Forschung klar und hell, gleich der Sonne, ihr Licht zu verbreiten scheinen, in der Heilwissenschaft eine für unsere Nachkommen nach wie vor unvollkommen erscheinende Lehre zu entwickeln vermochte. Die seit über 100 Jahren bestehenden physikalischen Kenntnisse über Quanten und ihre Gesetze, die auch für die biologische Einheit der Zelle gültig sind, haben kaum Einzug in medizinischen Theorien gehalten.

Die Praxis der Behandlung schafft Werkzeuge, aber niemals ist durch Werkzeuge eine Summe von Erfahrungen zur Wissenschaft geworden.

Baumaterial ist in Fülle da, sodass man kaum den Grund sieht, auf welchem das Gebäude stehen soll, die Meister sind aber in Zwiespalt und über den Plan nicht klar. Der eine will das Haus aus Holz, der andere meint, es müsse Stein und Holz, der dritte, es dürfe nur aus Stein und Eisen sein. Zwei gehören jedenfalls zusammen, aber auch die drei würden, zweckmäßig verbunden, ein treffliches Gebäude abgeben, wären die Handlanger nicht, die es aus Stroh und in die Luft bauen wollen; darum sind seit 2000 Jahren die Fundamente noch nicht fertig.

2. Leitlinien der Chemie

von Wilhelm Ostwald

Abb. 2.1: Labor des chemischen Instituts der Universität Leipzig, 1906. CC0

2.1   Vom Element bis zur Transmutation

Bereits bei den ersten Versuchen der westeuropäischen Menschheit, die Mannigfaltigkeit der Erlebnisse zusammenfassend zu begreifen, tritt ein Gedanke auf, der seitdem in der Chemie seine hauptsächliche Stelle gefunden und behalten hat, der Gedanke der Elemente. Thales, der Begründer der Ionischen Naturphilosophie und damit der griechischen und europäischen Philosophie überhaupt, stellte als allgemeines Prinzip seiner Weltauffassung den Satz hin, dass alles aus Wasser entstanden sei. Die beiden hierin enthaltenen Gedanken, dass erstens die Dinge nicht allezeit so gewesen sind, wie wir sie jetzt vorfinden, und dass zweitens ihre Mannigfaltigkeit sich auf einfachere Grundlagen zurückführen lässt, sind seitdem maßgebend für die spätere Gestaltung der Wissenschaft geworden.

Der erste Gedanke spielt seine wesentliche Rolle in der Biologie, wo der Begriff der zeitlichen Entwicklung sich als überaus fruchtbar für das Verständnis der vorhandenen Tatsachen erwiesen hat. Der zweite Gedanke, der des Elements oder Grundstoffes, beherrscht dagegen die anorganischen Wissenschaften, die Chemie und die Physik. Während in der Chemie er sich zu dem sehr bestimmten Begriff des chemischen Elements seit mehr als einem Jahrhundert ausgestaltet hat — eine Entwicklung, deren Betrachtung wir uns in erster Linie zuwenden wollen — stellt sich für die Physik ein noch allgemeinerer Begriff für ein Grundprinzip heraus. Es ist der Begriff der Energie, welchen wir als den allgemeinsten und daher elementarsten erkennen, welcher den physischen Wissenschaften ihr Gepräge gibt. Die Energie ist allerdings kein wägbarer Grundstoff, wie die chemischen Elemente es sind, wohl aber ist sie ein messbarer Grundwert, für den wie für die chemischen Elemente ein Gesetz der Unerschaffbarkeit und Unvernichtbarkeit, also ein Erhaltungsgesetz in Geltung steht, und den wir in jedem einzelnen Gegenstand der physischen Wissenschaften als den zentralen Begriff vorfinden.

Wenn in irgendeiner Wissenschaft ein leitender Begriff zuerst aufgestellt worden ist, beschäftigt sich regelmäßig die nachfolgende Kritik nicht etwa mit der Frage, ob die hier zuerst versuchte Begriffsbildung denn überhaupt richtig oder zweckmäßig gewesen ist. Es liegt vielmehr in einer solchen ersten Begriffsbildung etwas so imponierend Schöpferisches, dass die Nachfolger die einmal errungene Form ohne Weiteres beibehalten und ihre Kritik nur auf sekundäre Fragen richten. So haben Thales' Nachfolger und Konkurrenten keineswegs gefragt, ob es denn überhaupt möglich wäre, die Entstehung aller vorhandenen Dinge aus einem einzigen Element aufzuzeigen, sondern sie haben dies mit Thales ohne Weiteres angenommen und ihrerseits nur nachzuweisen gesucht, dass das von Thales angegebene Wasser diesen Vorzug nicht haben kann. So wurde nacheinander das Feuer, der Geist, das Sein oder Werden usw. als Grundprinzip alles Vorhandenen angesehen, und jeder Philosoph bemühte sich, seine besondere Gestaltung des Grundgedankens von Thales als die einzig mögliche nachzuweisen.

Auf diese unitarischen Systeme folgten dann in der Erkenntnis, dass ein einziges Ding schwerlich die nötige Mannigfaltigkeit entwickeln könne, um die Mannigfaltigkeit der wirklichen Dinge darzustellen, zunächst die dualistischen Systeme, in welchen zwei ähnliche aber entgegengesetzte Prinzipien, wie gut und böse, Liebe und Hass durch ihre Wechselwirkung die Welt gebildet haben sollten. Auch diese erwiesen sich als ungenügend und so sehen wir schließlich bei Aristoteles einerseits eine beginnende Rücksicht auf die Erfahrung, und andererseits eine noch weitere Mannigfaltigkeit der Prinzipien in Gestalt eines doppelten Dualismus auftreten. Da diese Anschauungen in der späteren Entwicklung des Elementenbegriffes eine sehr erhebliche Rolle gespielt haben, so gehen wir ein wenig näher auf sie ein.

Aristoteles, dem eine überaus mannigfaltige anschauliche Kenntnis der Naturgegenstände eigen war, hat zunächst zum Ausdruck bringen wollen, dass man als die Grundlagen oder Elemente der natürlichen Dinge in erster Linie deren allgemeine Eigenschaften ansehen muss. Denn an ihren Eigenschaften erkennen und unterscheiden wir die Dinge. So suchte er nach Eigenschaften, die allen Dingen zukommen, und glaubte diese in Wärme und Kälte, Trockenheit und Feuchtigkeit gefunden zu haben. Diese Eigenschaften sind paarweise entgegengesetzt und befriedigten somit das stark entwickelte Symmetriebedürfnis, das wir bei fast allen Philosophen, von Aristoteles mit seinen Elementen bis auf Kant mit seinen Kategorientafeln beobachten können.

Verbindet man nun diese Eigenschaften paarweise, so erhält man nach den Regeln der Kombinatorik sechs Paare. Von diesen fallen aber zwei fort, da sie unvereinbare Verbindungen zweier entgegengesetzter Eigenschaften darstellen, und es bleiben vier Paare gemäss der Abbildung 1.2 auf Seite 38 übrig.

Als Typus des kalt und feuchten bezeichnete Aristoteles das Wasser, als Typus des kalt und trockenen die Erde, als Typus des feucht und warmen die Luft und als Typus des trocken und warmen das Feuer.

Dies ist der theoretische Ursprung der vier aristotelischen oder peripatetischen Elemente, welche in den naturphilosophischen Betrachtungen des Mittelalters eine so große Rolle gespielt haben. Wie man sieht, sind es durchaus nicht Elemente in dem heutigen Sinne, d. h. durchaus nicht Stoffe, aus denen alle anderen Stoffe erzeugt oder hergestellt werden können. Als Elemente werden vielmehr bestimmte Eigenschaften angesehen, und die vier genannten Dinge sind nur Repräsentanten dieser Eigenschaften in ihren einfachsten Kombinationen. Durch die möglichen Abstufungen dieser

Eigenschaften an den verschiedenen Dingen konnten die wirklichen Mannigfaltigkeiten der Natur einigermaßen zum Ausdruck gebracht werden; wie vollständig, musste die spätere Forschung entscheiden.

Diese spätere Forschung, die nach dem Untergang der griechisch-römischen Kultur zunächst von den Arabern aufgenommen wurde, ergab zunächst, dass die von Aristoteles getroffene Wahl der elementaren Eigenschaften verunglückt war. Die chemischen Erfahrungen legten ganz andere natürliche Klassen nahe; insbesondere waren es die Metalle, die wegen ihrer technischen und wirtschaftlichen Wichtigkeit auch eine Stelle im wissenschaftlichen System beanspruchten. So verzichteten die arabischen Naturforscher auf die schöne aristotelische Symmetrie und suchten eine bessere Darstellung ihrer Erfahrungen durch die Wahl anderer Typen. Zum Repräsentanten des metallischen Wesens wurde das Quecksilber ernannt, zum Repräsentanten einer anderen hochwichtigen Eigenschaft, der Verbrennbarkeit, der Schwefel. Die Erde wurde als zweckmäßiger Typus für die nichtmetallischen Mineralien beibehalten und das Salz zur Darstellung der Löslichkeit in Wasser und der Wirkung auf den Geschmack und auf andere Stoffe zugefügt. Stets aber wurde bei diesen und ähnlichen Systemen betont, dass die genannten Elemente von den wirklichen Stoffen gleichen Namens streng zu unterscheiden seien, und dass „philosophischer" Schwefel und Quecksilber durchaus nicht mit gewöhnlichem Schwefel oder Quecksilber verwechselt werden dürften.

Dieser wissenschaftliche Standpunkt, demzufolge die Eigenschaften als das Elementare angesehen wurden, muss im Auge behalten werden, wenn man den Entwicklungsgang verstehen will, welchen die Chemie um jene Zeit nahm. Bekanntlich war es der Gedanke der künstlichen Herstellung des Goldes aus unedlen und preiswerten Metallen, welcher die Chemiker jener Zeit erfüllte. Wir sind jetzt gewohnt, auf die experimentellen Bemühungen des Mittelalters, jene Umwandlung zu bewirken, mit Verachtung als auf eine unbegreifliche Geistesverirrung herabzusehen. Doch haben wir hierzu kein Recht. Denn der theoretische Standpunkt jener Zeit war durchaus der, dass es möglich sei, einem gegebenen Stoffe durch passende Operationen jede beliebige Eigenschaft zu erteilen, etwa wie wir es für möglich halten, jedes Element mit jedem beliebigen anderen zu verbinden. Erst die Erfahrung mehrerer Jahrhunderte ergab als Resultat, dass eine solche Umwandlung eines Metalls in ein anderes nicht durch chemische Vorgänge ausführbar ist. Dies ist eine Tatsache der Erfahrung und hat als solche nichts mit logischen und aprioristischen Erwägungen zu tun; die künstliche Erzeugung des Goldes war für die Wissenschaft jener Zeit einfach ein technisches Problem, wie die künstliche Herstellung der Diamanten es für unsere Zeit ist.

Der Stein der Weisen, das Mittel, durch welches diese Umwandlung unedler Metalle in Gold sollte bewerkstelligt werden, spielt daher in der Geschichte der Chemie eine ganz ähnliche Rolle, wie die Erfindung des Perpetuum mobile in der Geschichte der Physik. Und ebenso wie die Erkenntnis, dass ein Perpetuum mobile erfahrungsmäßig unausführbar ist, zu der Entdeckung des Gesetzes von der Erhaltung der Energie, dem wichtigsten Fortschritt der physischen Erkenntnis des neunzehnten Jahrhunderts, geführt hat, so hat die Erkenntnis von der experimentellen Unmöglichkeit der Metallumwandlung zu dem Gesetz von der Erhaltung der Elemente geführt. Auch dieses ist ein Grundgesetz in der Chemie und hat als solches eine sehr große Bedeutung für die Systematik der chemischen Verbindungen; eine ähnliche allgemeine Bedeutung, wie jenes andere Gesetz hat es indessen noch nicht erlangt und es wird sie auch schwerlich erlangen.

Neben den erfolglosen Versuchen der Goldmacher oder Alchimisten gingen nun die Verbesserungen im Hüttenbetrieb, im Glasmachen und anderen Gewerben einher, die auf der Anwendung chemischer Vorgänge beruhen. Anderseits wurden die Ärzte auf die starken Wirkungen gewisser anorganischer Präparate, insbesondere der Quecksilber- und Antimonverbindungen aufmerksam, und so vermehrten sich von verschiedenen Seiten die chemischen Einzelkenntnisse in schnellem Fortschritt. Diesen Tatsachen gegenüber erwies sich auch der verbesserte Elementenbegriff der arabischen Chemiker als mehr und mehr unzulänglich. Die Versuche, ihn weiter zu verbessern, gingen zunächst denselben Weg, wie die früheren, indem die eigentliche Begriffsbildung beibehalten und nur den Tatsachen einigermaßen besser angepasst wurde: So wurde fette und glasige Erde von der gewöhnlichen unterschieden. Daneben aber bereitete sich eine andere Auffassung vor, zu der die Erfahrungen unwiderstehlich hindrängten. Man lernte mehr und mehr die Gruppen zusammengehöriger Stoffe kennen, die sich von einem gegebenen Stoff ableiten oder in ihn umwandeln lassen, und erkannte in diesen natürliche Familien. Damit war ein Verständnis für die Tatsache gegeben, dass nicht jeder Stoff mit beliebigen Eigenschaften behaftet werden kann, sondern dass diese ganz und gar davon abhängen, von welchen Stoffen man ausgeht. Danach konnte man auch nicht mehr die Eigenschaften als die Elemente oder Prinzipien betrachten, aus denen die Stoffe zusammengesetzt werden können, sondern man musste in den Stoffen selbst jene Elemente oder Prinzipien suchen, von denen die Beschaffenheit der Produkte abhängig ist.

Hierdurch verschob sich der Begriff des Elements mehr und mehr vom Abstrakt-Eigenschaftlichen ins Konkret-Stoffliche. Die Geschichte der Chemie nennt Robert Boyle (1627 bis 1691) als den Forscher, welcher in einem einflussreichen und viel gelesenen Werk „THE SCEPTICAL CHYMIST" den Grundsatz ausgesprochen und zur Geltung gebracht hat, dass man als Elemente nicht Eigenschaften, sondern Stoffe anzusehen habe, und zwar alle solche, die man nicht zerlegen, aus denen man aber die anderen Stoffe zusammensetzen kann. Doch hat die neuere Geschichtsforschung gezeigt, dass die gleichen Gedanken ein Vierteljahrhundert vor Boyle bereits von dem Hamburger Rektor Jungius ausgesprochen worden sind, wenn auch dessen Einfluss auf das Denken seiner Zeit- und Fachgenossen viel geringer geblieben war.

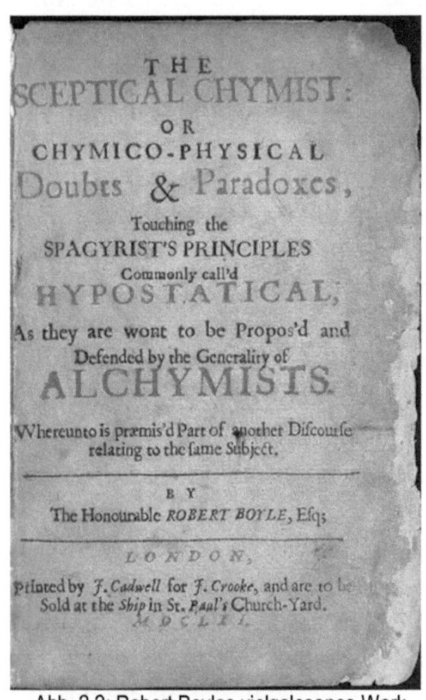

Abb. 2.2: Robert Boyles vielgelesenes Werk „THE SCEPTICAL CHYMIST". CC0

Man muss den hier gemachten Fortschritt sehr hoch anschlagen. Durch den Begriff der Zusammengesetztheit gewisser Stoffe, demgemäß z. B. Zinnober nicht nur aus Schwefel und Quecksilber hergestellt, sondern auch in Schwefel und Quecksilber umgewandelt oder „zerlegt" werden kann, ist nicht nur ein außerordentlich wichtiges genetisches Verhältnis zwischen den verschiedenen

Stoffen zur Darstellung gebracht, sondern es sind auch die quantitativen Betrachtungen vorbereitet, welche sich später als so einflussreich für die weitere Entwicklung der Chemie erweisen sollten. So wird, wenn man die Entwicklungsgeschichte der Chemie in Perioden einteilen will, die durch Jungius und Boyle erreichte Wendung als der eigentliche Beginn der neueren Chemie anzusprechen sein.

Das diesen Fortschritten zugrunde liegende Gesetz hat nur sehr langsam seinen vollständigen Ausdruck gefunden, obwohl es stufenweise praktisch bekannt wurde. Ebenso ist in späterer Zeit dieses Gesetz immer stillschweigend angenommen worden, ohne besonders formuliert zu werden; erst in neuester Zeit hat man begonnen, es ausdrücklich auszusprechen. Wir wollen dies Gesetz das von der Erhaltung der Elemente nennen. Es besagt Folgendes: Wenn irgendwelche chemischen Stoffe gegeben sind, und man bestimmt die Elemente dieser Stoffe der Art und Menge nach, so kann durch keinen Vorgang irgendwelcher Art an diesen Stoffen die Art und Menge ihrer Elemente geändert werden. Mit anderen Worten: Die Elementaranalyse eines beliebigen chemischen Gebildes gibt stets dieselben Resultate, welche chemischen Vorgänge man auch innerhalb dieses Gebildes vornehmen mag.

Dies ist offenbar eine sehr weitgehende Einschränkung der Vorstellungen, die vorher über die Beschaffenheit der Stoffe in Geltung waren. Wie wir gesehen haben, beruhten diese auf der Annahme, dass man jedem Stoffe durch passende Operationen jede beliebige Eigenschaft erteilen könne. Gerade die Erfahrungen der Alchimisten, dass dies in Bezug auf die willkürliche Herstellung des Goldes nicht anging, brachten in diesem viel untersuchten Punkt die Erkenntnis zuwege, dass zur Gewinnung dieses Stoffes nur ganz bestimmte andere Stoffe benutzt werden können, nämlich nur solche, die später als Goldverbindungen bezeichnet worden sind, und keine anderen.

Die langsame Ausbildung dieser Erkenntnis beginnt etwa um die Mitte des siebzehnten Jahrhunderts und ist eine unmittelbare Folge der erweiterten experimentellen Kenntnis der chemischen Vorgänge. Insbesondere die Möglichkeit, die edlen Metalle wie Silber und Gold wieder aus ihren Umwandlungsprodukten, z. B. ihren Lösungen in Säuren, wieder herzustellen, wirkte nicht nur in dem Sinne dieser allgemeinen Erkenntnis, sondern auch noch in solchem Sinne, dass man diese Metalle in derartigen Umwandlungsprodukten trotz ihres Verschwindens als in gewissem Sinne fortbestehend annahm. Bei van Helmont (1577 bis 1644) finden sich zahlreiche Aussprüche in solchem Sinne, verbunden mit der weiteren wichtigen Erkenntnis, dass die zurück gewinnbaren Mengen der Stoffe gleich den zum Versuch genommenen sind. So wies er z. B. nach, dass man Kiesel mit Pottasche zu Glas schmelzen kann und aus diesem durch Zerlegung mit Säuren wieder das frühere Gewicht Kiesel erhält.

In gleichem Sinne arbeiteten Glauber, Sylvius de le Boe und andere; durch Boyle fanden, wie schon erwähnt, diese Ergebnisse der zunehmenden chemischen Kenntnisse ihren zusammenfassenden Ausdruck. Es liegt in der Natur der Sache, dass mit dieser Entwicklung auch das erste Auftreten einer analytischen Chemie im heutigen Sinne verbunden ist. Denn erst nachdem man im Klaren war, dass die verschiedenen Stoffe den Produkten, die aus ihnen hergestellt sind (z. B. ihren Lösungen in Wasser oder Säuren), ganz bestimmte, von der Natur dieser Ausgangsstoffe abhängige Eigenschaften erteilen, konnte davon die Rede sein, ihr Vorhandensein mittelst solcher Eigenschaften zu erkennen.

Allerdings ist dieser wissenschaftliche Fortschritt zunächst nicht in reiner und allgemeiner Gestalt aufgefasst worden, was ja damals bei dem allgemeinen Jugendzustand der Wissenschaft noch gar nicht zu erwarten war, sondern er ist kurz danach in die einigermaßen willkürliche Form der Atom- oder Korpuskularhypothese geprägt worden, deren Anhänger auch Boyle war. Nimmt man an, dass die chemischen Verbindungen durch die Zusammenlegung der Atome der Elemente entstehen, sodass diese letzteren ihre „Natur" durch die Verbindung mit anderen nicht ändern, so muss man erwarten, dass man nur aus solchen zusammengesetzten Atomen, in denen die Atome bestimmter Elemente enthalten sind, diese für sich herstellen kann, und dass anderseits keine noch so willkürliche Änderung in dem gegenseitigen Verhältnis dieser elementaren Atome deren Natur und Anzahl verändern kann.

Wir erkennen hier den ersten Einfluss, welche die hypothetischen Anschauungen über die Konstitution der „Materie", d. h. der mit Gewicht und Masse ausgestatteten Komplexe auf die Erkenntnis der in ihnen waltenden Gesetze gehabt hat. Die ganze spätere Entwicklung der chemischen Wissenschaft hat unter dem Zeichen dieser Anschauungen gestanden, und die Mehrzahl der hier tätigen Forscher hat sich immer wieder geweigert, auf das Hilfsmittel derartiger hypothetischer Annahmen zu verzichten, so zweifellos die unsichere Beschaffenheit dieser Denkmittel war. Die Anschaulichkeit dieser Hypothesen ist immer wieder von ihren Anhängern als ihr unersetzlicher Vorzug ins Feld geführt worden. Das heißt, dass diese Denkmittel aufgrund der alltäglichen geometrischen und mechanischen Erfahrungen leichter gehandhabt werden, als hypothesenfreie, aber darum auch entsprechend abstraktere Fassungen der gleichen Gesetzmäßigkeiten. Doch erinnert dieser Grund an die Entwicklung, welche jeder von uns beispielsweise bezüglich des Zahlenrechnens durchmacht. Anfangs glaubt man auch die Veranschaulichung mittelst der Finger nicht entbehren zu können, und die des Schreibens nicht kundigen russischen Händler des 19. Jahrhunderts führen mittelst des anschaulichen Hilfsmittels ihres Rechenbrettes ziemlich verwickelte Rechnungen mit großer Sicherheit und Schnelligkeit aus. Aber derjenige, welcher sich mit abstrakteren und allgemeineren Rechnungsarten vertraut gemacht hat, wird sich bei schwierigeren Aufgaben, und insbesondere neuen Problemen gegenüber schließlich doch als der freiere und daher leistungsfähigere Arbeiter erweisen.

Auch eine wesentliche Schwierigkeit, welche der atomistischen Anschauung anhaftet, hat Boyle nicht übersehen. Wenn nämlich die Atome in ihren Verbindungen unverändert fortbestehen, so sollte man erwarten, dass die Eigenschaften der Verbindungen die Summen, bezw. die sachgemäß gebildeten Mittelwerte von den Eigenschaften der Elemente sein müssten. Dass Boyle diesen Schluss aus der von ihm angenommenen Hypothese gezogen hat, geht daraus hervor, dass er wiederholt sein Erstaunen über das gegenteilige Verhalten der wirklichen chemischen Vorgänge ausspricht. So wundert er sich beispielsweise darüber, dass die auffallenden Eigenschaften der Säuren und Basen verschwinden, wenn sie sich zu Salzen vereinigen.

Diese Schwierigkeit der Atomhypothese ist insofern überwunden worden, dass nach heutiger Erkenntnis für viele Eigenschaften der Elemente im wesentlichen die Zahl der Elektronen der äußeren Elektronenhülle maßgebend ist. Dennoch besteht immer noch ein gewisser Widerspruch, wenn wir uns inzwischen auch derart daran gewöhnt haben, dass wir ihn kaum mehr als solchen empfinden.

Gleichzeitig mit der Klärung und Feststellung des Begriffes Element erfolgte die des Begriffes Stoff. In der aristotelischen Philosophie war Stoff oder Materie das Indifferente, das je nach Umständen mit den verschiedensten, beliebigen Eigenschaften behaftet werden konnte. Durch die Feststellung, dass keineswegs jeder beliebige Stoff aus jedem beliebigen anderen hergestellt werden konnte, sondern dass dabei ganz bestimmte, beschränkte Verhältnisse obwalteten, ergab sich ein viel engerer Zusammenhang zwischen Stoff und Eigenschaft: Die Art des Stoffes bedingt die Art der Eigenschaft.

Es besteht kein Zweifel, dass man die chemischen Spezies, die man seit vorgeschichtlicher Zeit zu unterscheiden begonnen hatte und deren Verschiedenheit man durch entsprechend verschiedene Namen festlegte, zunächst ebenso unbestimmt und unscharf aufgefasst hat, wie etwa die Spezies der Pflanzen und Tiere. Daher die großen Schwierigkeiten, in der alten Literatur festzustellen, welche Stoffe unter den überlieferten Namen zu verstehen sind. Blei und Zinn sind beispielsweise noch von den Römern als wesentlich gleich angesehen und von Plinius als „schwarzes" und „weißes" Blei wie kleine Varietäten desselben Stoffes beschrieben worden.

Wie schwer es war, an gleichen Stoffen, die auf verschiedenem Wege hergestellt waren, ihre Gleichheit, und an ähnlichen Stoffen ihre Verschiedenheit zu erkennen, lehrt die Geschichte der alkalischen Karbonate. Bis in den Anfang des achtzehnten Jahrhunderts findet sich das Kaliumkarbonat mit verschiedenen Namen bezeichnet, je nachdem es aus Asche, aus Weinstein oder aus Salpeter hergestellt worden war. Umgekehrt waren bis dahin Pottasche und Soda wegen ihrer meist übereinstimmenden Reaktionen als nicht wesentlich verschieden angesehen worden. Erst Stahl bemerkt gelegentlich, dass im Kochsalz eine andere Basis enthalten zu sein scheine, als in der Pottasche, da die damit erhaltenen Salze gleicher Säuren verschiedene Kristallform und verschiedene Löslichkeit in Wasser aufweisen. Hier etwa haben wir also geschichtlich die Anfänge des allgemeinen Gedankens zu suchen, dass verschiedene Stoffe durch verschiedene Eigenschaften derart gekennzeichnet sind, dass bestimmte Werte der Eigenschaften sich stets in gleicher Weise und gleichem Betrage an gleichen Stoffen vorfinden, unabhängig von deren Darstellungsweise.

Allerdings fehlte noch viel an der Erkenntnis von der ganz bestimmten Beschaffenheit dieser Eigenschaften. Umgekehrt finden sich zahlreiche Zeugnisse dafür, dass je nach der Herstellungsweise Qualitätsunterschiede sogar bei elementaren Stoffen, wie Gold, Eisen, Zinn ebenso angenommen wurden, wie bei Brot, Wein und anderen willkürlich herstellbaren Produkten. Wann und wie dann die allgemeine Erkenntnis entstand, dass diese Verschiedenheiten der chemischen Substanzen von der Anwesenheit kleiner Mengen anderer Stoffe herrühren, und dass die Eigenschaften um so unabhängiger von der Herkunft werden, je vollständiger derartige fremde Stoffe beseitigt werden, scheint bisher noch nicht der Gegenstand einer eingehenden geschichtlichen Untersuchung gewesen zu sein. Jedenfalls war aber eine solche Erkenntnis am Ende des achtzehnten Jahrhunderts vorhanden. Denn um diese Zeit definierte die Maß- und Gewichtskommission der Französischen Republik das Gramm als das Gewicht von einem Kubikzentimeter reinem Wasser bei +4° C; die Mitglieder dieser Kommission waren also nicht im Zweifel, dass dieses Gewicht übereinstimmend gefunden werden würde, auf welche Weise man auch das reine Wasser hergestellt haben möge.

Die Entwicklung dieser Erkenntnis war gleichbedeutend mit der Entwicklung des Unterschiedes zwischen einer Lösung und einem reinen Stoffe. Allerdings ist auch noch heute diese Unterscheidung meist als halb unbewusster Bestandteil der chemischen Praxis vorhanden und die grundsätzliche Festlegung der entsprechenden Begriffsbildung gehört der neuesten Zeit an. Immerhin betrachtet aber seit mehr als einem halben Jahrhundert beispielsweise der Organiker sein neu entdecktes Präparat so lange als „unrein", als er noch eine Änderung des Siedepunkts beim gebrochenen Destillieren oder eine solche des Schmelzpunktes beim gebrochenen Kristallisieren beobachten kann. Dass aber derartige Veränderlichkeiten der Eigenschaften das spezifische Kennzeichen der Lösungen und ihre Unveränderlichkeit das der reinen Stoffe ist, findet man weniger oft und bestimmt ausgesprochen, als der Wichtigkeit der Sache wegen nötig wäre. Der Satz gehört zu den „selbstverständlichen", über welche man weiter nicht nachzudenken pflegt.

Doch diese Betrachtungen führen uns auf Gedankengänge, die der neuesten Zeit angehören. Ehe wir uns tiefer in sie versenken, sind noch einige andere Entwicklungslinien zu betrachten, welche die gegenwärtige Begriffsbildung über Elemente und Verbindungen eingeleitet haben. Es sind die Versuche, welche dahin zielen, die grundsätzlich erkannte gegenseitige Abhängigkeit der Stoffe voneinander bezüglich ihrer Darstellung und Umwandlung in Gestalt allgemeiner Gesetze festzustellen.

Der wichtigste Fortschritt in der Erkenntnis der gegenseitigen Zusammenhänge zwischen den Stoffen wurde durch die Aufstellung der Verbrennungstheorie gemacht. Die Erfahrung zeigte, dass man die Eigenschaft der Verbrennbarkeit durch stoffliche Reaktionen einem gegebenen Gebilde mitteilen und entziehen kann. Kohle, welche selbst verbrennbar ist, erteilt vielen Stoffen, insbesondere den „Metallkalken" die Eigenschaft, ihrerseits verbrennbar zu werden, was mit dem gleichzeitigen Auftreten der metallischen Eigenschaften verbunden ist. Die Kohle selbst verschwindet dabei oder vermindert sich. Entsprechend der überkommenen Gewohnheit, für bestimmte Eigenschaften einen stofflichen Träger zu suchen, wurde ein solcher angenommen und Phlogiston genannt. Wie bekannt, ist diese Lehre von J. J. Becher vorbereitet, von G. E. Stahl (1660 bis 1734) in allen ihren Zusammenhängen entwickelt worden, wodurch zum ersten Male ein rationelles System geschaffen wurde, das einen großen Teil der damals wichtigsten Stoffe zusammenfasste und ordnete.

Es ist gegenwärtig noch oft üblich, die Phlogistontheorie als einen unverständlichen Unsinn anzusehen, wenn sich auch dieser landläufigen Ansicht gegenüber bereits wichtige Stimmen geäußert haben, welche auf die große Bedeutung dieser Theorie hingewiesen haben. Zwar ist die gelegentlich ausgesprochene Idee, dass man im Phlogiston einen Vorläufer des Energiebegriffes zu erkennen habe, als zu weitgehend abzulehnen; doch hat diese Theorie die überaus wichtigen Begriffe der Oxidation und Reduktion in ihrer gegenseitigen Beziehung zum ersten Mal klargestellt und dadurch dauernd für die Wissenschaft erobert. Es war von verhältnismäßig geringer Bedeutung, dass die stoffliche Auffassung, die ja damals überhaupt noch recht unbestimmt war, zunächst nach der verkehrten Seite gelenkt wurde. Durch die tägliche Beobachtung des Verschwindens von brennendem Holz, Öl u. dergl. war die Vorstellung, dass beim Verbrennen etwas fortgeht, auch erfahrungsmäßig die näherliegende. Das Wesentliche ist die Erkenntnis, dass es sich hier um allgemeine und gegensätzliche Vorgänge, Verbrennung und Wiederherstellung oder Oxidation und Reduktion handelt, und diese Erkenntnis ist in der Phlogistontheorie auf das

Glücklichste zum Ausdruck gebracht. Dass dies auch von den Zeitgenossen so aufgefasst wurde, ergibt sich aus der Tatsache, dass die beiden Entdecker des Sauerstoffs, Scheele und Priestley, welche beide ganz und gar experimentelle Forscher waren, ihr Leben lang der Phlogistontheorie anhingen, in dieser also einen sie vollständig befriedigenden Führer für ihre experimentellen Arbeiten gefunden hatten.

Erst als bei der weiteren Entwicklung der Wissenschaft auch die Gewichtsverhältnisse der sich gegenseitig umwandelnden Stoffen untersucht wurden, ergab sich eine große Schwierigkeit für die Phlogistontheorie. In dieser war angenommen worden, dass die Metallkalke die einfacheren Stoffe seien und durch ihre Verbindung mit Phlogiston in die Metalle übergehen; werden diese ihre Phlogistons wieder beraubt, so verwandeln sie sich in die Kalke zurück. Nun stellte sich aber heraus, dass die Metallkalke mehr wiegen, als die Metalle, aus denen man sie erhalten hat. Dies war schon vor 1669 von Mayow festgestellt und auf die Verbindung der Metalle mit einem „Spiritus nitro-aereus" oder einem aus Salpeter erhältlichen Gas gedeutet worden, doch waren die Versuche und Betrachtungen dieses jung gestorbenen Forschers unbeachtet geblieben. Nachdem Scheele und Priestley den Sauerstoff hergestellt und seine Eigenschaften beschrieben hatten, konnte gegen Ende des achtzehnten Jahrhunderts Lavoisier die nötige Umkehrung des Grundgedankens der Phlogistontheorie vornehmen und die Verkalkung als Verbindung mit Sauerstoff, die Metallisierung als Verlust des Sauerstoffs deuten. Ebenso zeigte Lavoisier, dass auch bei der Verbrennung nichtmetallischer Stoffe, wie Schwefel und Phosphor, eine Gewichtsvermehrung eintritt, und konnte damit die Allgemeinheit seiner Verbrennungstheorie nachweisen.

So erheblich dieser Fortschritt genannt werden muss, so hat man doch seine Bedeutung meist übertrieben. Denn das eigentlich Wesentliche, die Systematik der Verbrennungsreaktionen war bereits durch die Phlogistontheorie geleistet worden, und es war jetzt nur nötig, die Betrachtungen einfach symmetrisch umzukehren, soweit sie sich auf die Auffassung von Zusammensetzung und Zerlegung bezogen. Allerdings erfordert es ein beträchtliches Maß von geistiger Freiheit, die Möglichkeit einer solchen Umkehrung einer gewohnten Anschauung gegenüber zu erkennen, und diesen Ruhm hat Lavoisier reichlich verdient. Außerdem hat er im

Verein mit einigen Zeit- und Fachgenossen eine der neuen Auffassung entsprechenden Systematik und Nomenklatur ausgearbeitet und durch seinen methodischen Scharfsinn sehr zur schnellen Verbreitung derselben beigetragen.

Lavoisiers Tabelle der chemischen Elemente hat zwar mit der heutigen große Ähnlichkeit (abgesehen natürlich von den inzwischen entdeckten neuen Elementen), sie enthält aber als Überrest der älteren Anschauungen außer den wägbaren Elementen an ihrer Spitze noch die „unwägbaren Elemente", den Wärmestoff und den Lichtstoff. So betrachtete Lavoisier z. B. den Sauerstoff, wie wir ihn als Gas kennen, nicht eigentlich als das Element, sondern als eine Verbindung des elementaren Sauerstoffs mit dem Wärmestoff, wie er denn alle Gase als Verbindungen einfacherer Substanzen mit dem Wärmestoff ansah.

Diese Ansichten sind inzwischen verlassen worden, doch enthalten sie einen sehr beachtenswerten Bestandteil von höchst modernem Charakter, nämlich die Berücksichtigung der vorhandenen Energieverhältnisse. Da alle Stoffe, wenn sie in Gasgestalt übergehen, dabei eine beträchtliche Menge Energie aufnehmen müssen, so ist es sachgemäß, auf diese regelmäßige Tatsache irgendwie hinzuweisen; die heutige Chemie hat in ihren Formelzeichen noch kein einfaches Mittel für solche Zwecke entwickelt.

Sehr bemerkenswert ist hierbei eine psychologische Erscheinung, die sich trotz ihrer unerwarteten Beschaffenheit als eine ganz allgemeine Eigentümlichkeit bei erheblichen Fortschritten der Wissenschaft nachweisen lässt. Lavoisier war zu der Aufstellung seiner Verbrennungstheorie durch die Berücksichtigung der Gewichtsverhältnisse geführt worden. Wenn er auch nicht als der unbedingt Erste das Gesetz von der Erhaltung des Gewichtes aufgestellt hat, demzufolge durch keinen physikalischen oder chemischen Vorgang das Gewicht eines abgeschlossenen, d. h. gegen Zutritt fremder und Verlust eigener wägbarer Stoffe geschützten Gebildes geändert werden kann, so ist er doch der, welcher die außerordentliche Bedeutung dieses Gesetzes für die Beurteilung chemischer Verhältnisse klar erkannt hat; beruht doch seine ganze Bekämpfung der Phlogistontheorie auf der Unvereinbarkeit dieser Theorie mit jenem Gesetz. Anderseits beruht Lavoisiers Begriff des chemischen Elements ganz und gar auf der Anwendung des gleichen Gesetzes: Ein Element ist ein Stoff, der nicht in einfachere Stoffe zerlegt werden kann. Wie aber erkennt man, dass ein Stoff B, den man durch chemische Prozesse aus einem Stoffe A erhalten kann, einfacher oder zusammengesetzter ist, als dieser? Eben nur dadurch, dass ein einfacher Stoff nur solche chemische Produkte geben kann, die mehr wiegen, als er, während jedes der Produkte aus einem zusammengesetzten Stoffe weniger wiegt, wenn es einfacher ist. Wenn A bei allen Umwandlungen sein Gewicht vermehrt, so ist es ein Element. Also gehört das Gewicht durchaus zum Begriff eines Elements. Und dennoch führt der Schöpfer dieses Begriffes neben den wägbaren Elementen unwägbare ein und bringt sich so selbst in einen unmittelbaren Widerspruch mit seiner eigenen Gedankenbildung.

So wunderlich, ja unmöglich Derartiges aussieht, so ist es doch eine immer wiederkehrende Erscheinung. Es zeigt sich immer wieder, und wir werden später noch einige Mal Gelegenheit haben, diese Beobachtung zu wiederholen, dass gerade der allerletzte Schritt, durch welchen der neue Gedanke zur vollständigen Abrundung und zum vollständigen Gegensatz gegen den alten Gedanken gelangen würde, von dem Schöpfer dieses neuen Gedankens meist vergessen, übersehen oder vernachlässigt wird. Es sieht so aus, als wäre die Anstrengung bei der ersten Ausarbeitung eines solchen neuen Gedankens so groß, dass der Erzeuger keine Kraft mehr übrig behält, um auch noch die letzten Unebenheiten und Anhängsel fortzunehmen, und so bleibt gerade aus dem Gedankenkreis, der durch den neuen Fortschritt beseitigt werden soll, Überreste nach, von denen man später nicht verstehen kann, wie sie der große Reformator hat übersehen können.

Als einen solchen Überrest aus der durch Lavoisier überwundenen qualitativen Elementenlehre hat man also dies atavistische Auftreten der unwägbaren Elemente in Lavoisiers Tabelle anzusehen. Diese haben dann weiter ihr theoretisches Dasein bis in das neunzehnte Jahrhundert, z. B. in den ersten Auflagen des Handbuches der Chemie von Gmelin, gefristet. Beseitigt hat diese Reste stillschweigend aber endgültig J. J. Berzelius, der sie in seinem System nicht unterbringen konnte, weil ihnen keine Atom- oder Verbindungsgewichte zukommen. Doch hierdurch werden wir in eine Gedankenreihe geführt, die uns erst bei späterer Gelegenheit zu beschäftigen hat.

Im Übrigen ist durch Lavoisier derjenige Begriff des chemischen Elements eingeführt worden, der seitdem über ein Jahrhundert unverändert geherrscht hat. Wenn wir uns auf den rein erfahrungsmäßigen Standpunkt stellen, so ist hiernach ein Element als ein solcher Stoff bestimmt, der bei allen chemischen Änderungen, die er erfahren mag, sein Gewicht stets vermehrt.[9]

Die bemerkenswerteste Eigentümlichkeit dieser Definition ist, dass sie keine absolute Kennzeichnung eines Elements gibt, denn wenn auch bisher für einen Stoff nur chemische Umwandlungen unter Gewichtsvermehrung oder Verbindung bekannt gewesen sind, so ist dadurch nicht ausgeschlossen, dass neue Hilfsmittel auch eine Umwandlung unter Bildung eines weniger wiegenden Produktes (neben einem oder mehreren anderen Produkten) oder Zerlegung ergeben könnten. So hat Lavoisier sowohl die Alkalien wie die Metalle als vorläufige Elemente angesehen, deren künftige Zerlegung er für wahrscheinlich hielt. Bei den Alkalien hat sich diese Vermutung bald bestätigt, bei den Metallen dagegen nicht. —

Auf einem anderen Weg gelangt man zu einer Definition der Elemente, wenn man die vorher abgebrochene Gedankenreihe durchführt, welche auf dem Unterschiede zwischen einem reinen Stoffe und einer Lösung beruht. Hier sind es wesentlich Arbeiten der neueren Zeit, durch welche die erforderlichen Begriffe festgestellt worden sind.

Der Hauptbegriff, der hier in Anwendung kommt, ist der der Phase. Unter einer Phase versteht man einen solchen Anteil eines körperlichen Gebildes, der überall gleiche spezifische Eigenschaften hat. Der Begriff der Phase fasst somit den des reinen Stoffes und den der Lösung zusammen. Eine gesättigte Salzlösung, auf deren Boden sich ungelöstes Salz befindet, ist beispielsweise ein Gebilde aus zwei Phasen: Die Lösung ist die eine und das feste Salz die andere. Hierbei ist es gleichgültig, ob die Phase eine zusammenhängende Masse bildet oder aus beliebig vielen Teilchen, Körnern oder Tropfen besteht; jeder Teil, in welchem man dieselben Eigenschaften antrifft, gehört zu derselben Phase. Deshalb besteht Wasser, in welchem Eisstücke schwimmen, aus zwei Phasen. Der Chemiker wird geneigt sein, den Unterschied zu übersehen, da Wasser und Eis „derselbe"

---

9 Wenn man vorsichtig sein will, so kann man hinzufügen: oder unverändert beibehält. Hiermit sind auch die allotropen Zustandsänderungen der Elemente, z. B. die Umwandlung des weißen in roten gedeckt.

Stoff sind. Doch hat das Eis eine andere Dichte, als das flüssige Wasser, es hat eine andere Formart, eine andere spezifische Wärme usw., es muss also gemäß der oben gegebenen Definition als eine andere Phase angesehen werden. Dagegen stellt ein Glas Tee mit Rum, das der Chemiker als ein sehr zusammengesetztes Gebilde ansieht, nur eine einzige Phase dar, denn diese Flüssigkeit besitzt (vorausgesetzt, dass man sie gut umgerührt hat) überall die gleichen Eigenschaften. Der Begriff der Phase, dessen Einführung wir Willard Gibbs (1839 bis 1902) verdanken, gibt uns nun das Mittel, den Unterschied zwischen einem reinen Stoffe und einer Lösung ganz unabhängig von allen Vorstellungen über chemische Verbindungen und Zersetzungen zu definieren. Im Allgemeinen können wir nämlich durch Änderung von Druck oder Temperatur bewirken, dass eine gegebene Phase eine andere zu bilden beginnt. So können wir Wasser durch Erniedrigung der Temperatur zur Eisbildung veranlassen, durch Verminderung des Druckes zur Dampfbildung, und beobachten in beiden Fällen die Entstehung einer neuen Phase. Es gibt nun im Allgemeinen je ein ganz bestimmtes Wertpaar von Druck und Temperatur, bei welchen diese zweite Phase neben der ersten bestehen kann, wie der Erstarrungspunkt oder Siedepunkt des Wassers bei Atmosphärendruck. Durch Zu- oder Abführung von Wärme sowie durch Veränderung des Volumens kann man nun die frühere Phase allmählich in die neue überführen. Hierbei sind zwei Fälle möglich. Entweder die Überführung gelingt vollständig unter konstanten Umständen von Druck und Temperatur, oder wir müssen eine dieser Größen beständig ändern, während wir die Umwandlung bewerkstelligen. Eine Phase der ersten Art nennen wir einen reinen Stoff, eine solche der zweiten nennen wir eine Lösung. So geht reines Wasser bei konstanter Temperatur, nämlich 0°, in Eis über (wobei der Druck gleichfalls konstant bleiben muss), während Meerwasser immer mehr und mehr abgekühlt werden muss, wenn eine zunehmende Ausscheidung von Eis bewerkstelligt werden soll. Ebenso bleibt der Siedepunkt (z. B. unter Atmosphärendruck) von reinem Wasser konstant bis zum Versieden des letzten Tropfens, während der des

Seewassers um so höher steigt, je mehr Wasser bereits verdampft ist.[10]

Nun ist es zweitens eine allgemeine Erfahrung, dass Lösungen sich dadurch, dass man sie teilweise in andere Phasen verwandelt und diese nach der Abtrennung in gleicher Weise behandelt, schließlich in zwei oder mehr reine Stoffe überführen lassen. Man nennt dies Verfahren je nach der Art der Phasen, die hierbei in Betracht kommen, gebrochene Destillation, bezw. Kristallisation, und es ist wohlbekannt, dass alle chemischen Trennungs- und Reinigungsoperationen auf solche Phasentrennungen herauskommen. Denkt man alle Körper, die man in der Natur findet, zunächst, soweit sie mechanische Gemenge sind, nach ihren Eigenschaften in die vorhandenen gleichteiligen oder homogenen Phasen getrennt, und diese Phasen, sofern sie Lösungen sind, in die entsprechenden reinen Stoffe (ihre „Bestandteile") geschieden, so hat man schließlich lauter reine Stoffe vor sich.

Ein reiner Stoff bleibt aber nicht bei allen Drucken und Temperaturen ein solcher. Quecksilberoxid hat z. B. unter gewöhnlichen Umständen alle Eigenschaften eines reinen Stoffes; erhitzt man es aber auf 400°, so verwandelt es sich in ein Gas, das sich wie eine Lösung verhält: Beim Abkühlen scheidet es flüssiges Quecksilber aus, und es bleibt gasförmiger Sauerstoff übrig, d. h., aus der homogenen Gasphase werden unter stetiger Veränderung des Gasrückstandes zwei, eine flüssige und eine gasförmige. Allerdings ist die Scheidung nicht absolut vollständig, denn im Sauerstoff bleibt eine Spur Quecksilber gasförmig gelöst und das flüssige Quecksilber enthält eine Spur gelösten Sauerstoffs im flüssigen Zustande. Aber durch passenden Wechsel von Druck und Temperatur kann man die Scheidung so vollständig machen, als man will. So ist also Quecksilberoxid ein Körper, der sich je nach Temperatur und Druck wie ein reiner Stoff oder wie eine Lösung verhält. Da eine jede Lösung immer in mindestens zwei Bestandteile geschieden werden kann, so nennt man in etwas übertragener Bedeutung einen solchen

---

10 Bei weiterer Fortführung der Phasentrennung scheidet sich aus dem Meerwasser in beiden Fällen schließlich eine neue, dritte Phase aus, nämlich festes Salz. Auch diese Erscheinung tritt nur bei Lösungen, nie bei reinen Stoffen ein. Da sie aber nicht notwendig stattfindet, so kann man sie nicht zu einer allgemeinen Definition der Lösungen benutzen. Tatsächlich kommt aber die Lavoisiersche Definition des Elements auf diese Erscheinung heraus, denn dass ein neuer Stoff entstanden ist, lässt sich nur durch die Bildung einer neuen (meist festen) Phase bei dem chemischen Vorgang erkennen.

reinen Stoff, der unter bestimmten Umständen in eine Lösung übergeht, einen **zusammengesetzten Stoff**.

An den erhaltenen Bestandteilen, dem Quecksilber wie dem Sauerstoff, kann man wieder versuchen, ob man durch passende Änderung von Druck und Temperatur diese reinen Stoffe in Lösungen verwandeln kann. Dies gelingt bei beiden nicht; man nennt sie daher Elemente. Hier gelangen wir zu einer neuen Definition der Elemente: Sie sind solche Stoffe, die sich bei keinerlei Änderung des Druckes oder der Temperatur in Lösungen oder Gemenge verwandeln.

Nun gibt es außer Druck und Temperatur noch andere Faktoren, durch welche chemische Vorgänge hervorgerufen werden; ganz allgemein bewirkt Energiezufuhr und -abfuhr in irgendwelcher Gestalt in geeigneten Fällen derartige Umwandlungen von reinen Stoffen in Lösungen oder Gemenge. Wir müssen also die Definition dahin erweitern; **Elemente sind solche reine Stoffe, welche durch keinerlei Energieänderungen in Lösungen oder Gemenge verwandelt werden.**[11]

Beide Definitionen kommen, wie aus den obigen Darlegungen hervorgeht, praktisch auf dasselbe hinaus. Die zweite ist aber viel allgemeiner und unabhängiger von stillschweigenden Voraussetzungen. Denn die Frage, ob aus irgendeinem Stoff ein anderer entstanden ist, muss bei der ersten Definition beantwortet werden, und eine klare Antwort kann ohne die Feststellung des begrifflichen Unterschiedes zwischen reinem Stoff und Lösung gar nicht gegeben werden. So zeigt sich auch in dieser Entwicklung wie in jeder anderen, die wir in der Geschichte der Wissenschaft antreffen, die allgemeine Gültigkeit des Erfahrungssatzes: Auf das Einfachste kommt man immer erst zuletzt.

---

11 Diese Definition gilt nur für Dauer- oder Gleichgewichtszustände. Denn man kann z. B. durch elektrische Entladungen Sauerstoffgas in eine Lösung von Ozon in Sauerstoff verwandeln, während man doch dem Sauerstoff seine elementare Natur nicht wird abstreiten wollen. Doch List sich hierin lagen, dass im Allgemeinen derartige Lösungen nicht beständig sind, sondern sich unter gewöhnlichen Umständen wieder in reines Sauerstoffgas ohne Ozon verwandeln. Bei sehr hohen Temperaturen entstehen sogenannte Gleichgewichte zwischen Sauerstoff und Ozon, die sich bei sehr schnellen Zustandsinderungen wie Lösungen verhalten. Durch Vorgänge indessen, welche der Einstellung des neuen Gleichgewichts hinreichende Zeit gewähren, könnte man die Lösungsbeschaffenheit dieser Gebilde nicht erkennen, denn sie würden sich durchaus wie reine Stoffe verhalten, wenn auch z. B. die Gasgesetze nicht auf sie anwendbar wären. So ist es also möglich, grundsätzlich die obige Definition durchzuführen. An späterer Stelle wird auf die Frage der Allotropie und Isomerie vom allgemeinen Standpunkte aus eingegangen werden.

Während die eben betrachteten Verschiedenheiten nur solche formaler oder methodischer Natur sind und sachliche Änderungen des Elementenbegriffs nicht erfordern, ist in neuerer Zeit eine Entdeckung gemacht worden, welche eine tief gehende Umwälzung an dieser scheinbar sichersten und ruhigsten Stelle der Wissenschaft bedingt. Sie hängt mit dem wunderbaren Stoffe Radium zusammen, dessen Entdeckung durch das Ehepaar Curie den Ausgangspunkt für ein ganz neues Kapitel der Wissenschaft gebildet hat. Radium ist ein Element, ähnlich dem Barium und bildet ganz ähnliche Verbindungen wie dieses. Auch widersteht es allen Versuchen, es zu zerlegen und verhält sich bezüglich aller gewöhnlichen Eigenschaften so vollkommen den anderen Elementen ähnlich, dass man ihm in der Tabelle der chemischen Elemente einen ganz bestimmten Platz hat anweisen können, der bis zu seiner Entdeckung offen gelassen war, weil man mit Bestimmtheit erwartete, dass ein entsprechendes Element früher oder später entdeckt werden würde.

Nur in einer Hauptsache verhalten sich das Radium und alle seine Verbindungen wesentlich anders, als die anderen Elemente. Es verletzt anscheinend beständig das Gesetz von der Erhaltung der Energie, denn es entwickelt unaufhörlich Energien verschiedener Art. Insbesondere sendet es eigentümliche Strahlen aus, welche die fotografische Platte verändern und die Luft elektrisch leitend machen; außerdem entwickelt es beständig Wärme, sodass seine Temperatur dauernd höher ist, als die seiner Umgebung. So drohte die Existenz dieses Stoffes das Grundgesetz der Naturwissenschaften umzuwerfen und man konnte sich eine Zukunft träumen, wo ein aus Radiumziegeln gebauter Ofen unaufhörlich und unverbraucht unsere Zimmer heizen und vielleicht gar unsere Maschinen treiben könnte. Dass wegen der Seltenheit des Radiums die aus diesem zu gewinnende Energie zunächst viel zu teuer ausfallen müsste, imponiert dem modernen Techniker nicht als Hindernis; er sucht dann eben nach neuen Quellen des Radiums, die eine preiswertere Gewinnung gestatten.

Das Rätsel fand schließlich eine Lösung, welche das eine Fundamentalgesetz zu retten gestattete, aber allerdings nur unter Opferung eines anderen Gesetzes von fast gleicher Allgemeinheit. Offenbar konnte nämlich das Energiegesetz aufrechterhalten werden, wenn man nachweisen konnte, dass das Radium durch die beständige Bildung und Aussendung von Energie eine proportionale Veränderung erleidet. Dass eine Zustandsänderung ganz allgemein mit einer Änderung der Energie verbunden ist, ist ja eine tägliche Erfahrung. Nun aber verlor das Radium trotz seiner beständigen Tätigkeit nichts an Gewicht und änderte auch seine Eigenschaften, insbesondere seine Ausstrahlungsfähigkeit für diese Energien, nicht in messbarer Weise. Dieser Ausweg schien daher verschlossen.

Da entdeckte William Ramsay, dass in einer zugeschmolzenen Glasröhre, die eine Kleinigkeit einer Radiumverbindung enthielt, sich nach einiger Zeit Spuren eines anderen Elements, Helium, zeigten. Das Helium war ihm wohlbekannt, hatte er es doch selbst einige Jahre vorher entdeckt und eingehend studiert. Es hat glücklicherweise die Eigenschaft, schon in sehr kleinen Mengen ein charakteristisches Spektrum mittelst einer elektrischen Entladung zu geben, und so konnte es bereits erkannt werden, als seine Menge noch unwägbar klein war. Immer wieder, wenn das Helium aus der Röhre entfernt worden war, fand es sich nach einiger Zeit wieder ein, sodass nichts übrig blieb als der Schluss, dass hier Radium sich in Helium, ein Element in ein anderes umwandelt.

Hier haben wir also eine wahre Transmutation von ganz derselben Beschaffenheit, wie sie die Alchimisten vergeblich auszuführen gesucht hatten. Das Gesetz von der Erhaltung der Elemente ist somit nicht unter allen Umständen gültig und muss eingeschränkt werden. Ganz überraschend kommt dieser Schluss allerdings nicht denen, welche sich mit der allgemeinen Systematisierung und Klassifikation der Naturgesetze beschäftigt haben. Diesen zeigt sich das Gesetz von der Erhaltung der Elemente als zu einer Gruppe von „Erhaltungsgesetzen" gehörig, aus welcher bereits andere Glieder sich als nicht unerschütterlich erwiesen haben. Die Größen[12], von denen diese Gesetze handeln, pflegen sich allerdings bei den meisten Vorgängen zu erhalten, doch sind überall Ausnahmen nachgewiesen, die auf ein noch allgemeineres Transformationsgesetz dieser Größen hindeuteten.

Können wir somit die geistige Erschütterung vermeiden, welche mit der Aufhebung des Gesetzes von der Erhaltung der Energie verbunden wäre, so sind doch bei Weitem nicht alle Probleme gelöst, welche sich an diese wunderbare Entdeckung knüpfen.

---

12   Es sind dies die Kapazitätsgrössen der verschiedenen Energiearten.

Ferner liegt eine weitere Merkwürdigkeit vor. Wir kennen die chemischen Umwandlungen im Allgemeinen jetzt viel genauer; insbesondere sind die Gesetze erforscht, welche die Geschwindigkeit dieser Vorgänge beschreiben. Die Geschwindigkeit, mit welcher das Radium seine Umwandlungen bewerkstelligt, ist aber von ganz anderer Beschaffenheit, als die vorher bekannten. Während diese nämlich höchst veränderlich sind, gibt es überhaupt kein Mittel, die Geschwindigkeit beim Radium zu beeinflussen. Majestätisch wie eine einsame Sonne vollzieht dieses Element seine Umwandlung. Gleichgültig, in welche Verbindung wir es bringen, gleichgültig gegen beliebige Änderungen des Druckes und der Temperatur, gibt es uns eine natürliche oder absolute Zeitkonstante, sodass es uns als eine Uhr dienen könnte, welche keiner Störung irgendwelcher Art ausgesetzt wäre. Man sieht aus dieser Betrachtung, welche fundamentale Wendung in der Wissenschaft mit der Entdeckung des Radiums eingetreten ist. Erst mit Max Plancks Entdeckung der Quantelung von Energie um 1900 (plancksches Wirkungsquantum) und der daraufhin aufkommenden Quantenphysik in den 1920er Jahren konnten die chemischen Prozesse der Transmutation des Radiums besser verstanden werden.

So schließt dieser erste Querschnitt durch die Geschichte der Chemie die ältesten wissenschaftlichen Gedankenbildungen mit den aktuellen Fortschritten unserer Wissenschaft zusammen und gibt eine lebendige Anschauung von dem organischen Zusammenhang, der alle ihre Teile zu einem großen Ganzen verbindet.

2.2 Wie die Atomhypothese zur Periodentafel der Elemente führte

Die von Lavoisier eingeführte quantitative Betrachtungsweise der chemischen Vorgänge hatte sehr bald nach ihrer ersten Entwicklung eine ziemlich scharfe Probe zu bestehen, aus der sie siegreich hervorging. Es handelte sich um die Frage nach der Beständigkeit in der Zusammensetzung der chemischen Verbindungen in Bezug auf ihre Elemente.

Zwar kann man, wenn man will, diese Frage von vornherein aus dem Begriff der chemischen Verbindung als eines bestimmten Stoffes von bestimmten Eigenschaften in solchem Sinne beantworten, dass deshalb auch die Zusammensetzung notwendig bestimmt sein muss. Denn im Allgemeinen sind alle Eigenschaften Funktionen der Zusammensetzung und ändern sich mit dieser; es gibt in der Tat nicht zwei Stoffe von verschiedener Zusammensetzung, die auch nur in Bezug auf einige wenige Eigenschaften übereinstimmten. Eine Übereinstimmung in Bezug auf eine einzige Eigenschaft kann man allerdings erzwingen; wenn man z. B. zwei Stoffe von naheliegender Dichte auswählt und den dichteren soweit erwärmt, bis er gerade ebenso dicht geworden ist wie der andere, so kann man eine solche Aufgabe mit beliebiger Annäherung lösen. Aber dann besteht diese Gleichheit der Dichte bei verschiedenen Temperaturen. Ebenso kann man Gleichheit bei verschiedenen Drucken herstellen. Gleichheit unter gleichen äußeren Bedingungen kann man aber nicht beliebig herstellen, und insofern sind auch die einzelnen Eigenschaften aller Stoffe voneinander verschieden.

Findet man umgekehrt dagegen zwei Körper mit übereinstimmenden Eigenschaften, die somit im chemischen Sinne als gleich anzusehen sind, so kann auch ihre Zusammensetzung nicht verschieden sein. Denn wäre sie verschieden, so hätten wir den eben ausgeschlossenen Fall, dass ihre Eigenschaften von ihrer Zusammensetzung nicht abhängig wären, dass mit anderen Worten die Zusammensetzung sich ändern kann, ohne dass sich die Eigenschaften ändern.

Dass vor zwei Jahrhunderten dieser naheliegende Schluss nicht gezogen wurde, bezeugt, wie wenig damals das Gesetz von der Bestimmtheit der Eigenschaften der Stoffe in das Bewusstsein der Chemiker übergegangen war. Ja, einer der hervorragendsten Forscher jener Zeit, ein Mann, dessen Gedanken uns auf anderem Gebiet als führend begegnen werden, Claude Louis Berthollet (1748 bis 1822), hat ihn ausdrücklich in Abrede gestellt, und die Verschiedenheit der Zusammensetzung innerhalb gewisser Grenzen als eine allgemeine Eigenschaft der chemischen Verbindungen angesehen.

Berthollet ist zu dieser Ansicht teils auf experimentellem, teils auf theoretischem Weg gekommen; auch wird man ihm nicht Unrecht tun, wenn man annimmt, dass die theoretischen Gründe ihm bei Weitem als die wichtigeren erschienen. Wir werden später auf seinen Anschauungen tiefer einzugehen haben; hier sei nur soviel von ihnen erwähnt, als für das Verständnis der vorliegenden Angelegenheit erforderlich ist.

Berthollets Hauptproblem war das der chemischen Verwandtschaft oder die Frage nach den Gesetzen, denen die chemischen Vorgänge unterliegen. Die Tatsache der „Verdrängung" eines Stoffes aus seiner Verbindung durch einen anderen war den Chemikern aus den präparativen Erfahrungen geläufig; um beispielsweise Salpetersäure herzustellen, mussten sie diese aus ihrer Verbindung, dem Salpeter, durch eine „stärkere" Säure, die Schwefelsäure, verdrängen. Somit wurden die verschiedenen Stoffe als mit verschiedenen Kräften ausgestattet angesehen, und wenn sie aufeinander wirkten, so behielten die stärksten die Oberhand und die schwächeren mussten weichen. Diese Anschauungen sind im letzten Viertel des achtzehnten Jahrhunderts von Torbern Bergmann, einem schwedischen Chemiker, in ein System gebracht worden, und waren allgemein angenommen.

Nun zeigte Berthollet im Gegensatz dazu, dass die Stoffe sich keineswegs diesem einfachen Schema gemäß verhalten. Ist A stärker als B, so müsste B aus seiner Verbindung stets durch A ausgetrieben werden, und anderseits konnte B dem A in seiner Verbindung nichts anhaben. Von zwei entgegengesetzten Reaktionen sollte also immer nur eine möglich sein, die andere war unmöglich. Berthollet wies aber nach, dass zahlreiche Reaktionen sich umkehren lassen. Kalk entzieht einer Lösung von Kaliumkarbonat die Kohlensäure und bildet Ätzkali neben Kalziumkarbonat; Kalk ist also der Kohlensäure gegenüber stärker als Kali. Wenn man aber Kalziumkarbonat mit einer sehr konzentrierten Lösung von Ätzkali kocht, so wird umgekehrt Ätzkalk und Kaliumkarbonat gebildet; es sind also beide entgegengesetzten Reaktionen möglich.

Durch diese und andere Tatsachen wurde daher Berthollet zu der Auffassung geführt, dass bei dem chemischen Wettbewerb alle beteiligten Stoffe ihr Verbindungsbestreben befriedigen können, aber alle nur teilweise; es stellt sich ein Gleichgewicht her, bei welchem jeder mögliche Stoff vorhanden ist, nur in verschiedenen Mengen. Ich will gleich erwähnen, dass dies in bestimmtem Sinne auch das Ergebnis der heutigen Wissenschaft ist, und wir werden später diese Anschauungen Berthollets eingehend kennenlernen.

Diese allgemeine Auffassung, dass kein chemischer Vorgang absolut zu Ende geht, bringt dann notwendig auch den Schluss mit sich, dass es reine Stoffe im strengen Sinne nicht gibt, da bei der Entstehung eines jeden Stoffes auch alle anderen möglichen mitentstehen müssen. Es wird von den Bedingungen der Bildung abhängen, in welchem Verhältnisse die anderen möglichen Stoffe zugegen sein werden, und daraus folgt notwendig, dass alle unsere Präparate Gemenge von wechselnder Zusammensetzung sind.

Ich wiederhole nochmals, dass Berthollet vom modernen Standpunkte aus vollkommen recht hatte; er machte nur einen großen Fehler bei der Anwendung seiner richtigen Gedanken. Er nahm an, dass diese Unbestimmtheit der Zusammensetzung stets so groß sei, dass sie auch durch die Analyse nachgewiesen werden kann. Hierzu hatte er kein Recht, er hatte vielmehr die Erfahrung zu befragen, innerhalb welcher Grenzen sich diese allgemeine Unbestimmtheit betätigt, und die Erfahrung hätte ihm gesagt, dass die präparative Kunst seiner Zeit längst über Mittel verfügte, die zusammengesetzten Stoffe so konstant herzustellen, dass die analytische Kunst der Zeit bei Weitem nicht ausreichte, um etwaige Verschiedenheiten nachzuweisen.

Tatsächlich hat nun aber Berthollet sich dies nicht selbst gesagt, sondern er hat es sich von einem anderen Chemiker seinerzeit sagen lassen müssen, von Joseph Louis Proust (1755 bis 1826). Dieser war im Gegensatz zu Berthollet von keiner theoretischen Vorstellung beeinflusst, sondern analysierte so gut er konnte natürliche und künstliche Stoffe von bestimmten Eigenschaften. Das Ergebnis war, dass er keinen Unterschied der Zusammensetzung finden konnte, der etwa mit der Herstellung oder dem Fundorte seiner Stoffe im Zusammenhang gestanden hätte; lag „derselbe" Stoff vor, der durch das Vorhandensein gleicher physikalischer Eigenschaften gekennzeichnet war, so ergab auch die Analyse die gleichen Elemente in gleichem Gewichtsverhältnis.

Was die von Berthollet angeführten Fälle, z. B. bei den Eisenoxiden von verschiedenem Eisengehalt anlangt, so zeigte Proust, dass es sich um willkürliche Gemenge aus zwei Stoffen von bestimmter Zusammensetzung handelt. Das allgemeine Ergebnis war also, dass die „reinen" Stoffe konstant zusammengesetzt sind, und dass die nicht konstant zusammengesetzten Präparate als Gemenge aus reinen Stoffen aufgefasst werden können. Hierdurch wurde das „Gesetz der konstanten Proportionen" festgestellt; gleichzeitig trat der Begriff des reinen Stoffes oder des Stoffes im chemischen Sinne in besonders scharfer Weise hervor, indem die Gemenge (zu denen auch die Lösungen gerechnet wurden) als willkürliche und zufällige Produkte von der chemischen Untersuchung ausgeschaltet wurden. Später wurden die heterogenen oder ungleichteiligen mechanischen Gemenge von den Lösungen, welche homogen oder gleichteilig sind, schärfer unterschieden, und man findet sie gelegentlich als Verbindungen nach wechselnden Verhältnissen den Verbindungen nach konstanten Verhältnissen oder den Stoffen im eigentlichen Sinne entgegengesetzt. Erst der neueren Zeit ist es vorbehalten geblieben, der Chemie der Lösungen eine sorgfältigere Aufmerksamkeit zuzuwenden, und es hat sich erwiesen, dass auch aus diesem Boden der Wissenschaft reiche Schätze zugeführt werden konnten.

Noch einmal später hat ein anderes analytisches Genie, J. S. Stas (1813 bis 1818), wiederum aufgrund eines Zweifels, der an der genauen Gültigkeit dieses Gesetzes ausgesprochen wurde, mit allen Mitteln der neueren Messkunst eine erneute Prüfung vorgenommen und das Gesetz der konstanten Proportionen bestätigt gefunden. Er bediente sich für diese Untersuchung des Chlorammoniums als eines Stoffes, der bereits an der Grenze der beständigen Verbindungen steht und bestimmte nach der sehr genauen Methode der Silbertitrierung (Titration ist ein Verfahren der quantitativen Analyse in der Chemie) das Verhältnis zwischen der Menge des Chlorammoniums und der des zu seiner vollständigen Fällung erforderlichen Silbers. Obwohl die verschiedenen Proben des Chlorammoniums auf die denkbar verschiedenste Weise hergestellt und behandelt worden waren, konnten doch keine entsprechenden Verschiedenheiten jenes analytischen Verhältnisses gefunden werden und das Gesetz von der konstanten chemischen Zusammensetzung eines gegebenen Stoffes, unabhängig von seiner Vorgeschichte, bestätigte sich innerhalb der sehr engen Fehlergrenzen dieser ungemein sorgsam angestellten Messungen. —

Eine andere Reihe von Entdeckungen, welche der gesamten wissenschaftlichen Chemie die quantitativen Grundlagen gegeben haben, begann um eine Zeit, die der Hauptsache nach noch hinter der eben geschilderten zurückliegt. Im Gegensatz zu dem Gesetz von den konstanten Proportionen, dessen Entwicklung eine allmähliche war, sodass man seinen Ursprung nicht deutlich erkennen kann, handelt es sich hier um eine zeitlich und persönlich genau bestimmte Entdeckung. Sie hat allerdings insofern das Schicksal eines jeden erheblichen neuen Gedankens erfahren, dass sie nicht nach ihrer Veröffentlichung die allgemeine Aufmerksamkeit erregte und die Anerkennung fand, welche sie verdiente. Ja, man wird sogar sagen können, dass erst in neuerer Zeit die ganze Bedeutung jenes neuen Gedankenganges klar geworden ist. Aber gegenwärtig besteht kein Zweifel mehr darüber, dass es sich um das Werk eines genialen und ursprünglichen Kopfes handelt, das in ungewöhnlichster Weise unabhängig war von vorangegangenen Anschauungen und Erkenntnissen.

Es handelt sich um die Entdeckung des Gesetzes der chemischen Äquivalentgewichte durch Jeremias Benjamin Richter (1762 bis 1807). Dieser jung gestorbene Forscher, der beiläufig von Beruf technischer Chemiker war und nie eine Lehrstelle bekleidet hat, war einer von den glücklichen Menschen, die ihre Bestimmung von vornherein klar erkennen. Er hatte sich von Anfang an die Anwendung der Mathematik auf die Chemie zur Lebensaufgabe gesetzt und hatte an dieser Arbeit trotz aller Enttäuschungen und Ablehnungen, die er erfahren musste, festgehalten. So ist es ihm in der Tat gelungen, einen Eckstein in dem zahlenmäßigen Fundament unserer Wissenschaft aufzudecken.

Richter ging von einer Tatsache aus, die so altbekannt war, dass sie schon damals jedermann als „selbstverständlich" erschien und daher zu weiterem Nachdenken keine Veranlassung gab. Selbstverständlich nennt man aber gerade solche Dinge, über die man nicht nachgedacht hat, und wenn man sich über Derartiges zu wundern versteht, so kann man sehr merkwürdige Entdeckungen machen. Richters Tatsache war, dass wenn man zwei neutrale Salzlösungen miteinander mischt, die entstehende Mischlösung gleichfalls neutral bleibt.

Was kann auch selbstverständlicher sein, als diese simple Wahrheit? Es wird sogar nicht schwierig sein, einen Philosophen zu finden, welcher beweist, dass weil sauer oder basisch beide gleich weit und symmetrisch von der Neutralität abliegen, nach dem Satz vom zureichenden Grunde die aus neutralen Flüssigkeiten entstehende Salzlösung durchaus nur neutral sein kann. Sehen wir aber zu, was Richter aus dieser Tatsache zu machen wusste! Wir bedienen uns hierbei der von Richter gemäß den Kenntnissen seiner Zeit benutzten Auffassung, nach welcher die Salze aus Säure und Base zusammengesetzt sind.

Wir versetzen beispielsweise eine Lösung von salpetersaurem Baryt mit einer von schwefelsaurem Kali, und zwar solange, als noch ein Niederschlag von schwefelsaurem Baryt entsteht. In der Lösung bleibt dann salpetersaures Kali zurück, und die Lösung ist neutral. Dies heißt aber nicht weniger, als dass die vom salpetersauren Baryt bei dessen Umsetzung zurückgebliebene Salpetersäure genau so viel oder wenig betragen hat, als erforderlich war, um die bei der Umsetzung des schwefelsauren Kalis zurückgebliebenes Kali zu sättigen. Wäre dies Verhältnis nicht ganz genau eingehalten, so müsste die Lösung die Anwesenheit von überschüssigem Kali oder überschüssiger Salpetersäure durch ihre Reaktion gegen Lackmus verraten. Wenn also zwei neutrale Salze ihre Säuren und Basen gegenseitig austauschen, so finden sich diese stets in einem solchen Verhältnis vor, dass die neu entstehenden Salze ohne Überschuss oder Mangel eines Bestandteils sich bilden können.

Man könnte einwenden, dass dies zunächst nur für solche Salze bewiesen ist, welche sich gegenseitig unter Bildung eines festen Niederschlages zersetzen. Aber im Falle dass alles gelöst bleibt, kann man das Gleiche beweisen, nur etwas umständlicher. Mischen wir z. B. schwefelsaures Kali mit salpetersaurem Natron. Die Lösung bleibt neutral, aber dies kann ja daher rühren, dass die beiden Salze sich gegenseitig unverändert lassen und dann wäre nichts bewiesen. Nehmen wir nun aber die entgegengesetzten Salze, salpetersaures Kali und schwefelsaures Natron. Alle Messungen, die wir an dem Lösungsgemische anstellen, erweisen, dass es ganz genau die gleichen Eigenschaften hat, wie das erste Gemisch; es enthält also dieselben Salze wie jenes in gleichem Verhältnis. Hatte also im ersten Falle gar keine gegenseitige Umsetzung stattgefunden, so ist im zweiten eine vollständige eingetreten; war im ersten Falle die Umsetzung teilweise, so ist sie es auch im zweiten Fall, nur im entgegengesetzten Sinne. In einer der beiden Lösungen mindestens, wahrscheinlich aber in beiden hat demnach eine Umsetzung stattgefunden; da beide aber neutral geblieben sind, so folgt wieder, dass die hierbei frei gewordenen Säuren und Basen genau in solchem Verhältnis frei geworden sind, dass sie sich gegenseitig exakt absättigen.

Schon die Ausführlichkeit, mit welcher ich diese Schlüsse darstellen muss, zeigt, dass sie keinen gewohnten Bestand im Denken des Chemikers bilden. Tatsächlich werden diese und ähnliche Betrachtungen fast allgemein durch entsprechende Betrachtungen der Atomhypothese ersetzt, auf welche wir bald einzugehen haben werden. Doch ist es eine wichtige Tatsache, dass die auf Erfahrungen ruhende und daher hypothesenfreie Grundlegung der Gesetze der chemischen Äquivalenz auch geschichtlich vorangegangen ist und dass ihre hypothetische Veranschaulichung erst etwa ein Vierteljahrhundert später entwickelt wurde.

Wenn man, wie es J. B. Richter getan hat, die eben angestellten Betrachtungen verallgemeinert, so kommt man zu folgenden Schlüssen. Bezeichnen wir eine Reihe von Säuren mit A', A'', A''', A'''' usw. und eine Reihe von Basen mit B', B'', B''', B'''' usw., so können wir durch Verbindung einer jeden Säure mit der entsprechenden Menge einer jeden Base so viel Salze bilden, als es binäre Kombinationen zwischen ihnen gibt. Wir gehen von einer bestimmten Menge des Salzes A' B' aus, die wir als Einheit annehmen. Dann gibt es eine bestimmte (andere Menge des Salzes A'' B'', die so beschaffen ist, dass die Säure A'' darin gerade ausreicht, um die Base B' des ersten Salzes zu sättigen. Nach dem eben dargelegten Neutralitätsgesetz ist alsdann auch die Base B'' in solcher Menge im zweiten Salz vorhanden, dass die die Säuremenge A' des ersten Salzes genau absättigt. Die vier Mengen A', A'', B' und B'' sind daher einander äquivalent oder gleichwertig, und zwar die beiden Basen insofern, als sie die gleiche Menge einer der beiden Säuren genau absättigen; die beiden Säuremengen zeigen dieselbe Äquivalenz für die Basen. Aber auch die Säuremenge A' kann man äquivalent den Basenmengen B' und B'' nennen, da sie genau ausreicht, um jede dieser beiden Mengen zu einem neutralen Salz abzusättigen das gleiche gilt natürlich auch für die Säuremenge A''. Die vier Mengen A', A'', B' und B'' geben also mit anderen Worten die Mengen der Säuren und Basen an, die sich in allen möglichen Verbindungen zwischen ihnen absättigen oder ersetzen können, sie sind ihre Äquivalent- oder Verbindungsgewichte.

Offenbar kann man dieselben Betrachtungen auf ein drittes Salz A''' B''' ausdehnen und erhält so die Verbindungsgewichte A''' und B''' der neuen Säure und Base. In solcher Weise kann man beliebig fortfahren und das allgemeine Ergebnis ist: Ausgehend von einer willkürlich als Einheit angenommenen Menge einer Säure (oder Base) kann man Gewichtsmengen für alle anderen Säuren und Basen bestimmen, welche angeben, in welchen Verhältnissen sie sich absättigen. Dabei dienen dieselben Zahlen, um die Verhältnisse aller möglichen Salze in Bezug auf die in ihnen enthaltene Säure- und Basismenge darzustellen. Nennt man diese Zahlen die Verbindungsgewichte, so kann man auch sagen: Alle Säuren und Basen verbinden sich nur nach Verhältnis ihrer Verbindungsgewichte zu neutralen Salzen.

Ich muss gleich einschalten, dass Richter selbst noch nicht zu dieser allgemeinen Fassung seines Gesetzes gelangt war; er hatte es in folgender, etwas verwickelterer Gestalt ausgesprochen. Bestimmt man für die Gewichtseinheit einer Säure A' die Gewichtsmengen der verschiedenen Basen, die zu ihrer Neutralisation erforderlich sind, und macht man dieselben Bestimmungen für die Gewichtseinheit anderer Säuren A", A'", A"" usw., so sind die in diesen einzelnen Tabellen stehenden Mengen der verschiedenen Basen einander proportional, d. h., man erhält die Zahlen der zweiten Tabelle aus denen der ersten durch Multiplikation mit einem konstanten Faktor, und ebenso die jeder anderen Tabelle durch Multiplikation mit einem anderen entsprechenden Faktor. Jeder dieser Faktoren kann durch eine einzige Bestimmung der Verhältnisse zwischen Säure und Base festgestellt werden.

Wir sehen hier wieder einen der häufigen und merkwürdigen Fälle, dass der Entdecker einer neuen und großen Wahrheit zwar den erheblichsten Schritt zur Aufklärung derselben tut, am Schluss aber einen glättenden Handgriff versäumt, durch welchen sein Werk erst völlig im Glanz seiner Einfachheit und Vollendung strahlen würde. Dieser Liebesdienst wurde Richter durch einen sonst nicht erheblich hervorgetretenen Physiker namens E. G. Fischer, Professor in Berlin, erwiesen. Bei Gelegenheit einer Übersetzung der berühmten Forschungen von Berthollet über die chemische Verwandtschaft erwähnte Fischer in einer Anmerkung die Entdeckung Richters und fügte hinzu, dass Richters viele Tabellen mit proportionalen Zahlen sich leicht in eine einzige zusammenfassen lassen, wenn man die in den verschiedenen Tabellen benutzten Grundmengen so wählt, dass die Umrechnungsfaktoren überall eins werden. Das ist aber nichts anderes, als das was oben dargelegt wurde: Anstatt die Basenmengen in jeder Tabelle auf eine andere Einheit, nämlich die Gewichtseinheit einer anderen Säure zu beziehen, bezieht man sie auf eine einzige, und hat dann nur für die anderen Säuren die äquivalenten Mengen einzuführen, um die einheitliche Tabelle der Verbindungsgeschichte zu erhalten.

Richters große Entdeckung blieb zunächst ganz ohne Folgen. Berthollet nahm die Bemerkung Fischers allerdings hernach in sein berühmtes Werk: *Essai de statique chimique* auf und hob ihre große Bedeutung hervor, zog aber nicht die entsprechenden Konsequenzen, vermutlich, weil sie sich im Widerspruch mit seinen eigenen theoretischen Anschauungen befanden. Erst viele Jahre später, am Anfange des neunzehnten Jahrhunderts kam ein anderer, maßgebender Forscher darüber und erkannte die ungemein große Bedeutung von Richters Betrachtungen. Dieser Mann war J. J. Berzelius (1779 bis 1848).

Berzelius hatte sich bereits seit Jahren um die Entwicklung der chemischen Analyse bemüht und die Zusammensetzung einer Reihe von wichtigen Salzen bestimmt. Aufgrund der Betrachtungen Richters sah er nun ein, dass die Zusammensetzung der verschiedenen Salze nicht unabhängig voneinander ist, sondern sich vorausberechnen lässt, wenn man die Verbindungsgewichte der vorhandenen Säuren und Basen aus den Analysen je eines ihrer Salze kennt. Er konnte also eine Analyse durch die andere kontrollieren und machte sich danach an die Berechnung. In den meisten Fällen fand er Übereinstimmung mit dem Gesetz von Richter, in einigen Fällen fand er Abweichungen; aber alsdann ergab eine genauere Untersuchung, dass er Fehler in seinen Analysen begangen hatte. Das Endergebnis war eine vollständige Bestätigung des Gesetzes von Richter.

Leider sollte Richter auch jetzt noch nicht zu seinem Recht kommen. Berzelius hatte während derselben Zeit, wo er sich mit Richters Büchern beschäftigte, die Werke eines anderen Chemikers, C. F. Wenzel, auf seinem Schreibtisch. Da ihm wie seinen Zeitgenossen beide Namen gleich unbekannt waren, so verwechselte er sie, und Wenzel genoss während fast eines halben Jahrhunderts den unverdienten Ruhm, Entdecker des Gesetzes der Äquivalentgewichte zu sein. Erst in den vierziger Jahren des 19. Jahrhunderts wurde dieses Versehen durch G. H. Hess berichtigt. Die ganze Anerkennung, die Richter durch seine im höchsten Grad selbstständige und fruchtbare Betrachtungsweise verdient, hat er selbst noch heute nicht im Bewusstsein der Chemiker gewonnen und es ist mir eine liebe Pflicht, auf die geistige Tat dieses großen Mannes hinzuweisen, dessen Ruhm um so heller strahlen wird, je weiter die Zeit seines Lebens zurückliegt. Die Ursache, die Richters Werk so in den

Hintergrund hat treten lassen, liegt in der gleichzeitigen Entwicklung der atomistischen Hypothese durch John Dalton (1766 bis 1844). Die Annahme, dass alle Stoffe aus kleinsten, auch im stärksten Mikroskop unsichtbaren Teilchen, den Atomen, bestehen, ist zwar bereits im Altertum gemacht und ist dann später oft wieder erneuert worden; Dalton aber ist der Erste gewesen, der aus dieser Annahme bestimmte quantitative Schlüsse gezogen hat, die mit der Erfahrung verglichen und an ihr geprüft werden konnten. Dalton fragte sich nämlich zunächst, ob alle Atome eines bestimmten Stoffes, z. B. Schwefel, untereinander völlig gleich sein müssten, oder ob zwischen ihnen kleine Verschiedenheiten wie z. B. zwischen den Körnern des Sandes bestehen dürften. Aufgrund der Erfahrungstatsache, dass die Eigenschaften aller Proben von Schwefel, unabhängig von ihrer Herstellung und ihren früheren Schicksalen, stets genau die gleichen sind, schloss er, dass auch die Atome eines gegebenen Stoffes alle ganz gleich sein müssten. Sonst müsste es möglich sein, etwa durch Destillation oder dergl. Schwefelarten von etwas verschiedenen Eigenschaften herzustellen, indem die eine Probe etwa die größeren, die andere die kleineren Atome enthielte, ebenso wie man Sand in einen gröberen und einen feineren Anteil sondern kann.

Nimmt man zweitens an, dass nur die Atome der Elemente einfach sind, dass die Atome der Verbindungen dagegen aus den Atomen der Elemente zusammengesetzt sind, aus denen sie hergestellt werden können, so muss man schließen, dass alle chemischen Verbindungen nur nach bestimmten Gewichtsverhältnissen entstehen können, die durch die Verhältnisse der Gewichte ihrer zusammensetzenden Atome gegeben sind. Denn da die Atome jedes Elements unter sich ganz gleich sind, so kommt ihnen auch ein ganz bestimmtes, gleiches Gewicht zu, und nur nach Maßgabe dieser Gewichte, der Atomgewichte, sind chemische Verbindungen überhaupt möglich. Zwar kann man bei der Kleinheit der Atome ihr Gewicht nicht einzeln bestimmen. Die Analyse ergibt auch nicht unmittelbar die Gewichte der einzelnen Atome, aus denen die analysierte Verbindung besteht, wohl aber das Verhältnis des Gewichts aller vorhandenen Atome des einen Elements zu dem aller Atome des anderen. Kommt nun in der Verbindung beispielsweise auf jedes Atom des einen Elements auch ein Atom des anderen, so ist das fragliche Verhältnis auch gleich dem

Verhältnis der Gewichte der einzelnen Atome. So kann man zwar nicht das absolute, wohl aber das relative Gewicht der Atome bestimmen.

Diese Überlegungen sind dem heutigen Chemiker trotz ihres hypothetischen Charakters sehr viel geläufiger, als die von Richter. Wie man sieht, führen sie auch weiter, denn während Richters Gedanke zunächst nur die Zusammensetzung der neutralen Salze deckt (er hat ihn später auch auf die Vertretung der Metalle durcheinander in ihren Verbindungen ausgedehnt), so ist durch Daltons Betrachtungen ein Schema für alle chemischen Verbindungen, welcher Art sie auch seien, gegeben. Alle chemischen Verbindungen müssen nämlich so zusammengesetzt sein, dass die Gewichtsmengen ihrer Elemente durch ganz bestimmte Zahlen, die jedem Element eigen sind, nämlich durch die relativen Atomgewichte dieser Elemente, darstellbar sind. Es ist, wie man sieht, der Gedanke von Richter, nur ausgedehnt auf alle möglichen chemischen Verbindungen.

Dalton hat sich nicht allzu viel mit der Frage beschäftigt, ob diese weitgehenden Schlüsse, die man aus seinen Betrachtungen ziehen musste, auch wirklich mit der Erfahrung übereinstimmen. Er war aus allgemeinen Gründen zu sehr von der Richtigkeit seiner Hypothese überzeugt, als dass er eine solche Prüfung für besonders nötig oder wichtig gehalten hätte. Nur einen besonderen Fall hob er hervor und prüfte ihn auch. Wenn nämlich zwei Elemente, etwa Kohlenstoff und Wasserstoff, in mehreren Verhältnissen sich verbinden können, so müssen die Mengen des einen, bezogen auf eine konstante Menge des anderen, in einfachem rationalem Verhältnis, wie 1:2, 1:3, 2:3 usw. stehen. Denn da immer eine ganze Zahl von Atomen des einen Elements nur mit einer ganzen Zahl von Atomen des anderen sich vereinigen kann, so müssen die relativen Gewichte auch entsprechende ganzzahlige Verhältnisse aufweisen. Nun kannte man damals zwei Verbindungen von Kohlenstoff und Wasserstoff, das Sumpfgas und das Öl bildende Gas. Dalton analysierte beide Gase und fand in der Tat, dass das zweite, bezogen auf die gleiche Wasserstoffmenge, doppelt soviel Kohlenstoff enthielt als das erste.

Auch dieses „Gesetz der multiplen Proportionen", wie es später genannt worden ist, beruhte schon damals nicht ausschließlich auf den durch die Atomhypothese geleiteten Untersuchungen Daltons.

Abb. 2.3: John Dalton beim Sammeln von brennbarem Sumpfgas. Ausschnitt aus Wandgemälde (19. Jh.) im Rathaus von Manchester. CC0

Auf rein experimentellem Wege war sein Bestehen in einigen besonderen Fällen aufgefunden worden, und zwar waren es charakteristischerweise wieder die Salze, welche diese Beispiele lieferten.

Man konnte nämlich bereits in Bezug auf Richters Gesetz für Neutralsalze fragen, wie es sich denn mit den sauren und basischen Salzen verhält. Für diese fand nun der englische Physiker und Chemiker William Hyde Wollaston (1768 bis 1828) folgendes einfache Gesetz: Die Säurenmenge, die in sauren Salzen mit einer gegebenen Menge Base verbunden ist, beträgt genau das zwei-, drei-, vier- oder mehrfache derjenigen Säurenmenge, welche im neutralen Salz auf dieselbe Menge Base vorhanden ist. Wie man sieht, ist dies das Gesetz der multiplen Proportionen, angewendet auf Salze.

Es ist der Mühe wert, einige von den einfachen und anschaulichen Experimenten kennenzulernen, durch welche Wollaston seine Entdeckung belegte. Man wägt zwei gleiche Mengen Natriumbikarbonat ab und verwandelt die eine von ihnen durch Erhitzen in das neutrale Salz. Dann werden beide Proben in je ein Stückchen Papier gewickelt und über Quecksilber in ein Gasmessrohr aufsteigen gelassen, das ein wenig starke Salzsäure enthält. Die Kohlensäure wird ausgetrieben und beträgt bei der nicht erhitzt gewesenen Probe genau doppelt so viel, wie bei der erhitzten. Oder man nimmt zwei gleiche Mengen Kleesalz (saures Kaliumoxalat) und verwandelt die eine durch Erhitzen in Kaliumkarbonat. Bringt man nun beide Proben mit Wasser zusammen, so enthält die nicht erhitzte genau so viel überschüssige Säure, um mit dem Kaliumkarbonat neutrales Oxalat zu bilden. Nimmt man das zweifach saure Salz, so reicht ein Drittel des unzersetzten Salzes zur Neutralisation.

Wollaston bemerkt bei der Veröffentlichung dieser Versuche, dass ihm noch eine Anzahl weiterer Fälle bekannt seien, doch habe er die Verfolgung des Gegenstandes aufgegeben, weil er durch Daltons Theorie umfassender behandelt würde.

Schließlich war es wieder Berzelius, welcher sich der Arbeit einer genauen Prüfung der Daltonschen Hypothese, soweit sie sich auf die Gewichtsverhältnisse der chemischen Verbindungen anwenden lässt, unterzog. Das Ergebnis war das denkbar günstigste: alle Analysen konnten durch bestimmte, den Elementen eigene „Atomgewichte" ausgedrückt werden, und Berzelius, der anfangs der sehr weitgehenden Hypothese Daltons höchst kritisch gegenübergestanden hatte, wurde später ihr wärmster Anhänger und erfolgreichster Verbreiter.

Durch diesen maßgebenden Einfluss hat sich denn die atomistische Auffassung der chemischen Verbindungen ganz allgemein verbreitet. Die von Berzelius erfundene einfache Darstellung der Zusammensetzung durch chemische Formeln, in welchen die Atome der Elemente durch die Anfangsbuchstaben von deren lateinischen Namen bezeichnet wird, unter Beifügung von Faktoren, welche die Anzahl der Atome in der Verbindung angeben, war ein weiteres unwiderstehliches Mittel für die Annahme der atomistischen Auffassung. Die ganze Entwicklung der Chemie hat seitdem im Sinne der Atomhypothese stattgefunden und ihre Anschauungen sind heute jedem Chemiker so geläufig, dass es meist sehr schwer fält, die experimentellen Tatsachen, zu deren Ausdruck die Hypothese dient, von den bildlichen Hinzufügungen zu scheiden, welche durch die Annahme kleinster, nicht weiter teilbarer Körperchen bedingt sind. Auch muss zugestanden werden, dass sich die Atomhypothese den Fortschritten der Wissenschaft stufenweise recht gut hat anpassen lassen, sodass außer dem Gesetz der Verbindungsgewichte noch mehrere andere erfahrungsmäßige Gesetze in ihr eine brauchbare Veranschaulichung habe finden können. Allerdings kommt nach der anderen Seite infrage, dass es fast keinen Chemiker gibt, der nicht im Sinne dieser Hypothese denkt und experimentiert, sodass keine Neigung besteht, etwaige Schwierigkeiten und Widersprüche aufzudecken.

Fragen wir uns, ob es möglich ist, ähnlich wie es Richter für Salze getan hat, das allgemeine Gesetz der Verbindungsgewichte auf irgendwelche allgemeinere experimentelle Tatsache zu gründen, so darf diese Frage mit Ja beantwortet werden. Es ist hierfür zunächst zu beachten, dass Richters Gedankengang es ermöglicht hat, aus einer qualitativen Tatsache (der Fortdauer der neutralen Reaktion) eine quantitative Schlussfolgerung (die Existenz der Äquivalentgewichte) zu ziehen. Hierdurch ist aber nur die Notwendigkeit bewiesen, dass solche Zahlen existieren; ein Mittel, sie zu bestimmen, ist hierdurch nicht gegeben. Dafür muss die chemische Analyse mit ihren gewöhnlichen Mitteln eintreten.

In Anwendung und Entwicklung einer zuerst von F. Wald angeregten Gedankenreihe hat sich nun in der Tat eine derartige qualitative Tatsache von großer Allgemeinheit aufweisen lassen, aus welcher das Gesetz der Verbindungsgewichte mit derselben Notwendigkeit folgt, wie das Gesetz der Äquivalentgewichte aus der Fortdauer der Neutralität.

Diese Tatsache ist bereits von Berzelius in ihrer allgemeinen Bedeutung hervorgehoben, von ihm aber nur im Sinne der Atomhypothese gedeutet worden. Sie besteht in dem Satz, dass wenn zusammengesetzte Stoffe in höhere Verbindungen eintreten, sie dies als Ganzes tun, ebenso wie die Elemente.

Um durch ein Beispiel die Sache anschaulicher zu machen, betrachten wir einen der ersten, von Berzelius untersuchten Fälle. Er nahm Bleisulfid und oxidierte dieses mittelst Salpetersäure zu Bleisulfat. In der Flüssigkeit, welche über dem unlöslichen Niederschlag von Bleisulfat stand, suchte er nun nach einem etwaigen Überschusse von Blei oder Schwefel in Gestalt von Bleinitrat oder Schwefelsäure. Er fand keinen solchen Überschuss, zum Zeichen, dass Blei und Schwefel genau in demselben Verhältnis mit Sauerstoff zum Sulfat zusammentreten, wie sie das Sulfid bilden.

Berzelius wies die Allgemeinheit dieses Verhaltens noch in einer Anzahl anderer Fälle nach, die er so wählte, dass die zurzeit als die empfindlichsten bekannten Reaktionen verwendet werden konnten. Er fand immer das gleiche Ergebnis, dass die Elemente zur Bildung der einfacheren Verbindung sich genau im gleichen Verhältnis vereinigen, wie zur Bildung der komplizierteren, abgesehen natürlich von solchen Fällen wo ganz neue Verhältnisse gemäß dem Gesetz der multiplen Proportionen eintreten.

Etwa ein halbes Jahrhundert später wurde die gleiche Frage experimentell von J. S. Stas bearbeitet, der gleichfalls ihre Wichtigkeit in Bezug auf das Gesetz der Verbindungsgewichte gefühlt hatte, ohne indessen die gleich anzugebende Schlussfolgerung zu ziehen. Er arbeitete mit dem Chlorat, Bromat und Jodat des Silbers, indem er umgekehrt wie Berzelius von der verwickelteren Verbindung ausging und sie in eine einfachere, wie das entsprechende Silberhalogenid verwandelte. Auch in diesem Fall, wo die analytischen Hilfsmittel noch weit feiner und empfindlicher sind, kam er zu dem gleichen Ergebnis: Bei der Verwandlung der einen Verbindung in die andere tritt nicht der geringste Überschuss eines der gemeinsamen Elemente auf oder diese letzteren stehen in den ternären Verbindungen $AgClO_3$ $AgBrO_3$ und $AgJO_3$ in genau dem gleichen Verhältnis, wie in den binären $AgCl$, $AgBr$ und AgJ.

Diese Ergebnisse der ausdrücklich auf die Frage gerichteten Versuche werden nun in ausgedehntester Weise durch die alltäglichen Analysen bestätigt. Eine große Anzahl analytischer Berechnungen beruht auf der Annahme des gleichen Grundsatzes und die durchgehende Übereinstimmung solcher Rechnungen mit der Erfahrung bezeugt, dass hierdurch kein Fehler eingeführt wird, der die analytischen Fehler überschreitet. Durch den Prozess der unvollständigen Induktion, durch welche wir alle unsere wissenschaftlichen Gesetze gewinnen (denn es ist in keinem Falle möglich, alle Erfahrungen über eine Frage zu machen, welche zur Aufstellung einer vollständigen Induktion erforderlich wären), verallgemeinern wir diese Beobachtungen und nehmen allgemein an, dass in allen Fällen die zusammengesetzten Stoffe als Ganzes in andere chemische Vorgänge eintreten.

Wird dies nun zugegeben, so ist es leicht, das Gesetz der Verbindungsgewichte als notwendige Folge dieser Voraussetzung abzuleiten. Nehmen wir drei Ausgangspunkte oder Elemente A, B und C an, und setzen wir der Einfachheit wegen zunächst voraus, dass sich diese nur in einem Verhältnis miteinander zu binären, bezw. ternären Verbindungen vereinigen können, so können wir zunächst von der Gewichtseinheit von A ausgehen und bestimmen, wie viel B sich damit zu einer Verbindung AB vereinigt. Diese Menge von B nennen wir dessen Verbindungsgewicht in Bezug auf A; ebenso heiße die Summe der Gewichtseinheiten A und des Verbindungsgewichtes von B, das sich in der Verbindung AB findet, das Verbindungsgewicht von AB in Bezug auf A. Nun verbinden wir C mit einem Verbindungsgewicht von AB zu der ternären Verbindung ABC; die erforderliche Menge von C heiße wieder das Verbindungsgewicht von C in Bezug auf AB. Verfahren wir in ähnlicher Weise, indem wir zuerst C mit A verbinden und dessen Verbindungsgewicht in Bezug auf A feststellen, und dann AC mit B zu der ternären Verbindung ABC vereinigen, so erhalten wir weiter ein Verbindungsgewicht von B in Bezug auf AC. Die Behauptung geht nun dahin, dass das Verbindungsgewicht von C in Bezug auf A gleich ist, dem Verbindungsgewicht von C in Bezug auf AB, und dass ebenso die auf A und AC bezogenen Verbindungsgewichte von B einander gleich sind.

Der Beweis beruht darauf, dass die Verbindung ABC mit der Verbindung ACB identisch gesetzt werden muss. Denn die Natur eines Stoffes, ob einfach oder zusammengesetzt, ist nicht von seiner Entstehungsgeschichte abhängig, sondern nur von seinen Elementen.[13] Wenn man also zuerst A mit B verbindet und dann AB mit C, so tritt die Verbindung AB als Ganzes mit C zu ABC zusammen, es ist also in ABC das gleiche Verhältnis zwischen A und B, wie in AB. Ebenso ist in AC das gleiche Verhältnis zwischen beiden, wie in ACB oder dem damit identischen ABC. Bestimmt man also in der ternären Verbindung ABC oder ACB die Mengen von B und C, die neben der Einheit von A daraus erhalten werden können, so drücken diese Zahlen nicht nur die Verhältnisse der Elemente in der tertiären Verbindung aus, sondern auch die in den drei möglichen binären Verbindungen AB, AC und BC. Denn jede dieser binären Verbindungen tritt mit dem dritten Element als Ganzes zu der ternären Verbindung ABC zusammen, keine von ihnen kann also die Elemente in einem anderen Verhältnis enthalten, als sie in der ternären Verbindung vorkommen.

---

13 Die Tatsachen der Allotropie und Isomerie, welche dieser Voraussetzung scheinbar widersprechen, werden in späteren Kapiteln ihre Erörterung und Erledigung finden.

Wie man sieht, haben diese Betrachtungen eine große Ähnlichkeit mit denen von Richter, die ihn zu dem Gesetze der Äquivalentgewichte zwischen Säuren und Basen führten; sie beruhen wie jene auf einer qualitativ festzustellenden Tatsache und führen zu der Erkenntnis des Vorhandenseins quantitativer Gesetze, ohne indessen die entsprechenden Zahlen selbst aus den gleichen Erfahrungen zu liefern. Hier wie dort sind weiterhin quantitative Analysen erforderlich, aber hier wie dort genügt eine einzige Analyse, um die maßgebende Zahl für alle möglichen Verbindungen des fraglichen Stoffes festzustellen.

Ferner enthalten beide Betrachtungen einen allgemeinen Punkt von grundsätzlicher Bedeutung, auf den noch besonders hingewiesen werden soll. Richters Überlegung beruht auf der Voraussetzung, dass eine Lösung, die aus den Salzen AB und A'B' in äquivalenten Verhältnissen hergestellt worden ist, völlig übereinstimmt mit einer Lösung, die aus entsprechenden Mengen der Salze AB' und A'B hergestellt worden ist, dass also die Entstehungsgeschichte dieser Lösung keinen Einfluss auf ihre Beschaffenheit hat. Ganz die gleiche Voraussetzung wird für die Ableitung der Verbindungsgewichte bezüglich der ternären Verbindung gemacht. Beide Annahmen enthalten die allgemeinere Voraussetzung, dass die betrachteten Zustände solche des chemischen Gleichgewichts sind, dass mit anderen Worten die Gebilde sich nicht ändern, wie lange man sie auch (natürlich unter gleichen Umständen) beobachten mag. Indem nun gezeigt wird, dass man zu den gleichen Gebilden auf verschiedenen Wegen gelangen kann, ergeben sich diese verschiedenen möglichen Wege als gewissen Beziehungen unterworfen (da sonst die Gleichheit der Gebilde unabhängig vom Wege nicht möglich wäre) und der allgemeine Ausdruck dieser Beziehungen ist die Existenz von Äquivalent- bezw. Verbindungsgewichten. Richters Grundphänomen, die Erhaltung der Neutralität, bezieht sich naturgemäß nur auf Salze, daher ist sein Schluss auf diese beschränkt. Das den neueren Betrachtungen als Ausgang dienende Grundphänomen, dass nämlich auch zusammengesetzte Stoffe als Ganzes in chemische Reaktionen treten, bezieht sich auf chemische Vorgänge aller Art und die daraus gezogenen Schlüsse sind daher allgemein.

Diese Schlussweise, dass man zuerst nachweist, dass ein gewisses Ergebnis weder vom Weg, noch von bestimmten Bedingungen abhängig ist, und dann diese

Bedingungen beliebig feststellt, ist von der allergrößten Bedeutung in den Naturwissenschaften. So ergibt die Feststellung, dass die passend gebildete Summe der Energien durch keinerlei Vorgänge in einem abgeschlossenen Gebilde geändert wird, dass man diese Summe für irgendwelche zwei definierten Zustände des Gebildes gleichsetzen kann und dadurch zu einer Gleichung zwischen den Konstanten dieser Zustände gelangt, die außerordentlich grosse Bedeutung und Anwendbarkeit des Gesetzes von der Erhaltung der Energie. Ebenso gibt es in der freien Energie und in einigen anderen Funktionen ähnlich sich verhaltende Größen, und diese führen in gleicher Weise durch ihre Anwendung auf verschiedene aber gleichwertige Wege zu den mannigfaltigen Konsequenzen des zweiten Hauptsatzes. Solche Funktionen, die sich bei zusammengehörigen Änderungen ihrer Veränderlichen nicht ändern, heißen Invarianten, und die vorstehenden Betrachtungen erläutern die fundamentale Wichtigkeit solcher Invarianten für die Erfassung der natürlichen Erscheinungen. —

Die vorstehenden Betrachtungen sind noch in Bezug auf einen Punkt zu ergänzen, der als der Ausgangspunkt von Daltons Betrachtungen erwähnt worden ist, nämlich in Bezug auf das Gesetz der multiplen Proportionen. Dieses besagt, dass wenn zwei Elemente sich zu mehreren Verbindungen vereinigen, die verschiedenen Mengen des auf die Einheit des anderen Elements bezogenen des veränderlichen Elements in einfachen, rationalen Verhältnissen stehen. Es ist hierbei natürlich gleichgültig, welches Element man als konstant und welches man als veränderlich ansieht. In dem Beispiel von Dalton kann man, wenn man will, den Kohlenstoffgehalt des Sumpfgases und des Öl bildenden Gases als Vergleichseinheit benutzen; dann steht der Wasserstoffgehalt im Verhältnis 2:1. Oder man kann den Wasserstoffgehalt als konstant betrachten; dann stehen die Kohlenstoffmengen im Verhältnis 1:2. Kann man nun auch dies Gesetz aus jenen allgemeinen Betrachtungen ableiten?

Die Antwort lautet Ja und beruht darauf, dass sich aus jenen Betrachtungen bereits ergeben hatte, dass das Verbindungsgewicht eines zusammengesetzten Stoffes notwendig gleich der Summe der Verbindungsgewichte seiner Elemente ist (S. 88). Verbindet sich demnach der zusammengesetzte Stoff AB mit dem Element B, so tritt er als Ganzes in die neue Verbindung ein und ein Verbindungsgewicht von ihm muss sich mit einem Verbindungsgewicht B vereinigen. Hieraus folgt, dass in dem entstehenden Stoffe das Element B in doppelter Menge gegenüber der Verbindung AB enthalten sein muss, denn in einem Verbindungsgewicht AB war ein Verbindungsgewicht B enthalten und gerade diese Menge verbindet sich mit einem weiteren Verbindungsgewicht B zu der neuen Verbindung.

Da für diese Verbindung AB_2 die gleiche Überlegung gilt, so kann diese sich mit einem weiteren Verbindungsgewicht B zu AB_2 verbinden. Wie die gleiche Schlussweise auf beliebig zusammengesetzte Verbindungen übertragen werden kann, ergibt sich von selbst und bedarf keiner Ausführung im einzelnen. —

Die Geschichte der einzelnen Atomgewichtsbestimmungen kann uns hier nicht beschäftigen; ebenso wenig die Schicksale der schon früh aufgetauchten Idee, dass alle Elemente ihrerseits Verbindungen irgendeines Urelements seien. Letztere hat bisher nicht zu fassbaren Ergebnissen geführt. Wohl aber ist dies von einem anderen Gedanken zu sagen, dessen erste Spuren wir gleichfalls bereits bei Richter finden.

Richter hatte sich nämlich die Frage vorgelegt, ob nicht zwischen den Zahlenwerten der Äquivalentgewichte der verschiedenen Säuren und Basen Beziehungen beständen und war zu der Vorstellung gekommen, dass solche allerdings vorhanden seien, indem diese, wenn man sie ihrer Größe nach ordnet, sich als Glieder gewisser mathematischer Reihen erweisen sollten. Selbst den Gedanken hat er bereits gehabt, dass wenn sich Lücken in dieser vermuteten Gesetzmäßigkeit zeigten, diese daher rühren möchten, dass die entsprechenden Stoffe noch nicht entdeckt waren; so berechnete er die Äquivalentgewichte unbekannter Säuren und Basen voraus. Auf seine Zeitgenossen machten diese Betrachtungen keinen gewinnenden, sondern einen abstoßenden Eindruck. Dazu wollte das Unglück, dass damals durch Trommsdorff die Entdeckung einer neuen basischen Substanz angekündigt wurde, welche wegen ihrer Geschmacklosigkeit Agusterde genannt wurde. Aus Trommsdorffs Analysen leitete Richter ab, dass diese neue Erde gerade in eine der vorhandenen Lücken hineinpasste und er betrachtete diese Entdeckung daher als einen besonderen Glücksfall. Leider stellte sich bald heraus, dass die Agusterde nur Kalziumphosphat war, und was Richters Anschauungen stützen sollte, wurde zum Vorwurf gegen sie ausgebeutet.

Als in der Folge die Verbindungsgewichte der Elemente oder die Atomgewichte in etwas größerem Umfang bestimmt wurden, traten auch wieder Betrachtungen über das gegenseitige Verhältnis der Zahlenwerte auf. Döbereiner zeigte bereits in den zwanziger Jahren des 19. Jahrhunderts, dass verwandte Elemente häufig in Triaden vorhanden sind, und dass das Atomgewicht des mittleren Elements nahezu das arithmetische Mittel aus den Atomgewichten der Grenzelemente ist. Durch spätere Forscher wurden diese Betrachtungen erweitert; insbesondere nahm Pettenkofer Richters Idee der mathematischen Reihen wieder auf, doch wurde eine durchgreifende Regelmäßigkeit nicht aufgefunden. Eine solche ergab sich erst, als man alle Elemente ohne weitere Rücksicht nur nach dem Zahlenwerte ihrer Atomgewichte in eine Reihe ordnete und die daraus entstehenden Beziehungen untersuchte. Die ersten, welche damit an die Öffentlichkeit traten, waren ein Franzose, de Chancourtois und ein Engländer, namens Newlands. Der letztere legte im Jahre 1864 auf der Versammlung englischer Naturforscher Folgendes dar. Wenn man alle Elemente in der angegebenen Weise in eine Reihe nach steigenden Atomgewichten ordnet, so hat die so entstehende Reihe die Eigenschaft, dass man zu jedem Element das nächst verwandte findet, wenn man um sieben Glieder in der Reihe weiter geht. Dies nannte er das Gesetz der Oktaven. Eine solche Betrachtungsweise erschien damals so fremdartig, dass der Vorsitzende den Entdecker befragte, ob er nicht ähnliche Gesetzmäßigkeiten fände, wenn er die Elemente nach dem Anfangsbuchstaben ihrer Namen alphabetisch ordnete. Auch gelang es Newlands nicht, Aufmerksamkeit für seine Untersuchungen zu finden und erst viel später, als die gleiche Betrachtungsweise von anderen, bekannteren Chemikern unabhängig durchgeführt wurde, erwies sich ihre Fruchtbarkeit.

Diese Männer waren Lothar Meyer (1830 bis 1895) und D. Mendelejew (geb. 1834), welche 1869 unabhängig voneinander ihre Ergebnisse veröffentlichten. Sie fanden beide, dass jene Reihe der Elemente nach den Zahlenwerten ihrer Atomgewichte sich in Stücke einteilen lässt, derart, dass innerhalb dieser Stücke die entsprechenden Elemente an entsprechende Stellen zu stehen kommen. Hierbei waren gelegentlich Umstellungen in der bisher angenommenen Ordnung erforderlich, indem andere Mehrfache der

Äquivalentgewichte statt der damals üblichen eingeführt werden mussten. In dieser Beziehung zeichnete sich namentlich Mendelejew durch Kühnheit und eine glückliche Hand aus. Aufgrund der vorhandenen Analogien sagte er ferner die Eigenschaften einer Anzahl damals noch unbekannter Elemente voraus, auf deren Dasein er ganz wie Richter aus den vorhandenen Lücken in der Tabelle geschlossen hatte, und er erlebte den Triumph, dass seine Voraussagungen in mehreren Fällen eine glänzende Bestätigung erfuhren. Infolgedessen wurde der Gedanke nun mit größerem Eifer aufgenommen und entwickelt. Es ergab sich, dass in der Tat so gut wie alle Eigenschaften und Beziehungen nicht nur der Elemente selbst, sondern auch die ihrer vergleichbaren Verbindungen sich in derselben Weise als periodische Funktion ihrer Atomgewichte darstellen lassen.

Allerdings stellte sich zu gleicher Zeit heraus, dass es sich nicht sowohl um ein in bestimmten Ausdrücken darstellbares Gesetz, als vielmehr um eine ungefähre Regel handelt, die infolge einer gewissen Unbestimmtheit am ehesten mit den naturhistorischen Klassifikationen vergleichbar ist. Die einzelnen Elemente sind keineswegs gleichförmig oder nach irgendeiner einfachen Gesetzlichkeit bezüglich ihrer Atomgewichte angeordnet; die Differenzen entsprechender Werte sind nicht konstant oder sonst regelmäßig, sondern anscheinend ganz unregelmäßig verteilt. Ja, es hat sich sogar gezeigt, dass in einzelnen Fällen (Tellur-Jod, Argon-Kalium) die ganz unzweifelhaften verwandtschaftlichen Beziehungen es notwendig machen, das Element mit dem größeren Atomgewicht vor das mit dem kleineren zu setzen, sodass das Grundprinzip selbst durchbrochen werden muss. Ebenso muss man zugestehen, dass durch die Anordnung nach dem periodischen System in einzelnen Fällen tatsächlich vorhandene Analogien, wie die zwischen Barium und Blei, oder zwischen Kupfer und Quecksilber zerrissen werden, während andere Elemente (Gold und die Alkalimetalle) zusammengebracht werden, zwischen denen man auch bei gutem Willen nur sehr wenig Ähnlichkeiten finden kann. Solchen ungünstigen Fällen stehen aber so viele günstige gegenüber, dass kein Zweifel daran bestehen kann, dass wir es hier mit einer sehr wichtigen Beziehung zu tun haben, für die es nur noch an einem ganz befriedigenden Ausdruck fehlt.

Betrachtet man nämlich die ganze periodische Tabelle möglichst allgemein, so hat man den Eindruck, als wären über das regel-

Ueber die Beziehungen der Eigenschaften zu den Atomgewichten der Elemente. Von D. Mendelejeff. — Ordnet man Elemente nach zunehmenden Atomgewichten in verticale Reihen so, dass die Horizontalreihen analoge Elemente enthalten, wieder nach zunehmendem Atomgewicht geordnet, so erhält man folgende Zusammenstellung, aus der sich einige allgemeinere Folgerungen ableiten lassen.

			Ti = 50	Zr = 90	? = 180
			V = 51	Nb = 94	Ta = 182
			Cr = 52	Mo = 96	W = 186
			Mn = 55	Rh = 104,4	Pt = 197,4
			Fe = 56	Ru = 104,4	Ir = 198
		Ni = Co = 59		Pd = 106,6	Os = 199
			Cu = 63,4	Ag = 108	Hg = 200
H = 1					
	Be = 9,4	Mg = 24	Zn = 65,2	Cd = 112	
	B = 11	Al = 27,4	? = 68	Ur = 116	Au = 197?
	C = 12	Si = 28	? = 70	Sn = 118	
	N = 14	P = 31	As = 75	Sb = 122	Bi = 210?
	O = 16	S = 32	Se = 79,4	Te = 128?	
	F = 19	Cl = 35,5	Br = 80	J = 127	
Li = 7	Na = 23	K = 39	Rb = 85,4	Cs = 133	Tl = 204
		Ca = 40	Sr = 87,6	Ba = 137	Pb = 207
		? = 45	Ce = 92		
		?Er = 56	La = 94		
		?Yt = 60	Di = 95		
		?In = 75,6	Th = 118?		

1. Die nach der Grösse des Atomgewichts geordneten Elemente zeigen eine stufenweise Abänderung in den Eigenschaften.

2. Chemisch-analoge Elemente haben entweder übereinstimmende Atomgewichte (Pt, Ir, Os), oder letztere nehmen gleichviel zu (K, Rb, Cs).

3. Das Anordnen nach den Atomgewichten entspricht der *Werthigkeit* der Elemente und bis zu einem gewissen Grade der Verschiedenheit im chemischen Verhalten, z. B. Li, Be, B, C, N, O, F.

4. Die in der Natur verbreitetsten Elemente haben *kleine* Atomgewichte

Abb. 2.4: Zeitschrift für Chemie (1869, Seiten 405-6), in welcher Mendelejews Periodentafel zuerst außerhalb Russlands veröffentlicht wurden.

mäßige Schema die Elemente nicht ganz ordentlich verteilt worden, sondern einigermaßen nachlässig, sodass nicht ein jedes genau an seinen systematischen Platz gelangt ist, sondern nur ungefähr. Ähnliche Fälle kommen zuweilen auch in anderen Gebieten vor, dann aber kann man meist sagen, dass es sich um Größen handelt, die mit gewissen Bedingungen veränderlich sind, und dass die Unregelmäßigkeiten daher rühren, dass die vergleichbaren Bedingungen nicht gefunden oder nicht eingehalten sind. Hier aber hat man es mit den Atomgewichten zu tun, deren charakteristische Eigentümlichkeit ist, dass ihre Zahlenwerte durch keinen bekannten Umstand geändert werden können. Es ist also aufgrund der Wissenschaft vom Ende des 19. Jahrhunderts nicht angängig, eine ähnliche Deutung der vorhandenen Unregelmäßigkeiten zu versuchen.

Hierzu kommt noch ein anderer Umstand, der in die gleiche Richtung weist und auf das gleiche Hindernis stößt. Die sämtlichen Eigenschaften der Elemente und ihrer Verbindungen stellen sich als

Funktionen der Atomgewichte dar, d. h., man kann sich einen mathematischen Ausdruck denken (und solche Ausdrücke sind gelegentlich auch aufgestellt worden), in den man nur den Wert des Atomgewichts einzusetzen hat, um den Wert einer gewissen Eigenschaft zu finden. Solche Ausdrücke haben immer den Charakter stetiger Funktionen, d. h. sie geben für jeden beliebigen Wert der einen Veränderlichen einen entsprechenden Wert der anderen und gestatten nach dem Stetigkeitsgesetz daher auch die Interpolation eines unbekannten Wertes, falls dieser nur nahe genug zwischen zwei bekannten Werten liegt. Jene Voraussagungen Mendelejews, welche seinerzeit so glänzend die Nützlichkeit des periodischen Systems gezeigt hatten, sind nun nichts als solche Interpolationen, die unter Voraussetzung des Stetigkeitsgesetzes vorgenommen worden waren; dass sie richtige Resultate ergeben hatten, beweist, dass jene Annahme in gewissem Sinne berechtigt war. Auch diese Überlegung deutet dahin, dass es vielleicht Bedingungen gibt oder gab, unter denen die Atomgewichte stetig veränderlich sind oder waren. Zweifellos bestehen diese Bedingungen nicht unter den Verhältnissen der bekannten Experimente; unter diesen sind die Werte zu völliger Unbeweglichkeit erstarrt. Aber es ist wenigstens formal denkbar, dass diese Erstarrung sich unter Umständen vollzogen hat, wo der ganze Zustand eine reinliche und tadellos regelmäßige Anordnung nicht gestattet hat, und dass die Atomgewichte die Spuren jenes halben Chaos noch bis in jüngerer Zeit herab getragen haben.

Bei solchen Überlegungen kommt einem natürlich die am Schluss des vorigen Kapitels erwähnte Verwandlung des Radiums in Helium und die Möglichkeit der allgemeinen Transmutation der Elemente in den Sinn. Doch ist hierbei zu bedenken, dass einerseits das Radium, anderseits das Helium sich bezüglich der Unveränderlichkeit ihrer Atomgewichte ganz und gar wie die anderen Elemente verhalten; sie ordnen sich also den bestehenden Verhältnissen unter und weisen nur auf eine sprungweise, nicht aber auf eine stetige Veränderlichkeit der Verbindungsgewichte hin. Es war daher von dieser Seite die Aufklärung nicht unmittelbar zu erwarten.

Eine Antwort auf die offenen Fragen ergab sich dann in der ersten Hälfte des 20. Jahrhunderts, als der Atombau dahin gehend geklärt wurde, dass das chemische Verhalten weitestgehend von der negativ geladenen Elektronenhülle des Atoms bestimmt wird. Die Anzahl dieser Elektronen ist durch die Anzahl der im Kern vor-

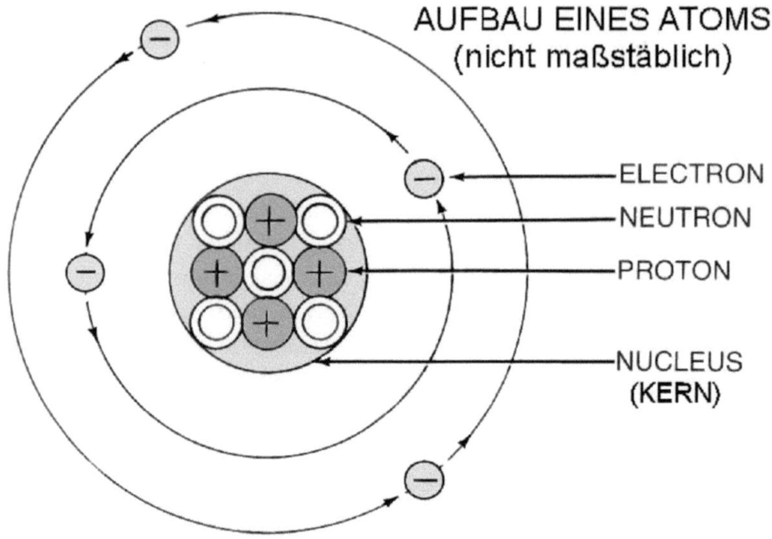

Abb. 2.5: Prinzipieller Aufbau eines Atoms (nicht maßstäblich). CC0

handenen positiv geladenen Protonen gegeben, die als chemische Ordnungszahl des Atoms bzw. des Elements bezeichnet wird. Die Definition des chemischen Elements wurde geändert. Ein chemisches Element ist nun die Sammelbezeichnung für alle Atomsorten mit derselben Ordnungszahl. Als Atomsorte werden Atome mit gleicher Zusammensetzung der in ihnen enthaltenen Protonen und Neutronen bezeichnet. Somit haben alle Atome eines chemischen Elements dieselbe Anzahl an Protonen im Atomkern. Mehrere Atomsorten des gleichen Elements unterscheiden sich durch die Anzahl der Neutronen in ihrem Kern.

Eine ausführlichere Darstellung des soeben beschriebenen aktuellen Stands der Chemie, würde den Rahmen dieses Buchs bei Weitem überschreiten würde. Wer mehr dazu wissen möchte, der sei auf die aktuellen Lehrwerke verwiesen.

2.3   Die Gasgesetze und der Einzug des Moleküls in die Wissenschaft

Als im Jahre 1804 Alexander von Humboldt sich in Paris auf seine später so berühmt gewordenen Reisen nach Südamerika vorbereitete, gedachte er unter anderen die Frage zu bearbeiten, ob die Zusammensetzung der atmosphärischen Luft an verschiedenen Stellen der Erdoberfläche gleich oder verschieden sei. Hierüber war zu jener Zeit nichts Bestimmtes bekannt, umso weniger, als es noch, keine allgemein als zuverlässig anerkannte Methode gab, um diese Zusammensetzung genau zu bestimmen. Er wandte sich daher an C. L. Berthollet, welcher damals in Paris den Mittelpunkt der wissenschaftlichen Bestrebungen in der Chemie repräsentierte, damit dieser einen jüngeren Fachgenossen mit der Aufgabe betraute, die vorhandenen Methoden zu untersuchen und eine zuverlässige festzustellen. Berthollet empfahl zu diesem Zwecke einen noch ganz jungen Chemiker, namens Gay-Lussac (1778 bis 1850), mit dem gemeinsam Humboldt denn auch die Arbeit ausführte. Das Ergebnis war, dass von allen Methoden die von Alessandro Volta angegebene bei Weitem die zuverlässigste war. Diese besteht darin, dass man die Luft mit einem gemessenen Überschuss von Wasserstoffgas vermischt, das entstandene Knallgas zur Explosion bringt und aus der beobachteten Volumenverminderung auf den Sauerstoffgehalt schließt. Denn diese Volumenverminderung besteht aus dem Volumen des Sauerstoffs, der in Wasser übergegangen ist, plus dem des hierzu vom Sauerstoff gebundenen Wasserstoffs. Kennt man das Verhältnis, nach welchem sich beide Gase zu Wasser vereinigen, so kann man leicht den auf den Sauerstoff entfallenden Anteil berechnen und so den Sauerstoffgehalt der Luft bestimmen. Die Anwendung des Verfahrens beruhte somit auf der genauen Kenntnis jenes Verhältnisses und dies zu bestimmen, gab sich Gay-Lussac die größte Mühe. Insbesondere sah er nach, ob das Verhältnis davon abhängig war, ob Sauerstoff oder Wasserstoff im Überschuss war.

Das Ergebnis war, dass, so genau er messen konnte, exakt ein Volumen Sauerstoff mit zwei Volumen Wasserstoff sich verbindet, und zwar unabhängig von allen übrigen Versuchsbedingungen, vorausgesetzt nur, dass beide Gase unter gleichen Umständen gemessen wurden.

Die Hauptaufgabe war damit gelöst. Aber in Gay-Lussacs Geist blieb die merkwürdige Einfachheit dieser Zahl haften. War sie Zufall, oder lag hier ein allgemeineres Gesetz zugrunde?

Ein allgemeines Gesetz kann nur in dem Fall vorliegen, dass jenes einfache Verhältnis nicht auf die Umstände von Druck und Temperatur beschränkt ist, bei welchen die Gase gemessen werden. Bezüglich des Druckes war nun bereits seit Boyle bekannt, dass alle Gase, unabhängig von ihrer chemischen Beschaffenheit, die gleiche Veränderlichkeit ihres Volumens mit dem Druck zeigen; stehen also zwei Volumen bei irgendeinem Druck im Verhältnis 1:2, so stehen sie auch bei jedem anderen Druck im gleichen Verhältnis. Und bezüglich der Temperatur hatte Gay-Lussac selbst wenige Jahre vorher in seiner Erstlingsarbeit gezeigt, dass ein ganz entsprechendes Gesetz besteht: Alle Gase ändern ihren Druck oder ihr Volumen bei gleichen Änderungen der Temperatur in demselben Verhältnis. Gemäß diesen Gesetzen ist also das einfache Volumenverhältnis der gasförmigen Elemente des Wassers von Druck und Temperatur ganz unabhängig: Es bleibt das gleiche unter allen Bedingungen und somit ist das Bestehen eines allgemeinen Gesetzes sehr wahrscheinlich gemacht.

Einige Jahre später zeigte in der Tat Gay-Lussac, dass in allen damals bekannten oder zugänglichen Fällen, wo zwei oder mehr Gase sich chemisch verbinden oder sonst an chemischen Reaktionen teilnehmen, dies nach einfachen Volumenverhältnissen geschieht. Er zögerte daher nicht, ein entsprechendes allgemeines Gesetz aufzustellen und dieses hat seitdem als das Gesetz von Gay-Lussac (oder vielmehr als eines der Gesetze von Gay-Lussac, denn er hat noch mehrere Gesetze entdeckt) eine grundlegende Rolle in der chemischen Theorie gespielt.

Man muss sich vergegenwärtigen, dass damals, im ersten Jahrzehnt des neunzehnten Jahrhunderts, zwar die Entdeckungen von Richter schon vorlagen, aber noch nicht beachtet worden waren, während Daltons Atomhypothese mit ihren quantitativen Konsequenzen bezüglich der Verbindungsgewichte soeben die Aufmerksamkeit der Chemiker auf sich zu ziehen begann. Man hätte daher denken sollen, dass insbesondere Dalton diese Entdeckung als eine hocherwünschte Stütze seiner Anschauungen begrüßen würde, da sie besonders einfache Beziehungen zwischen der Anzahl der Atome und dem Volumen der Gase zu erkennen gab.

Doch hat sich Dalton weder damals, noch irgend später von der Richtigkeit des Gay-Lussacschen Gesetzes überzeugen wollen: Ein lehrreiches Beispiel zur Psychologie der Gelehrten.

Der andere Mann, dem diese Entdeckung von größter Bedeutung sein musste, war Berzelius, der soeben eifrigst mit der Prüfung der quantitativen Konsequenzen der Daltonschen Hypothese beschäftigt war und der demgemäß nach jedem Mittel griff, welches die Bestimmung der Atomgewichte fördern konnte. Dieser sah sofort die Wichtigkeit, welche das Gesetz von Gay-Lussac für die Frage hatte und versuchte, es in entsprechender Weise anzuwenden.

Hält man die beiden Tatsachen zusammen, dass erstens Gase sich nur nach Maßgabe ihrer Verbindungsgewichte vereinigen und dass zweitens sie sich nur nach einfachen Volumenverhältnissen vereinigen, so kommt man zu dem Schluss, dass wohl die Gewichte gleicher Volumen den Atomgewichten einfach proportional gesetzt werden könnten. Hierdurch wäre ein unzweideutiges Mittel gegeben, unter den möglichen Mehrfachen des Äquivalentgewichtes das eigentliche „Atomgewicht" herauszufinden. Die Atomgewichte würden sich demgemäß einfach verhalten, wie die Gewichte gleicher Gasvolumen oder wie die Gasdichten, und in gleichen Volumen der verschiedenen Gase wären gleich viele Atome vorhanden.

Da beispielsweise Sauerstoffgas 16-mal dichter ist als Wasserstoffgas, so müsste geschlossen werden, dass ein Atom Sauerstoff 16-mal schwerer war, als ein Atom Wasserstoff. Ein Atom Wasser bestand demgemäß aus zwei Atomen Wasserstoff und einem Atom Sauerstoff.

Soweit war alles sehr gut, aber beim Wasserdampf begann die Schwierigkeit. Aus einem Atom Sauerstoff und zwei Atomen Wasserstoff kann nicht mehr als ein Atom Wasser entstehen; der Wasserdampf müsste also denselben Raum einnehmen, wie der Sauerstoff, aus dem er entstanden ist. Er nimmt aber tatsächlich den Raum des Wasserstoffs, d. h. einen doppelt so großen Raum ein.

Die Annahme, dass ein Atom Wasser aus einem Atom Wasserstoff und einem halben Atom Sauerstoff bestehe, hätte diese Schwierigkeit beseitigt, aber niemand wagte sie zu machen, weil durch den Begriff des Atoms die Unteilbarkeit vorausgesetzt war. So gab

Berzelius die „Volumentheorie" auf, da gegen Tatsachen sich nichts machen lässt.

Sehr bald nach der Entdeckung dieser Schwierigkeit wurden die Wege angegeben, sie zu vermeiden, ohne mit dem Atombegriff in Widerspruch zu geraten. Es waren zwei Physiker, Amadeo Avogadro (1776 bis 1850) und André Marie Ampère (1755 bis 1836), welche unabhängig voneinander den gleichen Gedanken entwickelten. Wenn, um bei dem oben angeführten Beispiel zu bleiben, aus einem Volumen Sauerstoff zwei Volumen Wasserdampf entstehen, und man halbe Atome Sauerstoff im Wasser nicht annehmen will, so braucht man nur doppelte Atome Sauerstoff im Sauerstoffgas anzunehmen; dann kommt je ein Sauerstoffatom auf ein Atom Wasserdampf. Prüft man die anderen vorhandenen Fälle in solchem Sinne, so ergibt sich, dass es nicht nötig ist, noch verwickeltere Verhältnisse anzunehmen; die bloße Verdopplung wie im Falle des Wassers genügt, um auch alle anderen Gasreaktionen so darzustellen, dass Bruchteile von Atomen nicht vorkommen und in gleichen Volumen der verschiedenen Gase gleichviel kleinste Teilchen angenommen werden dürfen. Allerdings sind diese kleinsten Teilchen der Gase nun nicht mehr identisch mit den Atomen zu setzen, sondern man muss sie im Fall der elementaren Gase als aus Paaren gleicher Atome zusammengesetzt ansehen.

Ganz so einfach, wie ich es soeben der Kürze wegen dargestellt habe, hat sich der Gedankenprozess nicht vollzogen. Insbesondere Ampère hatte noch weitere Beziehungen, nämlich solche kristallografischer Natur, im Sinne, und um diese darzustellen, hat er nicht je zwei, sondern je vier Atome in einem kleinsten Gasteilchen angenommen. Auch waren die Benennungen, welche diesen Teilchen zum Unterschied von den Atomen gegeben wurden, schwankend. Gegenwärtig nennt man diese kleinsten Gasteilchen Moleküle, während man die kleinsten elementaren Teilchen Atome nennt.

Man hätte denken sollen, dass Berzelius diese Befreiung aus einer Schwierigkeit, die ihn an der Aufrechterhaltung der „Volumentheorie" gehindert hatte, mit Freuden hätte begrüßen sollen. Dies war nicht der Fall. Berzelius erkannte an, dass allerdings durch die Einführung des Unterschiedes zwischen Atom und Molekül jene Schwierigkeit sich heben ließ, aber er betonte, dass ein anderer Grund, jenen Unterschied zu machen, nicht vorhanden sei. Man kann mit anderen Worten eine Hypothese, wenn sie nicht in ihrer ursprünglichen Form mit den Tatsachen stimmen will, fast immer sehr leicht durch passende Nebenannahmen so abändern, dass eine Übereinstimmung wieder erreicht wird. Solche Abänderungen haben aber keine weitere Bedeutung, als dass sie die zu erklärende Tatsache in bildlicher Form nochmals aussprechen, ohne irgendwelche neuen Zusammenhänge zu ergeben. Der Bestand der Wissenschaft selbst wird also durch solche ad hoc gemachte Verbesserungen der Hypothesen nicht erweitert.

Berzelius behielt in der Tat auch praktisch recht, denn fast ein halbes Jahrhundert lang blieb der von Avogadro und Ampère gezeigte Ausweg unbenutzt. Und erst, als der von Berzelius vermisste anderweite Zusammenhang ans Tageslicht trat, wurde auch die alte Idee wieder hervorgeholt, und sie hat dann ihren Nutzen gezeigt und ihren Einfluss bis auf den heutigen Tag ausgedehnt.

Das Gebiet, wo sich der Gedanke von Avogadro und Ampère als fruchtbar erwies, war die organische Chemie. Nachdem in den beiden ersten Jahrzehnten des neunzehnten Jahrhunderts die anorganische Chemie ganz und gar im Vordergrund des wissenschaftlichen Interesses gestanden hatte, entwickelte sich, insbesondere unter dem begeisternden Einfluss Justus Liebigs (1803 bis 1873) mit außerordentlicher Geschwindigkeit die organische Chemie und nahm bald das vorwiegende Interesse in Anspruch. Täglich wurden neue Stoffe dieses Gebietes entdeckt und der rapid sich vermehrende Reichtum machte eine gute Ordnung der Schätze zur dringendsten Notwendigkeit. So wurden die Fragen nach der besten Auffassung und Anordnung der organischen Verbindungen die wichtigsten der Zeit.

Der nächstliegende Gedanke, der von Berzelius während seiner ganzen Wirksamkeit mit zäher Energie festgehalten wurde, war, die im anorganischen Gebiet ausgebildeten Begriffe auch auf das neue Reich anzuwenden. Das hieß damals, den elektrochemischen Dualismus, die Vorstellung, dass jede Verbindung binär aus einem positiven und einem negativen Bestandteil konstituiert sei, auf die organischen Verbindungen anwenden.

Diese Vorstellung hatte sich aus dem Studium der Salze ergeben, deren grundlegende Bedeutung für die Entwicklung der chemischen Anschauungen wir bereits bei den Entdeckungen Richters kennengelernt haben, und die wir im Verlauf unserer Betrachtungen noch mehrfach wiederfinden werden. Dass man zunächst die aus nur zwei Elementen zusammengesetzten Salze dualistisch auffassen kann, bedarf keines Hinweises. Bei den Sauerstoffsalzen, welche mindestens drei Elemente enthalten, entstanden bereits Schwierigkeiten. Berzelius sah diese Salze als aus einem basischen und einem sauren Oxid (dem Säureanhydrid) bestehend an und schuf so den Begriff des Radikals, d. h. eines zusammengesetzten Komplexes, welcher sich formal wie ein Element verhält, indem er ohne Änderung seiner Zusammensetzung aus einer Verbindung in die andere übergehen kann.

Dieser Begriff des Radikals war es nun, welcher auch für die organische Chemie, deren Stoffe ja meist aus mindestens drei Elementen bestehen, zunächst als Grundlage der Systematik benutzt wurde; die organische Chemie wurde sogar damals als die Chemie der zusammengesetzten Radikale definiert. Durch Gay-Lussacs eingehende und meisterhafte Untersuchung des Cyans und seiner Verbindungen war dieses schon früher als Radikal gekennzeichnet worden, welches mit den Halogenen die größte Ähnlichkeit aufwies, und dabei Beziehungen zum organischen Gebiet aufwies.

In solchem Sinne wurde der Alkohol als das Hydrat eines Kohlenwasserstoffradikals betrachtet, und es entstand die Frage, in welchem Verhältnisse der Alkohol zum Äther steht. Da man diesen durch Wasserentziehung aus dem Alkohol erhalten kann, so war die nächstliegende Auffassung die, den Äther als das erste und den Alkohol als das zweite Hydrat eines Kohlenwasserstoffs C_4H_8 aufzufassen, wie dies durch die beiden Formeln $C_4H_8(H_2O)$ und $C_4H_8(H_2O)_2$ (in moderner Schreibweise) verdeutlicht wird.

Hiergegen wurde aber geltend gemacht, dass wenn man die Formeln der beiden Stoffe auf gleiche Dampfvolumen bezieht, man im Alkohol nur halb soviel Kohlenstoffatome vorfindet, als im Äther und daher der angenommene Zusammenhang nicht richtig sein könne. Die Vertreter der Radikaltheorie erklärten dagegen, dass dies eben gegen die Berechnung der Formeln auf gleiche Dampfvolumen spreche.

Hier trat nun die berühmte Arbeit von Williamson (1824 bis 1904) ein, welche den folgenden Gedankengang zur Geltung brachte. Kommt dem Äther entsprechend den Dampfdichteverhältnissen die doppelte Formel gegenüber dem Alkohol zu, so enthält jener zwei Kohlenwasserstoffradikale gegenüber dem Alkohol, der nur eines enthält. Dann aber muss es möglich sein, einen Äther herzustellen, welcher zwei verschiedene Radikale enthält. Durch eine ausgezeichnete experimentelle Analyse der Vorgänge bei der altbekannten Ätherbildung aus Alkohol und Schwefelsäure hatte sich Williamson in den Besitz der entsprechenden Methoden gesetzt und so konnte er nachweisen, dass in der Tat solche Äther mit zwei Radikalen herstellbar sind.

Hieraus ergab sich denn der allgemeinere Schluss, dass die auf gleiche Dampfvolumen bezogenen chemischen Formeln die gegenseitigen Beziehungen und Umwandlungen der organischen Verbindungen besser darstellen als andere Formeln, und dass somit diesen Formeln eine bestimmte, methodische Bedeutung zukommt. Dies war der Augenblick, wo jene alten Begriffsbildungen (S. 100) wieder hervorgeholt wurden, zumal der Fall mit dem Äther nicht der einzige blieb, sondern noch viele andere Beispiele beigebracht wurden, die das gleiche ergaben. Der Begriff des Moleküls oder des Molekulargewichts hielt nun seinen Einzug in die Wissenschaft und hat seine Bedeutung bis heute beibehalten.

Zunächst wurde dieser Begriff ganz und gar anschaulich-atomistisch gefasst und bis auf den heutigen Tag wird in den Lehrbüchern das Molekül als die kleinste Stoffmenge definiert, welche selbstständig für sich bestehen kann. Offenbar ist diese Definition irreführend, falls man sie ihrem Wortlaute nach in erfahrungsmäßigem Sinne auffasst. Experimente über die kleinste Mengen von Stoffen, die für sich oder selbstständig existieren können, sind niemals angestellt worden, und man kann nicht sagen, ob diese kleinste Menge ein Millionstel oder ein Quadrillionstel Milligramm betragen mag. Auch zeigt die ganze Entstehungsgeschichte des Molekularbegriffes, dass es sich hier gar nicht um absolute, sondern nur um relative Zahlen handelt. In dieser Beziehung stehen die Molekulargewichte auf ganz dem gleichen Boden wie die Atomgewichte. Wir müssen somit die Frage aufwerfen: Welche Bedeutung hat der Begriff des Molekulargewichtes abgesehen von seinen hypothetischen Begleitvorstellungen?

Die Antwort lautet gemäß den eben dargelegten Verhältnissen: Stoffmengen, welche im Gaszustand unter gleichen Bedingungen gleiche Räume einnehmen, stehen in besonders einfachen chemischen Verhältnissen. Unter Benutzung der bekannten Gasgleichung $p\,v\,/\,T = r$, wo p den Druck, v das Volumen, T die absolute Temperatur und r eine Größe bedeutet, welche für eine gegebene Gasmenge konstant bleibt, im übrigen aber dieser Menge proportional ist, kann man die gleiche Tatsache noch schärfer ausdrücken. Solche Mengen verschiedener Gase nämlich, für welche r gleiche Werte hat, stehen im Verhältnis der Molekulargewichte. Bestimmt man den Wert von r z. B. für $2*16=32$ g Sauerstoff, wo 32 das willkürlich angenommene Molekulargewicht (gleich dem doppelten Atomgewicht) des Sauerstoffs ist, so erhält man das Molekulargewicht jedes anderen Gases, wenn man solche Mengen derselben nimmt, welche den gleichen Wert von r ergeben, wie 32 g Sauerstoff. Dieser Wert wird gewöhnlich mit R bezeichnet. Natürlich muss man fragen, wieso diese Konstante R dazu kommt, den merkwürdigen Zusammenhang mit den Verbindungsgewichten aufzuweisen. Die Antwort ist, dass es sich hier um einen Sonderfall eines allgemeineren Gesetzes handelt. Bestimmt man beispielsweise bei der Elektrolyse solche Mengen verschiedener Stoffe, welche mit den gleichen Elektrizitätsmengen zusammenwandern, so erhält man, wie wir später ausführlich erörtern wollen, gleichfalls chemisch vergleichbare, nämlich gemäß dem Faradayschen Gesetze chemisch äquivalente Mengen. Bestimmt man von verschiedenen Elementen solche Mengen, welche gleiche Wärmekapazität haben, so erhält man wiederum chemisch vergleichbare Mengen, nämlich die Atomgewichte. Und so gibt es noch andere Gesetze, welche aussprechen, dass wenn man solche Mengen verschiedener Stoffe aufsucht, dass gewisse Größen (die Kapazitätsgrößen der verschiedenen Energien) an ihnen gleich ausfallen, die entsprechenden Stoffmengen chemisch vergleichbar werden. Sind doch die Verbindungsgewichte selbst nichts anderes, als die Kapazitätsgrößen der chemischen Energie. Es handelt sich also um einen allgemeinen Zusammenhang der Kapazitätsgrößen der verschiedenen Energiearten an verschiedenen Stoffen, d. h. verschiedenen Energiekomplexen.

Infolge einer weitergehenden Entwicklung der atomistischen Vorstellungen, welche auch zur Veranschaulichung der Isomerieverhältnisse benutzt wurde, wie im nächsten Kapitel erörtert werden soll, haben sich die Chemiker mehr und mehr daran gewöhnt, die Atome als reale Wesen zu betrachten und demgemäss den atomistisch veranschaulichten Molekularbegriff als denjenigen zu benutzen, der für die Darstellung der chemischen Erfahrungen und Theorien am geeignetsten ist. —

Während also im Sinne der atomistischen Hypothese die Molekularformeln so geschrieben werden müssen, dass keine Bruchteile von Atomen vorkommen, weil es solche gemäss der Hypothese nicht gibt, lautet diese Bedingung in hypothesenfreier Gestalt, dass beim Schreiben von Molekularformeln Bruchteile von Verbindungsgewichten vermieden werden sollen. Dies ist natürlich eine ganz willkürliche Bestimmung und wir könnten vom allgemeinen Standpunkt aus ganz wohl die Molekularformel, oder wie wir zur Hervorhebung des Unterschiedes sagen können, die Molarformel des Sauerstoffs und Wasserstoffs O und H schreiben. Dies würde nur die Folge haben, dass die Molarformel des Wassers $HO^{1/2}$ geschrieben werden müsste, um sie auf ein gleiches Volumen zu beziehen, wogegen nichts einzuwenden ist, wenn wir O und H nur als Bezeichnungen für die Verbindungsgewichte der fraglichen Elemente ansehen. Man würde sogar den Vorteil haben, dass Verbindungsgewicht und Molargewicht unserer typischen Elemente, des Sauerstoffs, Wasserstoffs usw. gleich groß sein würden. Jeder Lehrer weiß, welche Schwierigkeiten es dem Anfänger zu bereiten pflegt, wenn er lernen soll, dass zwar die Atomgewichte auf $O = 16$, die Molekulargewichte aber auf $O = 32$ bezogen werden müssen. Indessen ist die Scheu vor Bruchteilen von Atomen viel zu groß und allgemein, als dass ich daran denken könnte, nicht etwa solch einen Vorschlag zu machen, sondern auf seine Durchführung zu hoffen.

Wie erwähnt, erweist sich die bloße Verdopplung der Verbindungsgewichte der Elemente Sauerstoff, Wasserstoff usw. als ausreichend, um Molekularformeln zu erhalten, die sich auf gleiche Volumen in Gasgestalt beziehen und dabei keine Bruchteile von Atomen erforderlich machen. Allerdings schien dies Ergebnis einige Zeit hindurch bedroht; doch ließ sich der Widerspruch befriedigend auflösen und dieser Erfolg hat gleichfalls nicht wenig zur Verbreitung der Molekularhypothese beigetragen.

Als nämlich die vorhandenen Dampfdichtemessungen im Sinne der Molekularhypothese bearbeitet wurden, erwies sich, dass eine ganz bestimmte Gruppe von Stoffen, nämlich die Ammoniaksalze, sich nicht fügen wollten. Für Chlorammonium wurde beispielsweise eine Dampfdichte gefunden, die nicht zu dem der Formel NH_4Cl entsprechenden Molekulargewicht 53,5 führte, sondern zu einem etwa halb so großen. Aber kaum war von den Gegnern der Molekularhypothese dieser Widerspruch aufgezeigt worden, als auch von verschiedenen Seiten auf eine mögliche Beseitigung desselben hingewiesen wurde. Man brauchte nämlich nur anzunehmen, dass der Dampf des Chlorammoniums nicht die unzersetzte Verbindung enthält, sondern ein Gemenge von Chlorwasserstoff- und Ammoniakgas, um die beobachtete Erscheinung zu erklären. Denn bei dieser Zersetzung geht ein Molekül in zwei über und daher ist das Volumen verdoppelt und die Dichte auf die Hälfte herabgesetzt. Die Gegner gaben die Möglichkeit zu, wiesen aber mit Recht darauf hin, dass der Beweis noch ausstehe und von denen geführt werden müsse, welche diese bisher nicht angenommene Zersetzung behaupten.

Hier machte sich nun die Schwierigkeit geltend, an einem homogenen Gas zu ermitteln, ob es einheitlich oder ein Gemisch, genauer eine Lösung ist. Gewöhnlich wird ein solcher Nachweis geführt, indem man das Gas in flüssige oder feste Form überführt, und dabei nachsieht, ob dieser Übergang bei konstantem Druck und konstanter Temperatur erfolgt oder nicht; im ersten Falle hat man es mit einem einheitlichen Stoffe, im zweiten mit einer Lösung zu tun. In dem vorliegenden Falle war bekannt, dass sich der Salmiakdampf unter konstantem Druck zu einheitlichem festem Salmiak verdichtet; dies konnte aber auch daher rühren, und dieser Gesichtspunkt wurde geltend gemacht, dass im Augenblick der Verdichtung die beiden Gase sich verbinden. Es blieb also nur übrig, die Lösungsnatur des vorliegenden Dampfes nachzuweisen, ohne dass dieser den Gaszustand aufzugeben brauchte.

Dies Problem wurde von Pebal gelöst, welcher die ungleiche Geschwindigkeit der Diffusion der verschiedenen Gase hierzu benutzte. Besteht Salmiakdampf aus Ammoniak und Chlorwasserstoff, so muss zufolge eines experimentellen Gesetzes das leichtere Ammoniak schneller durch eine poröse Wand fortwandern, als der schwerere Chlorwasserstoff, und der Dampf muss seine Zusammensetzung ändern, während er im anderen Falle seine Zusammensetzung beibehalten muss. Pebal zeigte, dass beim Diffundieren durch eine poröse Wand von Asbest in der Tat der Rückstand des Salmiakdampfes sauer, der fortgehende Anteil basisch reagierte, genau den Erwartungen gemäß.

Hiergegen wurde wieder geltend gemacht, dass die Scheidewand von Asbest zersetzend auf den Salmiakdampf wirken könne, und Pebal wiederholte daher den Versuch mit einer Scheidewand aus Salmiak, der man dies nicht nachsagen konnte; der Erfolg war der gleiche. Ebenso wurde von anderer Seite gezeigt, dass bei freier Diffusion ohne jede Scheidewand ganz dasselbe Ergebnis erreicht wurde. Die Gegner ließen aber nicht so leicht locker. Sie machten wieder geltend, dass die Diffusion selbst die Zersetzung bewirken könne. Hiergegen wurde wieder mit Recht gesagt, dass die Trennung durch Diffusion darauf beruht, dass die beiden vorhandenen Gase verschiedene Diffusionsgeschwindigkeit haben; solange die chemische Zersetzung also nicht stattgefunden hat, können auch die Eigenschaften der durch die Zersetzung entstehenden Stoffe sich nicht betätigen. Aber die Gegner erklärten wieder, dass sie eine ganz kleine Spaltung zuzugeben bereit seien; da durch die Diffusion die vorhandenen Anteile der getrennten Gase immer wieder fortgeführt würden, so könnte schließlich ein erheblicher Spaltungseffekt erzielt werden, wie er durch den Versuch nachgewiesen worden war.

Hierauf mussten die Verteidiger der Molekularhypothese die Antwort zunächst schuldig bleiben, da ein Mittel, den Betrag der Spaltung hier zu messen, eben nicht zur Hand war. Doch konnte an einem anderen Beispiel, nämlich dem Chloralhydrat, etwas wie eine solche Messung beigebracht werden. Dieses zeigt gleichfalls eine zu kleine Dampfdichte, und hier war ein Zerfall in Wasser und Chloral angenommen worden. Wenn nun der Chloralhydratdampf hiernach zur Hälfte aus Wasserdampf besteht, so kann ein wasserhaltiges Salz in ihm nicht verwittern (vorausgesetzt, dass sein Wasserdampfdruck kleiner ist, als die Hälfte vom Dampfdruck des reinen Wassers), während im anderen Fall der Dampf ein trockener Dampf ist, welcher Verwitterung verursachen muss.

Dies war eine ganz richtige und der Zeit (es handelt sich um die sechziger Jahre des 19. Jahrhunderts) weit voraneilende Überlegung. Leider kam sie nicht so zur Geltung, wie sie es verdient hätte, denn während Würtz, der diesen Gedanken ausgesprochen hatte, bei dem entsprechenden Versuch das Verhalten des Chloralhydratdampfes gleich dem eines feuchten Dampfes fand, behaupteten die Gegner, das Gegenteil beobachtet zu haben. So blieb die Sache damals anscheinend unentschieden; die Gegnerschaft war aber inzwischen auf eine einzige Gruppe von Chemikern zusammengeschrumpft, sodass es als nicht sehr dringlich angesehen wurde, für deren Bekehrung (die ohnehin hoffnungslos erschien) noch besondere Anstrengungen zu machen. Anfang des 20. Jahrhunderts ist indessen auch die letzte Lücke in sehr glücklicher

Weise ausgefüllt worden, und zwar durch Anwendung ganz fernliegender Tatsachen. Es hatte sich herausgestellt, dass viele Gase, deren Bereitwilligkeit, miteinander zu reagieren, aus der täglichen Laboratoriumspraxis wohlbekannt war, diese Bereitwilligkeit einbüßten, wenn man sie vorher sehr sorgfältig vom Wasserdampf befreit hatte. Dies konnte darauf zurückgeführt werden, dass Wasserdampf unter diesen Umständen als ein Katalysator wirkt, d. h., dass er die Wechselwirkung, die bei trockenen Gasen außerordentlich langsam erfolgt, erheblich beschleunigt. Wenn der Salmiak, der in Dampf verwandelt werden soll, vorher so vollkommen als möglich vom Wasser befreit ist (die Apparate müssen selbstverständlich gleichfalls mit äußerster Sorgfalt getrocknet werden), so zerfällt er beim Verdampfen so langsam, dass man bequem seine normale Dichte beobachten kann. Ebenso verbindet sich ein Gemenge von Chlorwasserstoff und Ammoniak in trockenem Zustand bis zur Unmerklichkeit langsam, entsprechend der Forderung der Theorie, dass bei katalytischen Beeinflussungen beide Vorgänge, die Verbindung wie die Zerlegung, in gleichem Sinne beschleunigt, bezw. verzögert werden.

Eine andere Frage, die hier unmittelbar sich aufwirft, ist die nach der Genauigkeit des Gay-Lussacschen Gesetzes. Während nämlich das Gesetz der Verbindungsgewichte (und ebenso das Faradaysche Gesetz) sich als so genau erwiesen hat, dass Abweichungen davon bisher überhaupt nicht mit Sicherheit haben nachgewiesen werden können, ist das Gesetz von Dulong und Petit nur eine sehr grobe Annäherung und es erweist sich allgemein, dass die verschiedenen Gesetze über die Erhaltung der Kapazitätsgrößen ganz verschiedene Annäherungen an die Erfahrungen darstellen. Nun ist es bekannt, dass das allgemeine Gasgesetz nicht genau für wirkliche Gase gilt; alle diese zeigen nämlich individuelle Abweichungen von den einfachen, durch die Gleichung $p\,v\ =\ R\,T$ dargestellten Verhältnissen. Dieser Gleichung entspricht also nicht ein wirkliches, sondern nur ein ideales Gas, und damit scheint auch das Schicksal des Gay-Lussacschen Gesetzes besiegelt zu sein: Es ist für wirkliche Gase nur ein Annäherungsgesetz oder ein Grenzgesetz.

Ganz hoffnungslos ist indessen die Angelegenheit noch nicht und gerade das letzte Wort Grenzgesetz deutet auf den Punkt, wo man etwa noch eine Aussicht auf die Geltendmachung des genauen Gesetzes hätte. „Grenzgesetz" besagt, dass das Gesetz um so genauer gültig ist, je mehr man sich einer gewissen Grenze nähert, und dass bei Erreichung dieser Grenze das Gesetz ganz genau gültig wäre. Allerdings kennen wir von der Mathematik her eine sehr unangenehme Eigenschaft solcher Grenzen: Sie pflegen nämlich in der Unendlichkeit zu liegen und daher unerreichbar zu sein. In unserem Falle gestaltet sich die Sache ganz ähnlich: wir wissen nämlich, dass die Gase um so genauer dem einfachen Gasgesetz gehorchen, je kleiner ihr Druck und je größer daher ihr Volumen ist. Bei unendlich kleinem Druck würde sich jedes Gas wie ein ideales verhalten. Die Temperatur hat dagegen keinen erheblichen und insbesondere keinen einseitigen Einfluss auf die Gültigkeit der Gasgesetze; so lassen wir sie beiseite.

Nun braucht allerdings eine physikalische Unendlichkeit durchaus nicht mit einer mathematischen zusammenzufallen. Eine mathematische Rechnung kann man zu jedem beliebigen Grade der Annäherung ausführen und daher wird jedes Mal, wo wir im Endlichen damit stehen bleiben, ein angebbarer Fehler nachbleiben. Wenn dieser auch noch so klein gemacht werden mag, so bleibt er doch immer von endlicher, d. h. angebbarer Größe. Bei physikalischen Messungen gibt es aber eine Fehlergrenze; was kleiner ist, als der kleinste Unterschied, den wir noch beobachten können, ist für uns praktisch gleich null geworden, denn wir wissen nicht, ob es vorhanden, und wenn, wie groß es ist; wir wissen nur, dass es jedenfalls kleiner ist, als ein gewisser Wert. Somit verschiebt sich unsere Frage dahin: Gibt es experimentell erreichbare Zustände, in denen die Abweichungen vom Gasgesetz kleiner sind, als die Messungsfehler?

Die Antwort hierauf lautet zweifellos Ja; sie ist indessen zunächst mit einem Aber behaftet, welches ihr einen großen Teil ihres Wertes zu nehmen scheint. Je kleiner nämlich der Druck wird und je mehr sich daher das Gas dem idealen Grenzzustand annähert, um so geringer wird auch die Genauigkeit unserer Druckmessungen und wir wissen daher nicht ganz, ob das Verschwinden der Abweichungen bei kleinen Drucken daher rührt, dass die Abweichungen klein genug, oder daher, dass die Versuchsfehler groß genug geworden sind.

Hier gibt es nun aber noch einen anderen Weg, der uns näher an unser Ziel führt. Die wirklichen Gase zeigen zwar Abweichungen vom einfachen Gasgesetz, aber eben nur Abweichungen, und ihr Verhalten ist im Großen und Ganzen doch dem Gesetz entsprechend. Man kann daher ihr wirkliches Verhalten ganz genügend darstellen, wenn man zu dem einfachen Gasgesetz ergänzende Glieder fügt, welche diese Abweichungen ausdrücken, und welche demgemäß die Eigenschaften haben, bei unbegrenzt kleinen Drucken und unbegrenzt großen Volumen gegen null auszulaufen. Passt man eine solche Gleichung dem Verhalten eines wirklichen Gases an, und lässt Druck und Volumen gegen null, bezw. unendlich auslaufen, so stellt der übrig bleibende Ausdruck nicht nur das Verhalten eines allgemeinen Idealgases dar, sondern das des wirklichen im Grenzfall kleinsten Druckes und größten Volumens. Die Frage lautet dann: Gehorchen diese einzelnen idealen Gase dem Gesetz von Gay-Lussac innerhalb der Grenzen der Messung oder nicht? Hier kann man die Messungen unter den günstigsten Umständen ausführen und daher die Genauigkeit so weit treiben, als es die technischen Hilfsmittel der Zeit gestatten, und man kann daher die Gültigkeit des Gay-Lussacschen Gesetzes einer sehr weitgehenden Prüfung unterziehen.

Um eine Vorstellung zu haben, wie diese Prüfung ausgeführt wird, erinnern wir uns des Ausdruckes für das Gesetz von Gay-Lussac, dass nämlich die Konstante R der Gasgleichung $R = p\,v\,/\,T$ für chemisch vergleichbare Mengen verschiedener Gase den gleichen Wert annimmt. Dieser Wert ist nun aber praktisch für verschiedene Gase etwas verschieden, je nachdem diese mehr oder weniger von dem Gasgesetz abweichen; ja er ist für dasselbe Gas verschieden je nach dem Druck, unter dem es steht, da wie bekannt mit steigendem Druck die Abweichung von dem Gasgesetz zunimmt. Nun können wir aber die oben erwähnten Verbesserungen an dem Gasgesetz anbringen und die entsprechende, vom Einfluss des Druckes und Volumens befreite Konstante R berechnen; diese müsste dann, falls das Gesetz von Gay-Lussac streng gilt, für verschiedene Gase gleich ausfallen, wenn man sie auf chemisch vergleichbare Mengen dieser Gase bezieht, da diese Mengen unabhängig von allen Gasmessungen durch die Verbindungsgewichte, bezw. deren Mehrfachen gegeben sind.

Von allen Formeln, die das Verhalten der wirklichen Gase darstellen sollen, ist am bekanntesten und erfolgreichsten die von Van der Waals gewesen. Sie beruht darauf, dass man sowohl am Volumen wie am Druck des Gases, wie diese experimentell gemessen worden sind, gewisse Korrekturen anbringt. Einerseits verhalten sich nämlich die Gase, besonders deutlich bei starkem Druck, so, als unterläge nicht ihr ganzes Volumen dem Boyleschen Gesetz, sondern nur ein Teil des gemessenen Volumens, während ein anderer Anteil praktisch inkompressibel ist. Ist daher v wie bisher das ganze Volumen, so wird der dem Boyleschen Gesetz unterworfene Anteil dargestellt werden durch die Differenz v − b, wo b der eben erwähnte inkompressible Volumenanteil ist.

Ferner verhalten sich die Gase so, als wirke auf sie neben dem äußeren Druck, der mittelst des Manometers gemessen wird, ein von ihrer Natur unzertrennlicher Druck, der sich als „Binnendruck'" jenem äußeren Druck hinzufügt. Dieser Druck erweist sich als in hohem Maße abhängig vom Gesamtvolumen, indem er sehr schnell zunimmt, wenn das Volumen kleiner wird. Die Annahme, dass der Binnendruck umgekehrt proportional dem Quadrat des Volumens ist, hat sich als eine in vielen Fallen genügende Annäherung ergeben. Wir haben demgemäß anstelle des äußeren Drucks p in die Gasgleichung die Summen dieses Druckes und des Binnendruckes $p + a/v^2$ zu setzen, wo a eine Konstante, nämlich der Wert des Binnendruckes bei dem Volumen eins ist.

Setzen wir diese beiden verbesserten Werte in die Gasgleichung ein, so erhalten wir den Ausdruck $(p+a/v^2)\,(v-b)=RT$. Durch Messungen an einem Gas bei verschiedenen Drucken und Volumen erhalten wir die Grundlagen zur Berechnung der beiden Konstanten a und b; indem wir deren Werte in die obenstehende Gleichung einsetzen, können wir R, bezogen auf je ein „Molekulargewicht" (d. h. auf das Verbindungsgewicht oder ein Mehrfaches desselben) der verschiedenen Gase berechnen und nachsehen, ob wir innerhalb der Fehlergrenzen gleiche Werte von R für verschiedene Gase erhalten.

Rechnungen solcher Art sind Anfang des 20. Jahrhunderts mehrfach ausgeführt worden, und sie haben zu dem Ergebnis geführt, dass das Gesetz von Gay-Lussac für die auf den idealen Grenzzustand bezogenen Gase wirklich so genau gilt, als es geprüft werden kann.

Hierdurch werden wir zu der allgemeinen Ansicht geführt, dass auch die anderen ähnlichen Gesetze, soweit sie sich bisher nicht als genau erwiesen haben, durch eine entsprechende Bearbeitung, welche den veränderlichen Anteil der fraglichen Größe von dem unveränderlichen sondert, gleichfalls in genaue Gesetze übergeführt werden könnten. —

Die übliche mechanisch-atomistische Auffassung des Molekularbegriffes zeigt sich nirgends deutlicher, als in den beständig wiederkehrenden Fragen nach der Molekulargröße flüssiger und fester Stoffe. Solange man bei der rein erfahrungsmäßigen Beziehung des Molekularbegriffes zum Gay-Lussacschen Gesetz der Gasvolumen bei chemischen Verbindungen bleibt, kann natürlich von einem Molekulargewicht bei nicht gasförmigen Stoffen überhaupt nicht die Rede sein, da für solche ein ähnliches Gesetz nicht besteht. Trotzdem finden wir die chemische Literatur nach der Entstehung des Molekularbegriffes angefüllt mit Spekulationen, welche jene Ausdehnung des Begriffes ermöglichen sollten; sie sind zunächst alle ergebnislos geblieben, wie dies gemäß der allgemeineren Auffassung natürlich nicht anders sein konnte.

Erst im vorletzten Dezennium des neunzehnten Jahrhunderts entstand eine Möglichkeit, auf rationelle Weise Molekulargrößen oder Molargrößen in Flüssigkeiten zu bestimmen; allerdings nicht solche von reinen Flüssigkeiten, wohl aber von gelösten Stoffen. Dies geschah durch die Entdeckung J. H. van 't Hoffs, dass in verdünnten Lösungen für die gelösten Stoffe die gleichen Gesetze Geltung haben, wie für Gase. Ebenso nämlich, wie jedes Gas einen jeden Raum, der ihm zur Verfügung steht, gleichförmig anzufüllen bestrebt ist und nicht eher sich zu bewegen aufhört, als bis eine solche gleichförmige Verteilung eingetreten ist, so ist auch jeder gelöste Stoff bestrebt, sich in seinem Lösungsmittel solange auszubreiten, bis er überall die gleiche Konzentration angenommen hat. Ein Gas betätigt sein weiteres Ausdehnungsbestreben über den eingenommenen Raum hinaus durch den Druck. Van 't Hoff wies nach, dass auch für gelöste Stoffe ein ganz analoger Druck besteht, der sich nur unter gewöhnlichen Umständen nicht leicht geltend macht. Die Voraussetzung ist nämlich, dass die Lösung vom weiteren Lösungsmittel durch eine Wand abgeschlossen ist, die dem gelösten Stoffe keinen Durchgang gestattet, wohl aber dem Lösungsmittel. Denn das Lösungsmittel spielt dem gelösten Stoffe gegenüber in dieser Beziehung die Rolle des Raumes bei Gasen. Bei diesen kommt der Druck zustande, wenn das Gas gegen den übrigen Raum durch eine Wand abgeschlossen ist, die das Gas nicht durchlässt, wohl aber den Raum, d. h. die beweglich ist.

Dass wirklich solche Bedingungen geschaffen werden können, wie sie eben als notwendig für die Beachtung des Druckes gelöster Stoffe bezeichnet wurden, hatte bereits lange vorher Wilhelm Pfeffer

Abb. 2.6: Van 't Hoff (links) mit dem Autor Wilhelm Ostwald im Labor. Beide Wissenschaftler sind Nobelpreisträger der Chemie.

gezeigt. Dieser hatte an Pflanzenzellen gelegentlich die Entstehung auffällig starker Drucke durch die Einwirkung von reinem Wasser beobachtet und hatte sich bemüht, die Natur dieser Drucke kennenzulernen, d. h. sie unter Bedingungen zu beobachten, unter denen ihr Zustandekommen vom Willen des Experimentators abhängt. Auf Grundlage noch älterer Versuche von Moritz Traube über Niederschlagsmembranen (die gleichfalls zur Aufklärung biologischer Erscheinungen unternommen worden waren) gelang ihm die Herstellung künstlicher Zellen, welche die Werte solcher osmotischer Drucke zu messen gestatten, und er konnte die hier maßgebenden Gesetze feststellen.

Wenn man nämlich die Lösung eines Stoffes, der mit einem anderen einen Niederschlag bilden kann, in eine Lösung dieses anderen Stoffes mit der Vorsicht bringt, dass sich beide Flüssigkeiten nicht vermischen, so entsteht der Niederschlag nur an der Berührungsfläche der beiden Flüssigkeiten und hüllt die innere in einen aus dem Niederschlag bestehenden Sack ein. Dieser lässt jene beiden Stoffe nicht mehr durch, denn jede Öffnung, durch welche einer von ihnen durchtreten wollte, wird von dem dort entstehenden Niederschlag verstopft. Je nach der Natur des Niederschlages entsteht nun entweder eine grobe Mauer oder eine zarte Haut. Im letzteren Falle gestattet die Niederschlagsmembran noch verhältnismäßig leicht den Durchgang des Wassers, während nicht nur die membranbildenden Stoffe, sondern auch viele andere nicht durchgelassen werden.

Wie man sieht, erfüllt eine Niederschlagsmembran solcher Art die oben gestellte Bedingung. Sie ist nur, wenn sie nach der Weise von Traube dargestellt wird, äußerst zart und zerreißbar und eignet sich nicht zu Druckmessungen, eben weil sie keinen Druck aushält. Diese Schwierigkeit überwand Pfeffer, indem er die Membran im Innern einer porösen Tonzelle entstehen ließ; das Tongerüst verhinderte dann das Zerreißen der Membran. So ermittelte er, dass der Druck, der sich in einer solchen Zelle ausbildet, wenn sie mit einer bestimmten Lösung ausgefüllt ist und in reines Wasser gesetzt wird, der Konzentration dieser Lösung proportional ist, und im Übrigen sehr von der chemischen Beschaffenheit des gelösten Stoffes abhängt: Kristalloide gaben hohe, Kolloide geringe Drucke. Auch stieg der Druck mit der Temperatur.

Diese Tatsachen blieben in der Literatur der Pflanzenphysiologie verborgen. Zwar hatte Pfeffer in Bonn und Tübingen seine physikalischen bezw. chemischen Kollegen für die Erscheinung zu interessieren versucht, aber ohne Erfolg. Der Physiker wollte nicht daran glauben, und als ihm der Versuch gezeigt wurde, reagierte er nur durch ein schweigendes Kopfschütteln. Warum der Chemiker die Sache nicht aufnahm, weiß ich nicht. Auf einem gemeinsamen Spaziergange mit seinem botanischen Kollegen erfuhr van 't Hoff zufällig von diesen merkwürdigen Erscheinungen und in seinem Geist stellten sich die früher vergeblich gesuchten Zusammenhänge her.

Van 't Hoff zeigte nämlich an den Messungen Pfeffers, dass die Abhängigkeit des osmotischen Druckes von der Temperatur und dem Volumen formal genau mit der entsprechenden Abhängigkeit des gewöhnlichen Druckes bei Gasen übereinstimmt. Es besteht somit für gelöste Stoffe das Druckgesetz von Boyle und das Ausdehnungsgesetz von Gay-Lussac. Ferner aber wies er nach, dass der osmotische Druck, den z. B. eine bestimmte Zuckerlösung gegen reines Wasser ausübt, zahlenmäßig übereinstimmt mit dem Druck, den die gleiche Zuckermenge ausüben würde, wenn sie sich bei gleicher Temperatur in dem gleichen Raum als Gas oder Dampf befinden würde. Es gilt mit anderen Worten für den gelösten Zucker das Gasgesetz $pv = RT$, und zwar in solcher Gestalt, dass für chemisch vergleichbare Mengen die Konstante R den gleichen Wert annimmt, wie für Gase. Dieser Schluss, der zunächst auf den nicht eben zahlreichen Messungen Pfeffers beruhte, wusste van 't Hoff in sehr weitem Umfange zu stützen, indem er nachwies, dass jede Operation, durch welche einer Lösung das Lösungsmittel in berechenbarer Weise entzogen wird, auch zur Bestimmung der Konstanten R verwertet werden kann. Hierher gehören insbesondere die Veränderungen des Gefrier- und Siedepunktes von Lösungen. Über diese hatte kurz vorher F. M. Raoult eine Anzahl von Gesetzen aus seinen vielfältigen Beobachtungen abgeleitet; van 't Hoff konnte zeigen, dass diese Gesetze (mit Ausnahme eines einzigen, das sich später als irrtümlich erwies) aus seinem Grundgesetz abgeleitet werden können. So waren alle die vielen Messungen Raoults ebenso viele Bestätigungen der Theorie van 't Hoffs geworden.

Wie man sieht, liegt hier eine vollkommen legitime Erweiterung des Molarbegriffes vor, da genau die gleiche hypothesenfreie Definition für die Molargröße eines gelösten Stoffes wie für die eines gasförmigen Stoffes gegeben werden kann. Es ist wiederum die Stoffmenge, welche im gelösten Zustande einen bestimmten Wert der Konstanten R ergibt. In der Tat hat sich erwiesen, dass (mit gewissen Ausnahmen, die inzwischen alle ihre Aufklärung gefunden haben), die an Lösungen bestimmten Molargrößen, mit den an Dämpfen bestimmten übereinkommen, soweit letztere zugänglich sind. Gleichzeitig war aber die Möglichkeit, Molargewichte zu bestimmen, ungemein erweitert worden, da fast ein jeder Stoff in irgendeinem Lösungsmittel aufgelöst werden kann, während nur eine verhältnismäßig kleine Anzahl von Stoffen unzersetzt verdampfbar ist. Die auf solche Weise gefundenen neuen Molargewichte erwiesen sich ganz ebenso brauchbar für die chemische Systematik, wie die aus den Dampfdichten abgeleiteten, und so fügten sich die auf dem Boden der Theorie des osmotischen Druckes gewonnenen Ergebnisse naturgemäß in die vorhandenen Beziehungen ein.

Auch hat van 't Hoff seine Anschauungen auf den festen Zustand auszudehnen gewusst, und grundsätzlich wird man solchen Stoffen, die in Gestalt einer verdünnten Lösung in einem festen Gebilde verteilt sind, auch eine bestimmte Molargröße zuschreiben können.

Allerdings ist hier die Schwierigkeit sehr groß, zu genauen Messungen zu gelangen. Soweit man es übersehen kann, sind auch die Molargrößen in festen Lösungen von denen in Gasen und Flüssigkeiten beobachteten nicht verschieden. Insbesondere hat die früher fast allgemein angenommene Ansicht (die sich allerdings auf keinerlei unzweideutige Tatsachen stützen konnte), dass im festen Zustand die Atome vielfach zusammengesetzte Moleküle bilden, keinerlei Bestätigung gefunden.

Alle diese Bestimmungen von Molargrößen beziehen sich auf solche Stoffzustände, bei denen verhältnismäßig wenig wägbare Substanz mit einem großen Raum verbunden ist. Bei Gasen ist dies unmittelbar ersichtlich. Bei Lösungen stimmen die Gesetze des osmotischen Druckes um so genauer, je verdünnter die Lösungen sind, je größer mit anderen Worten das Volumen des gelösten Stoffes ist. Über die Molargröße konzentrierter Lösungen oder gar des Lösungsmittels sagen alle diese Messungen nichts aus. Es gelten mit anderen Worten die Gasgesetze nur von einer gewissen Dichte ab für kleinere Dichten, nicht aber für größere. Für solche nimmt der Einfluss des Binnendruckes (S. 111) so stark zu, namentlich da er mit dem Quadrat der Dichte wächst, dass von einer Geltung des Gasgesetzes bald nicht mehr die Rede sein kann.

Nun bietet sich hier derselbe Weg an, welcher bei den Gasen beschritten worden ist, um die strenge Geltung des Gay-Lussacschen Volumengesetzes zu prüfen (S. 111): Man kann versuchen, auch bei konzentrierten Lösungen die Abweichungen in einen Zweck entsprechenden Ausdruck zu fassen und an den beobachteten Größen die daraus folgenden Korrekturen anzubringen. Der Weg ist mehrfach beschritten worden, ohne indessen bisher zu einem erheblichen Erfolg zu führen. Das Problem ist in der Tat hier bedeutend verwickelter als bei Gasen, weil man es hier mit den spezifischen Eigenschaften zweier verschiedener Stoffe, des gelösten Stoffes und des Lösungsmittels zu tun hat, wodurch die Anzahl der Koeffizienten in der entsprechend verwickelteren Gleichung stark wächst. Auch gelangt man bei Lösungen bald in solche Konzentrationen, dass die zugehörigen osmotischen Drucke sich nach Tausenden von Atmosphären beziffern: Ein Gebiet, das bei Gasen nur wenig zugänglich ist und daher nur selten betreten wird.

So glänzend und folgenreich diese Gedankenreihe sich für zahlreiche Gebiete der Chemie erwiesen hat, in einer Richtung hat sie nur Enttäuschungen gebracht. Das Verhalten der Gase war im letzten Drittel des neunzehnten Jahrhunderts durch eine Hypothese dargestellt worden, welche damals eine so allgemeine und rückhaltlose Annahme erfuhr, dass sie noch Anfang des 20. Jahrhunderts von vielen praktisch wie die Wirklichkeit angesehen und behandelt wurde, wenn auch die Entwicklung der erkenntnistheoretischen Kritik schon dahin gewirkt hat, dass man sozusagen amtlich jene Hypothese für ein bloßes Bild erklärt. Es ist dies die kinetische Hypothese, nach welcher die Gase als aus kleinen, elastischen Teilchen bestehend angesehen werden, welche in geschwinder geradliniger Bewegung durcheinander schießen. Hierdurch konnte einerseits der Druck der Gase als die Folge der Stöße, welche sie auf diese Teilchen auf die Wände ausüben, erklärt werden, anderseits ergab sich eine gute Veranschaulichung der Diffusion. Es lag natürlich äußerst nahe, diese Teilchen mit den Molekülen zu identifizieren und in der Tat kann man unter sehr plausiblen Annahmen aus der kinetischen Hypothese zu dem Schlusse gelangen, dass in gleichen Volumen verschiedener Gase gleich viele solche Teilchen oder Moleküle vorhanden sind, Druck und Temperatur als gleich vorausgesetzt, wie dies die Molekularhypothese verlangt.

Auf die Bedeutung der kinetischen Hypothese für die Physik will ich hier nicht eingehen; für die Chemie hat sie außer der Veranschaulichung des Molekularbegriffes nichts Erhebliches geleistet. Zwar findet man zahllose Anwendungen in der Gestalt, dass man von den Bewegungen der Moleküle wie von einer bekannten Tatsache spricht; aber irgendwelche gesetzmäßigen Beziehungen zwischen messbaren Größen haben sich hieraus nicht ergeben.[14]

Bei der großen Beliebtheit, deren sich die kinetische Hypothese erfreut, erschien die Erweiterung der Gasgesetze durch van 't Hoff auch als eine willkommene Erweiterung des Anwendungsgebietes der kinetischen Hypothese, und man zögerte nicht, auch den osmotischen Druck als die Folge der Stöße des gelösten Stoffes gegen die halbdurchlässige Scheidewand anzusehen. Indessen hat jeder ernsthaftere Versuch, diesen hypothetischen Vorgang den Gesetzen der Mechanik zu unterwerfen, auf unlösbare Wider-

---

14   Um jeden Schein von Ungerechtigkeit zu vermeiden, will ich noch erwähnen, dass das Gesetz der chemischen Massenwirkung durch kinetische Betrachtungen mit dem gleichen Ergebnis abgeleitet werden kann, wie man es aus der Beobachtung bezw. der Energetik erhält. Indessen ist dies Resultat bereits dadurch gegeben, dass die kinetische Hypothese eine Darstellung des Gasgesetzes gestattet, die der Erfahrung entspricht. Das Massenwirkungsgesetz kann als eine unmittelbare Folge dieses Umstandes angesehen werden.

sprüche geführt, sodass sich der Entdecker der osmotischen Gesetze zu der Erklärung veranlasst sah, er kümmere sich nicht darum, wie der osmotische Druck im Sinne der kinetischen Hypothese zustande kommt, sondern nur darum, wie groß er ist, und welchen Gesetzen er folgt. —

Erst Anfang des 20. Jahrhunderts konnte man einiges auch von Molekulargewichten einheitlicher flüssiger Stoffe hören und es ist daher schließlich von Interesse, sich klar zu machen, um welche Dinge es sich hier handelt. So ist z. B. durch Eötvös und Ramsay ein Verfahren entwickelt worden, mittelst Messung der Oberflächenspannungen reiner Flüssigkeiten deren Molekulargewichte zu bestimmen. Ebenso ließen sich Messungen über Verdampfungswärmen und die van der Waalsschen Konstanten (S. 111) in gleicher Weise verwerten. Was bedeuten diese Methoden im Sinne unserer hypothesenfreien Betrachtungsweise?

Die Antwort ergibt sich auf Grundlage der früher (S. 104) angestellter Betrachtungen. Es ist bereits darauf hingewiesen worden, dass eine ganze Anzahl verschiedenartiger Eigenschaften eine unmittelbare Beziehung zu den Verbindungsgewichten zeigt, dergestalt dass um gleiche Werte dieser Eigenschaft zu ergeben, solche Mengen verschiedener Stoffe betrachtet werden müssen, welche chemisch vergleichbar sind. Man gelangt auf solche Weise also entweder zu den Verbindungsgewichten oder zu rationalen Vielfachen bezw. Bruchteilen derselben. Nun erweisen sich jene Methoden der sogenannten Molekulargewichtsbestimmung an Flüssigkeiten bei genauerer Prüfung als auf der Bestimmung solcher Eigenschaften beruhend; die Größen, die man erhält, sind somit gar keine Molekulargewichte im strengen Sinne, da sie nicht auf dem Gasgesetze beruhen. Sie sind andere stöchiometrische Größen, welche nur in jedem Falle einfache Verhältnisse zu den Verbindungsgewichten aufweisen. Da man bereitwillig ist, bei reinen Flüssigkeiten Polymerisation nach Bedarf anzunehmen, so kann man leicht jene Zahlen als Molekulargewichte auffassen. Man stellt eben die erforderliche Beziehung durch eine passende Annahme her, ganz ebenso, wie man zwischen Gasdichte und Verbindungsgewicht die erforderliche Beziehung willkürlich hergestellt hat. Um dies anschaulich zu machen, betrachten wir die Molekulargewichtsbestimmung aufgrund der Oberflächenspannung. Das erfahrungsmäßige Gesetz besagt Folgendes: Stellt man aus verschiedenen Flüssigkeiten Kugeln her, so erfordert die Bildung der

Oberfläche an ihnen eine bestimmte Arbeit. Macht man die Kugeln so groß, dass bei vergleichbaren Temperaturen[15] die Arbeiten zur Bildung der entsprechenden Oberflächen gleich werden, so stehen die Gewichte der verschiedenen Kugeln im Verhältnis der Verbindungsgewichte, bezw. einfacher Mehrfache derselben.

Man erkennt leicht die große Analogie dieses Gesetzes mit dem Gesetz von Gay-Lussac, denn dieses lässt sich gleichfalls in der Form aussprechen: Lässt man bei vergleichbaren Temperaturen so große Mengen der verschiedenen Gase entstehen, dass die entsprechenden Volumenarbeiten gleich sind, so stehen die Mengen dieser Gase im Verhältnis der Verbindungsgewichte bezw. einfacher Mehrfachen derselben.

Die Analogie ist aber nicht Identität, denn es handelt sich in beiden Fällen um wesentlich verschiedene Eigenschaften, die das eine Mal sich auf Volumenergie, das andere Mal auf Oberflächenenergie beziehen.

Auch die mit der Verdampfungswärme in Verbindung stehenden Methoden zur Ermittlung sogenannter Molekulargewichte an Flüssigkeiten führen auf ganz ähnliche Betrachtungen bezüglich der Entropieänderung bei der Änderung der Formart.

Alle diese Beziehungen stehen somit vermöge ihrer gemeinsamen Beziehung zu den Verbindungsgewichten in regelmäßigem Zusammenhang miteinander, aber sie definieren ebenso wenig unmittelbar gleichwertige Größen, wie dies die Atomgewichte, die Molargewichte und die elektrochemischen Äquivalente tun. Allerdings bestehen Zusammenhänge, welche unmittelbare Beziehungen zwischen den Oberflächenenergien und den Verdampfungswärmen herstellen, und insofern sind die nach diesen beiden Methoden ermittelten stöchiometrischen Größen noch engere Verhältnisse zu erwarten. Aber vom Gasgesetz bleiben diese Werte immerhin so weit getrennt, dass eine durchgehende Übereinstimmung nicht vorausgesetzt werden kann und der Ausdruck „Molekulargewicht" für die auf solchem Wege gefundenen Größen nur die Bedeutung einer Vermutung hat. —

---

15 Vergleichbare Temperaturen sind hier nicht wie bei Gasen gleiche Temperaturen, sondern solche, die gleich weit von den bezüglichen kritischen Temperaturen entfernt sind. Denn bei der kritischen Temperatur wird die Oberflächenspannung der Flüssigkeit (ihrem Dampf gegenüber) gleich null, gerade wie der Druck eines Gases beim absoluten Nullpunkte gleich null wird, und für die Oberflächenenergie ist daher die kritische Temperatur ebenso ein natürlicher Nullpunkt, wie es der absolute Nullpunkt für die Volumenergie der Gase ist.

Überblicken wir das Gesamtergebnis der angestellten Betrachtungen, so finden wir, dass es jedenfalls möglich ist, die vielen Gesetzmäßigkeiten, welche sich an Gasen, gelösten Stoffen und reinen Substanzen ergeben haben, in hypothesenfreier und einfacher Gestalt auszudrücken. Insbesondere können wir sagen, dass der sachliche Inhalt des Molekularbegriffs bei Gasen, Dämpfen und gelösten Stoffen erschöpfend durch den Satz gekennzeichnet wird, dass solche Mengen, für welche die Konstante R in der Gasgleichung $pv = RT$ denselben Wert hat, sich als chemisch vergleichbar erweisen und dass sie sich insbesondere als vorwiegend zweckmäßig für die Systematik der organischen Verbindungen bewährt haben. Die Konstante R, welche sich insofern als eine sehr wichtige Größe herausstellt, lässt sich am besten als die Gasinvariante bezeichnen. Es ist schon bei früherer Gelegenheit auf die große Wichtigkeit hingewiesen worden, welche der Begriff der Invarianten (dessen Bedeutung in der Mathematik längst offenbar geworden ist) auch für die physischen Wissenschaften, insbesondere auch für die Chemie hat. Hier finden wir einen neuen Fall vor, der gleichzeitig eine bequeme Veranschaulichung des physischen Invariantenbegriffes darstellt.

Die Gasgleichung $pv = RT$ oder $R = pv / T$ besagt nämlich, dass welche Zustandsänderungen wir auch bezüglich Druck, Volumen und Temperatur mit einer gegebenen Gasmenge vornehmen mögen, wir auf keine Weise den Wert der Größe R ändern können, denn stets ändert sich bei willkürlicher Wahl zweier dieser Größen die dritte so, dass R unverändert bleibt. Das Gesetz von Gay-Lussac und der daraus abgeleitete Molekularbegriff besagt nun weiter, dass sogar bei chemischen Änderungen die Gasinvariante R entweder unverändert bleibt, oder sprungweise ein einfaches Mehrfaches ihres früheren Wertes wird. Ich muss gestehen, dass die Aussicht auf eine verallgemeinerte Auffassung der Naturgesetze, die sich durch solche Betrachtungen öffnet, mir an Wert der Molekularhypothese nicht nachzustehen scheint.

2.4 Wie sich Atome zusammenschließen

Durch die allgemeine Auffassung der nicht elementaren Stoffe als Verbindungen elementarer Atome, deren geschichtliche Entwicklung wir in den früheren Kapiteln betrachtet haben, war eine

Anzahl von Fragen entstanden, die zunächst noch kaum vorausgesehen waren, später aber in den Vordergrund der chemischen Forschung traten und den Hauptgegenstand der wissenschaftlichen Erörterungen in der Chemie der zweiten Hälfte des neunzehnten Jahrhunderts gebildet haben. Es sind dies die Fragen nach der Art, wie die beteiligten Atome sich zur Verbindung zusammenschließen, mit anderen Worten nach dem, was man die Konstitution der chemischen Verbindungen nennt.

Solange die Chemie vorwiegend einfachere Verbindungen kannte, trat diese Frage kaum auf. Dalton selbst liebte seine Atome sich bildlich in Gestalt von schwarzen und weissen Kreisen zu veranschaulichen und hat alsbald bei der Veröffentlichung seiner Theorie eine Anzahl solcher Bilder für die ihm bekannten Verbindungen gegeben. Irgendwelche bestimmte Prinzipien sind hierbei kaum zu erkennen, wenn es nicht die Neigung zu möglichst symmetrischer Anordnung ist, welche sich seitdem als ein (meist unbewusster) Leitfaden für ähnliche Veranschaulichungen bis auf den heutigen Tag betätigt hat. In der Tat kann über die Art der Verbindung zweier Atome miteinander gar keine Verschiedenartigkeit der Auffassung entstehen: Sie sind eben wechselseitig miteinander verbunden. Erst bei drei und mehr Atomen treten mehrere Möglichkeiten ein. So sehen wir auch, dass Konstitutionsfragen erst entstanden, nachdem eine größere Anzahl mannigfaltig zusammengesetzter Verbindungen bekannt geworden war.

Geschichtlich bemerken wir das erste Auftreten von Konstitutionsfragen bei der Betrachtung der Sauerstoffsalze, solcher Salze, welche neben Metall ein nichtmetallisches (oder auch metallisches) Element und außerdem Sauerstoff enthalten. Mit der ersten Entwicklung genauerer Kenntnisse über die chemischen Verbindungen waren ja die Salze ganz besonders in den Vordergrund getreten, und es konnte bereits mehrfach auf die entscheidende Rolle hingewiesen werden, welche ihre Theorie für die Entwicklung der allgemeinen Anschauungen spielte. So hatte denn auch das Studium der Salze zu der Kenntnis einer fundamentalen Tatsache bezüglich ihrer Konstitution geführt, die allerdings so offenkundig war, dass sie als „selbstverständlich" betrachtet wurde, d. h., dass sie kein weiteres Nachdenken zu erfordern schien.

Diese Tatsache war die binäre Natur der Salze.

So gut wie die ganze Chemie vom Anfang des neunzehnten Jahrhunderts war eine Chemie der Salze und insbesondere die analytische Kennzeichnung der verschiedenen Elemente beruhte ganz vorwiegend auf dem Verhalten ihrer salzartigen Verbindungen. Nun ist es die erste allgemeine Tatsache, die sich bei der analytischen Chemie auf nassem Wege, welche wegen ihrer viel größeren Schnelligkeit und Mannigfaltigkeit die aus der Probierkunst entstandene ältere Analyse auf trockenem Wege in der Schmelzhitze verdrängt hatte, dem Forscher darbietet, dass jedes Salz zwei charakteristische Reaktionen aufweist, eine für die Säure und die andere für die Base; jede dieser Reaktionen ist von dem anderen Teil unabhängig. So konnten die Salze gar nicht anders als binär aufgefasst werden, und jeder Versuch einer Theorie der chemischen Verbindungen musste diesen Umstand in erster Linie zum Ausdruck bringen.

So haben wir z. B. gesehen, dass Richter ohne Weiteres die Salze als Verbindungen von Säuren und Basen auffasste, denn durch das Zusammenbringen dieser Stoffe, was fast immer in wässeriger Lösung geschah, entstanden die Salze ohne nachweisbare Nebenprodukte. Seit Lavoisier wurden beide Stoffarten als Oxide angesehen und bis auf den heutigen Tag drückt der Name Sauerstoff diese theoretische Anschauung bezüglich der Säure aus, so genau wir uns inzwischen von ihrer Unrichtigkeit überzeugt haben.

Dieser Auffassung zuliebe wurde unter anderem auch das Chlor als ein Oxidationsprodukt der Salzsäure angesehen und oxidierte Salzsäure genannt, da es durch die Einwirkung oxidierender Stoffe auf Salzsäure erhalten wird. Nachdem die Salzsäure, als Chlorwasserstoff erkannt worden war, sah man das Chlor als das Oxid eines unbekannten Elements Murium an. Die alten, in den Apotheken noch am längsten erhalten gebliebenen Namen Kalium muriaticum und oximuriaticum für Kaliumchlorid und -chlorat sind ähnliche sprachliche Fossilien untergegangener Theorien, wie der Name Sauerstoff eines ist.

Diese allgemein angenommene Salztheorie fand Berzelius vor, als er eine Theorie der chemischen Verbindungen für die Zwecke einer systematischen Bearbeitung des ganzen Gebietes seiner Wissenschaft in seinem Lehrbuch zu entwickeln unternahm, und bestätigte sie sich durch die Ergebnisse seiner elektrolytischen Versuche, über welche bald berichtet werden soll. Es darf uns nicht wundernehmen, dass seine Theorie, deren Geburtszeit in den beiden ersten Jahrzehnten des neunzehnten Jahrhunderts liegt, einen elektrochemischen Charakter erhielt. Denn zu jener Zeit ist die Chemie dazu verurteilt gewesen, jeden erheblichen Fortschritt, den die benachbarten Wissenschaften erzielten, in ihren eigenen Theorien abzuspiegeln. Als durch Galilei und seine Schüler die wissenschaftliche Mechanik aufblühte, war die Chemie mechanisch und die chemischen Reaktionen wurden durch Spitzen, Schneiden und Haken an den Atomen erklärt. Als dann Newton seine Verallgemeinerung des Schwerebegriffes ausgesprochen hatte und die Idee der allgemeinen Anziehung in den Vordergrund getreten war, führte man die chemische Verbindung auf Anziehung zwischen den Atomen zurück. So war es nahezu unvermeidlich, dass die großen Entdeckungen Galvanis und Voltas im Lager der Chemiker die Frage auslösten, ob nicht vielleicht die chemischen Vorgänge auf elektrische Eigenschaften der Atome zurückgeführt werden könnten. Demgemäß sahen wir verschiedene elektrochemische Theorien entstehen, von denen die von Berzelius den größten Einfluss und die längste Dauer gehabt hat.

Berzelius' Theorie beruhte wesentlich auf den Ergebnissen einer Jugendarbeit, die er im Verein mit Hisinger über das Verhalten der Salze unter dem Einflusse des elektrischen Stromes ausgeführt hatte. Hierbei stellte sich heraus, dass die Säuren sich am positiven Pol, die Basen oder Metalle am negativen ausschieden. Ob Metall oder Base erschien, war wesentlich davon abhängig, ob das Metall neben dem Wasser der Lösung bestehen konnte. War es der Fall, so erschien das Metall, anderenfalls erschien die Base und daneben gleichzeitig Wasserstoff, ebenso wie Sauerstoff neben der Säure zu erscheinen pflegte. Hier waren offenbar zwei verschiedene Auffassungen möglich: Entweder wurde das Metall als das eigentliche Ausscheidungsprodukt angesehen, und der Wasserstoff, der neben der Base erschien, war das Produkt der Einwirkung des Wasser zersetzenden Metalls auf das Lösungswasser. Oder die Base nebst Wasserstoff waren das primäre Ausscheidungsprodukt; dann entstanden sekundär solche Metalle, welche durch den naszierenden Wasserstoff aus ihren Oxiden, den Basen reduziert werden. Berzelius entschied sich für die zweite Auffassung, offenbar, weil die Herstellung der Salze aus Säure und Base eine noch häufigere und gewohntere Operation war, als die aus Säure und Metall unter Verdrängung des Wasserstoffs; wohl auch, weil bei den sauerstoffhaltigen Säuren der andere Anteil des Salzes, der neben dem Metall angenommen werden musste, überhaupt nicht für sich bekannt war. Bei den einfachst zusammengesetzten Salzen, den Halogenverbindungen, war dieser Bestandteil allerdings bekannt, er ist das elementare Halogen.

Aber es ist schon erwähnt worden, dass die Sauerstoffsäurentheorie zuliebe die Halogene selbst als sauerstoffhaltig angesehen wurden. Als dann, wesentlich durch die Forschungen Humphry Davys die elementare Natur der Halogene sich herausgestellt hatte, musste man allerdings jene Theorie aufgeben. Anstatt aber, wie Davy folgerichtig forderte, nun auch die gesamte Betrachtung der Salze auf den Typus der Halogenverbindung zu beziehen und daher den durch Metalle vertretbaren Wasserstoff als den charakteristischen Bestandteil der Säuren anzusehen, zog man es vor, den nötigen Schritt nur halb zu tun. Die Halogensalze freilich musste man auffassen, wie man sie fand; die Gruppe der Sauerstoffsalze aber ließ man unter der suggestiven Wirkung jenes alten Namens bestehen und begnügte sich mit der unerklärten Tatsache, dass beide Arten, chemischer Verbindungen trotz ihrer wesentlich abweichenden Konstitution sich so auffallend übereinstimmend verhalten. Erst eine viel spätere Entwicklung, bei welcher auch die ganze elektrochemische Theorie zu Falle kam, hat diesen systematischen Widerspruch beseitigt.

Einstweilen zeigte sich Berzelius trotz dieses Fehlers als ein Meister der Systematik. Nach dem Vorbild der Bildung der Salze aus einem positiven und einem negativen Bestandteil sah er alle chemischen Verbindungen in ähnlicher Weise als binär konstituiert an. Alle Elemente ordnete er entsprechend der von Volta für die elektromotorische Wirkung aufgestellten Spannungsreihe in eine chemische Spannungsreihe vom positivsten Elemente, dem Kalium, bis zum negativsten, dem Sauerstoff. Wenn daher irgend zwei Elemente sich zu einer binären Verbindung vereinigten, so ergab sich aus ihrer Stellung in der Spannungsreihe, welches der positive und welches der negative Bestandteil war. Verbindungen aus mehreren Elementen wurden als aus binären Verbindungen nach demselben Schema bestehend betrachtet, indem einer der zusammengesetzten Bestandteile der Verbindung wieder als positiv, der andere als negativ, entsprechend seiner Zusammensetzung, angesehen wurde. So wurde das basische Oxid der Salze als positiv, das saure als negativ aufgefasst. Wenn zwei Salze, wie Kaliumsulfat und Aluminiumsulfat im Alaun, sich zu einem Doppelsalz verbinden, so ergibt sich aus der Kenntnis von der vorwiegend sauren Natur des Aluminiumsalzes wiederum, dass dieses die negative Rolle gegenüber dem positiven Kaliumsulfat spielt; nur werden die elektrochemischen Gegensätze naturgemäß um so geringfügiger, je zusammengesetzter die Bestandteile sind, weil ein umso größerer Teil der ursprünglichen Polarität bereits erschöpft ist. Im gleichen Maße begannen gelegentlich Unsicherheiten über den positiven und negativen Charakter der angenommenen näheren Bestandteile verwickelterer Verbindungen aufzutreten.

Wie man sieht, ist der systematische Gedanke dieser Anordnung der chemischen Verbindungen von dem Verhalten der Salze in wässeriger Lösung hergenommen. Es ist daher kein Wunder, dass er sich nur so lange bewährte, als die Salze den Hauptteil der Chemie ausmachten. Es waren mit anderen Worten die Widersprüche und Unzulänglichkeiten dort zu erwarten, wo nicht salzartige Verbindungen vorliegen, in der organischen Chemie.

Zunächst trat ein anderes Problem in den Vordergrund, dessen erster Fall noch in der Familie der Salze, aber allerdings auf dem Grenzgebiet zwischen anorganischen und organischen Verbindungen beobachtet wurde. Es handelte sich um eine Erweiterung der Beziehungen zwischen Zusammensetzung und Eigenschaften. Die allgemeine Auffassung, die sich aus der Erkenntnis des Verhältnisses zwischen Elementen und Verbindungen und aus der Entwicklung des Begriffes des chemischen Individuums ergeben hatte, war, dass ein jeder einzelne Stoff nicht minder durch seine Zusammensetzung gekennzeichnet ist, als durch seine Eigenschaften. Mit der Entstehung dieser Erkenntnis war auch die Entstehung der erfahrungsgemäßen Meinung verbunden, dass dieser Zusammenhang eindeutig und wechselseitig ist, dass mit anderen Worten weder Stoffe von gleicher Zusammensetzung verschiedene Eigenschaften, noch Stoffe von gleichen Eigenschaften verschiedene Zusammensetzung haben können.

Von diesen beiden Sätzen hat sich nur der zweite dauernd bewährt: Es ist bis auf den heutigen Tag noch kein Fall bekannt, dass zwei Stoffe gleiche Eigenschaften bei verschiedener Zusammensetzung zeigen können. Eines Beweises durch die Erfahrung bedurfte der Satz nur im physikalischen Sinne; denn gleiche chemische Eigenschaften auch gleiche Umwandlungsprodukte bei entsprechender Behandlung mit anderen Stoffen definitionsgemäß bedingen, so bedeutet Gleichheit der chemischen Eigenschaften von vornherein Gleichheit der Zusammensetzung.

Demgemäß erregte der folgende Umstand die Aufmerksamkeit der chemischen Kreise. Zwei noch wenig bekannte junge Forscher, Justus Liebig aus Giessen (1803 bis 1873) und Friedrich Wöhler aus Frankfurt (1800 bis 1882) hatten unabhängig voneinander auf ganz verschiedenen Gebieten gearbeitet. Liebig, der sich durch seine in der Dachkammer der Apotheke, in der er Lehrling war, ausgeführten Arbeiten über das Knallquecksilber glücklich aus der Apotheke heraus-, aber in die Aufmerksamkeit einflussreicher Personen hineinexplodiert hatte, war nach Paris gegangen und hatte dort in Gay-Lussacs Laboratorium diese Forschungen mit Erfolg fortgesetzt. Es war ihm unter der Leitung des Meisters sogar gelungen, den gefährlichen Stoff zu analysieren und er hatte ihn als das Quecksilbersalz einer Säure gekennzeichnet, deren, Zusammensetzung (in moderner Schreibart) er zu HCNO bestimmte. Anderseits hatte Wöhler aus dem Blutlaugensalz das Kaliumcyanat, aus diesem die Cyansäure und andere Salze derselben hergestellt: Eine Untersuchung, die ihn später zu der Entdeckung der ersten künstlichen Darstellung einer organischen Verbindung, des Harnstoffes, führte. Auch er hatte seinen Stoff analysiert und für die Cyansäure die Zusammensetzung HCNO gefunden. Beide hatten die Übereinstimmung ihrer Analysen nicht bemerkt, dem Scharfsinn von Berzelius entging aber diese merkwürdige Sache nicht. Gemäß der damals allgemeinen Überzeugung von dem eindeutigen Zusammenhange zwischen Eigenschaften und Zusammensetzung und angesichts der Tatsache, dass die Eigenschaften dieser anscheinend gleich zusammengesetzten Verbindungen durchaus verschieden waren, erörterte er zunächst die möglichen Irrtümer, welche dem einen oder anderen Forscher begangen sein könnten. Diese, von denen jeder sich der Richtigkeit seiner Analysen versichert hatten, waren natürlich geneigt, jeder dem anderen den Fehler zuzuschieben und es wäre beinahe zu einer Fehde zwischen ihnen gekommen. Glücklicherweise zogen sie es vor, in persönlicher Aussprache sich Klarheit über die Angelegenheit zu suchen. Das Ergebnis dieser Begegnung war eine lebenslängliche Freundschaft, welche in der Geschichte der Chemie ebenso groß und vorbildlich dasteht, wie die Freundschaft zwischen Goethe und Schiller in der Geschichte der schönen Literatur.

Sachlich überzeugten sie sich, dass keiner von ihnen einen Analysenfehler begangen hatte. Sie gaben darüber öffentlich Rechenschaft und die Chemikerwelt, vor allem ihr geistiger Führer Berzelius musste die Tatsache ins Auge fassen, dass es wirklich Stoffe geben kann, die bei gleicher Zusammensetzung verschiedene Eigenschaften aufweisen, und, was gleichzeitig zugefügt werden mag, keine einfache gegenseitige Umwandlung zeigen, wie etwa Eis und Wasser.

Berzelius fand sich mit dieser Entdeckung in gewohnter Meisterschaft ab. Seine Größe bestand wesentlich darin, dass er die vereinzelten Tatsachen, die der Tag brachte, mit anderen, deren Ähnlichkeit bis dahin übersehen worden war, in Zusammenhang zu bringen und das grundsätzlich Allgemeine an ihnen in klarer und entwicklungsfähiger Form auszusprechen wusste. Diese Fähigkeit hat er im vorliegenden Fall wieder glänzend bewährt und die von ihm geschaffene Gedankenbildung hat bis auf den heutigen Tag gedauert; sogar die von ihm vorgeschlagenen Namen sind noch immer in Gebrauch.

Allerdings hat Berzelius die Aufnahme dieser neuen Tatsachengruppe in den regelmäßigen Bestand der Wissenschaft nicht auf einmal vollzogen. Nachdem alle Möglichkeiten ausgeschlossen waren, dass im vorliegenden Fall ein Versehen die Gleichheit der Zusammensetzung vortäuschen könnte, hat er zunächst ausgesprochen, dass man den Satz aufgeben müsse, dass ohne Ausnahme gleicher quantitativer Zusammensetzung gleiche Eigenschaften entsprechen. Die Ursache der vorhandenen Unterschiede hat er als überzeugter Anhänger der Atomhypothese darauf zurückgeführt, dass die gleichen Atome solcher Verbindungen „auf verschiedene Weise zusammengelegt" seien. Derselbe Gedanke wurde von Dumas ausgesprochen, welcher auf die Allotropie der Elemente, z. B. die Verschiedenheiten zwischen Kohle, Graphit und Diamant, oder die Verschiedenheiten des roten und weissen Phosphors, sowie auf die schon einige Jahre vorher von Mitscherlich allgemein ausgesprochene Tatsache der Polymorphie hinwies, derzufolge nicht selten „derselbe" Stoff in verschiedenen Kristallformen vorkommt. Allerdings waren dies Fälle, in welchen die verschiedenen Formen einer gegenseitigen Umwandlung fähig sind, oder wo eine solche Fähigkeit wenigstens grundsätzlich vorausgesetzt wurde.

Aber auch ein Fall, wo bei gleicher Zusammensetzung eine gegenseitige Umwandlung nicht bekannt war, wurde bald entdeckt. In einer nach mehreren Seiten folgenreichen Untersuchung über die flüssigen Ausscheidungen in komprimiertem Leuchtgas (in welcher unter anderen Stoffen das Benzol zuerst beschrieben wurde) hat Michael Faraday einen Kohlenwasserstoff gekennzeichnet, welcher dieselbe Zusammensetzung besaß, wie das lange bekannte Öl bildende Gas, dagegen andere Eigenschaften und insbesondere eine doppelt so große Dichte in Gasform.

Endlich hatte Berzelius selbst einen Fall unter Händen, welcher ihn mehr als alle früheren davon überzeugte, dass hier in der Wissenschaft eine neue Begriffsbildung notwendig war. Bei der fabrikmäßigen Darstellung der Weinsäure war gelegentlich eine Säure erhalten worden, welche mit der gewöhnlichen Weinsäure in der Zusammensetzung und der Salzbildung wesentlich übereinstimmte, aber gewisse abweichende Eigentümlichkeiten (Kristallwassergehalt, unlösliches Kalksalz usw.) zur Schau trug, welche auch beim Umkristallisieren, Umwandeln in Salze u. dergl. bestehen blieben. Berzelius verschaffte sich ausreichende Mengen dieser „Traubensäure" und überzeugte sich nicht nur davon, dass sie von der Weinsäure charakteristisch verschieden ist, sondern auch davon, dass sie und ihre Salze genau die gleiche Zusammensetzung wie die Weinsäure und ihre Salze haben. Dabei war die Ähnlichkeit beider Säuren so groß, dass auch der Faradaysche Fall, dass die eine Verbindung doppelt soviel Atome enthielt wie die andere, ausgeschlossen erschien; ein eindeutiger Nachweis hierfür war allerdings damals nicht zu erbringen.

So führte denn Berzelius Begriff und Namen der Isomerie für Stoffe von gleicher Zusammensetzung und verschiedenen Eigenschaften ein, und unterschied zwischen Metamerie und Polymerie, je nachdem die Formeln der beiden Verbindungen übereinstimmend sind oder im Verhältnis von Vielfachen zueinanderstehen. Wie bekannt, benutzen wir noch heute sowohl Namen wie Begriff.

Als Ursache oder Erklärung der Verschiedenheit der Eigenschaften bei Gleichheit der Zusammensetzung sah Berzelius in Übereinstimmung mit seinen Zeitgenossen die Verschiedenheit der näheren Anordnung der Atome an. Auch hier war seine wissenschaftliche Vorsicht und Umsicht bewunderungswürdig, denn er setzt in seinem Jahresbericht weitläufig auseinander, dass die Produkte, die man als Spaltungsstücke von Verbindungen erhält, durchaus nicht notwendig als besondere Gruppen in dieser Verbindung bestehen müssen und benutzt eine Zeichnung, in welcher die sieben Atome des Magneteisensteins, Fe_3O_4 in Gestalt von Kreisen nebeneinander abgebildet sind, um daran die Möglichkeit verschiedener Zersetzungsarten bei gleicher Zusammensetzungsart der Verbindung zu erläutern. Indessen ist dieser vorsichtige Standpunkt später von ihm und den anderen Forschern verlassen worden, denn tatsächlich gibt es gar kein anderes Mittel, sich Anschauungen über diese (hypothetische) Frage zu verschaffen, als das Studium der chemischen Umwandlungen und die Beachtung der Gruppen, welche dabei dauerhafter zusammenbleiben. Es muss mit anderen Worten allgemein bei derartigen Untersuchungen die Voraussetzung gemacht werden, dass die Konstitution der Zersetzungs- und Umwandlungsprodukte eines gegebenen Stoffes mit der dieses Stoffes selbst übereinstimmt. Wenn dann zwischen den Ergebnissen verschiedenartiger Eingriffe in den gleichen Stoff Widersprüche entstehen, so pflegt diejenige Reaktion, welche sich der übrigen Systematik am besten anschließt, als die normale angesehen zu werden, während man bei der anderen eine eintretende Konstitutionsänderung annimmt. Dass ein solches Verfahren einige Willkür enthält, kann nicht verleugnet werden; auch tritt sie in den Ergebnissen deutlich hervor, da die ganze Geschichte der Chemie seit dieser Zeit mit Diskussionen erfüllt ist, welche von dem Mangel an Eindeutigkeit in den Prinzipien der Konstitutionsbestimmung herrühren.

Der Gedanke von dem engeren Zusammenhang gewisser Atomgruppen in den Molekülen gewann zunächst Gestalt in der Theorie der Radikale. Diese war eine naturgemäße Entwicklung des elektrochemischen Dualismus, denn die von diesem als Bestandteile der Sauerstoffsalze angenommenen Oxide stellten bereits die einfachsten Fälle solcher Radikale dar. Das Studium des Cyans und des Ammoniaks und ihrer Verbindungen zeigte die große Ähnlichkeit auf, welche gewisse zusammengesetzte Stoffe mit elementaren haben können: Cyan ist durchaus den Halogenen, Ammonium den Alkalimetallen vergleichbar.

Viel mannigfaltiger und gleichzeitig unbestimmter wurde der Begriff des Radikals durch die Entwicklung der organischen Chemie. Da in den hierher gehörigen, nicht salzartigen Verbindungen dem Dualismus der elektrochemischen Theorie zuliebe gleichfalls positive und negative Bestandteile näherer und fernerer Ordnung angenommen werden mussten, für welche das chemische Verhalten nur unbestimmte Anhaltspunkte gab, die vielfach in widersprechender Weise aufgefasst werden konnten, so entstand hier bereits ein ergiebiger Boden für chemische Streitigkeiten. Diese Unbestimmtheit war ein Zeichen, dass die elektrochemische Betrachtungsweise auf dem neuen Gebiete wenig zweckmäßig war, und bereitete somit einen Widerspruch gegen sie vor.

Aber bald wurden die Widersprüche noch schlimmer, nämlich bestimmter. Wasserstoff galt als ein positives, Chlor als ein negatives Element; es war also ausgeschlossen, dass Chlor in einer Verbindung dem Wasserstoff einer anderen entsprechen könne, wie sich z. B. Wasserstoff und Natrium in ihren Verbindungen z. B. dem Chlorwasserstoff und dem Chlornatrium, entsprechen. Und dennoch wurden zahlreiche organische Verbindungen entdeckt, welche zueinander in der Beziehung standen, dass sie im Allgemeinen gleiche Zusammensetzung hatten, nur war in den einen anstelle einer Anzahl Wasserstoffatome eine gleiche Zahl von Chloratomen vorhanden. Dies war kein äußerer Zufall, denn durch Behandeln mit Chlor konnte man die Wasserstoffverbindung in die Chlorverbindung verwandelt, wobei der allgemeine Charakter des Stoffes nicht erheblich verändert wurde. Später gelang es sogar, durch naszierenden Wasserstoff umgekehrt das Chlor auszutreiben und den früheren Stoff wieder herzustellen. Es konnten also zweifellos in diesen organischen Verbindungen Chlor und Wasserstoff sich gegenseitig vertreten oder substituieren.

Für die wissenschaftliche Verwertung dieser Entdeckung war es eine entscheidende Frage, wie sich Berzelius zu ihr stellen würde. Denn dieser große Chemiker nahm damals die Stellung eines Großmeisters und Gewissensrates in der Wissenschaft, die ihm so viel verdankte, ein. In seinem Jahresberichte stellte er jahraus, jahrein nicht nur die wissenschaftlichen Leistungen der Zeit zusammen, sondern er stellte auch deren wissenschaftlichen Kurs fest und seinem Urteil pflegten sich die Zeitgenossen umso bereitwilliger zu unterwerfen, als er durch eine lange Reihe von Jahren dessen Sicherheit und Unparteilichkeit erwiesen hatte. Wissentlich hat Berzelius immer an den Grundsätzen festgehalten, die er bei früheren Gelegenheiten oft genug ausgesprochen hatte, dass nämlich alle Theorien nur dazu vorhanden seien, die Tatsachen zu ordnen und übersichtlich zu machen und dass somit jede Theorie zu verwerfen ist, die diesen Forderungen nicht genügt. Auch waren ihm die psychologischen Beschränkungen und Schwierigkeiten in der Anwendung dieser Grundsätze nicht unbekannt geblieben; äußert er doch gelegentlich selbst in einer Polemik, dass die Gewohnheit einer theoretischen Ansicht, die sich während langer Zeit bewährt hat, so tief gewurzelt werden kann, dass man schließlich ganz außerstande ist, sie von den Tatsachen zu unterscheiden, zu deren Veranschaulichung sie erfunden worden ist. Jetzt kam es, dass Berzelius selbst ein Beispiel zu dieser psychologischen Wahrheit lieferte; er hatte durch seine ganze arbeitsreiche Laufbahn ein so gutes Auskommen mit seiner Theorie des elektrochemischen Dualismus gefunden, dass er sich nicht die Frage stellte, ob es nicht doch Teile der Wissenschaft geben könne, die durch die Theorie keinen angemessenen Ausdruck fanden, sondern dass er die Grenzen der elektrochemischen Theorie mit den Grenzen der Wissenschaft verwechselte und daher alles, was über diese Theorie hinauswies, als unwissenschaftlich bekämpfte.

Das Ergebnis war ein langer und heftiger Kampf zwischen Berzelius und den jüngeren Forschern in den neuen Wissenschaftsgebieten. Als zuerst französische Chemiker, namentlich Dumas und Laurent, auf die Vertretbarkeit des Wasserstoffs organischer Verbindungen durch Chlor hingewiesen hatte, entstand zunächst unter den in Berzelius' Anschauungskreise aufgewachsenen anderen Chemikern ein so großer Sturm des Widerspruchs, dass Dumas sich beeilte zu erklären, er habe die Sache nur formal gemeint, während Laurent an der wirklichen Substitution des Chlors für Wasserstoff festhielt. Liebig veröffentlichte in seinen Annalen einen scherzhaften Privatbrief Wöhlers an Berzelius, in welchem dieser die Substitutionstheorie lächerlich machte und Berzelius schien den Sieg behalten zu sollen. Aber die oberste Instanz, die auch für Berzelius maßgebend war, die Erfahrung, entschied zugunsten der Neuerer. Immer mehr Tatsachen sprachen dafür, dass bei diesen Vertretungen von Wasserstoff durch Chlor Stoffe entstehen, die mit den Ausgangsstoffen eine übereinstimmende Konstitution haben und so bekehrte sich ein Gegner nach dem anderen. Wenn sie auch nicht Dumas unbedingt folgten, der „mit der ihm eigenen Hastigkeit im Schließen" (Berzelius) wieder behauptet hatte, dass für die Eigenschaften der chemischen Verbindungen die „Stellung" alles, die Natur des chemischen Elements, das diese Stellung einnahm, gar nichts zu bedeuten habe, so konnte doch nicht in Abrede gestellt werden, dass unter Umständen die sonst gewohnten Beeinflussungen der Verbindungen durch die Natur ihrer Elemente unerwartet weit zurücktraten.

Berzelius freilich gab nicht nach, aber seine Truppen verließen ihn. Liebig, der anfangs zu den glühendsten Bewunderern des großen Schweden gehört hatte, der dessen Herz bei persönlicher Begegnung im Sturme gewonnen hatte, wurde durch diesen Streit mehr und mehr in einen Gegensatz zu dem verehrten Altmeister gedrängt, der diesen zu bitteren und ungerechten Angriffen veranlasste, bis schließlich ein offener Bruch nicht mehr zu vermeiden war. Die wissenschaftlichen Deutungen, durch welche Berzelius die elektrochemische Theorie mit den täglich neu entdeckten Tatsachen der organischen Chemie in Einklang zu bringen versuchte, wurden immer gezwungener und ungenügender, und schließlich sah sich der Mann, der durch ein Menschenalter das wissenschaftliche Denken in seinem Gebiet bestimmt und geführt hatte, fast von allen Mitarbeitern im neuen Gebiet verlassen.

Berzelius erlebte hier ein Schicksal, das fast keinem Führer in der Wissenschaft erspart bleibt, außer er stirbt früh oder gibt rechtzeitig die Führerstellung auf. Die großen Gestalten in der Geschichte der Menschheit pflegen dem Beschauer in unveränderlicher Herrlichkeit zu erscheinen, weil ihm wie das Nachbild bei einem Blick in die Sonne ihre Persönlichkeit so im Gedächtnis ist, wie sie zu ihrer glänzendsten Zeit war. Aber bei jedem Manne, der da seine Zeit in irgendeiner Weise entscheidend beeinflusst hat, lassen sich drei Perioden unterscheiden. Zuerst ist er allen Zeitgenossen weit voraus und hat darunter zu leiden, dass diese ihn nicht verstehen und ihm daher nicht folgen wollen; hierzu kommt noch die natürliche Wirkung des Trägheitsgesetzes, unter dessen Einfluss jede erhebliche Änderung unserer Anschauungen, die ein Verlassen gewohnter Gedankenbahnen verlangt, abgelehnt wird. Dann gelingt es, die neuen Gedanken durchzusetzen; die empfängliche Jugend, bei welcher jenes Trägheitsgesetz am wenigsten zur Wirkung gelangt, einmal, weil die Bahnen noch nicht ganz und gar zur Gewohnheit geworden sind, und sodann, weil bei ihr noch reichliche Energievorräte zu neuer Arbeit vorhanden sind, schließt sich dem Führer an und durch eine große Bewegung werden die neuen Gedanken in die Wissenschaft eingeführt. Dann aber kommt die weitere Betätigung eben dieser Jugend zur Geltung. Der Führer hatte seinerzeit seine ganze Energie darauf wenden müssen, nur eben erst Bahn zu brechen und die größten Hindernisse zu beseitigen. Seine Jünger finden gebahnten Weg bis zu dem Punkt, den der Führer unter Erschöpfung seiner besten Kräfte erreicht hatte, und können ihrerseits mit geschonten Kräften von hier aus weiter arbeiten. So gewinnt das, was zuerst als die persönliche Schöpfung jenes Bahnbrechers erschien, sein eigenes Leben und seine eigene Entwicklung und je besser und fruchtbarer die neuen Gedanken waren, um so kräftiger tritt deren weitere Ausgestaltung ein. So muss es schließlich unvermeidlich dazu kommen, dass dem Führer der Atem ausgeht, während die Wissenschaft ihren Weg unaufhaltsam fortsetzt. Hat der Führer in seinen jungen Jahren unter Aufbietung aller seiner Kräfte den Wagen der Wissenschaft in Bewegung gesetzt, so nimmt dieser unter der Beteiligung der jungen Mitarbeiter in jener zweiten Periode immer größere Geschwindigkeiten an. Einige Zeit kann der Führer noch an der Spitze bleiben, zumal ihm die Arbeit des Ziehens von den anderen abgenommen wird und er nur noch den Weg zu zeigen hat. Aber gerade dadurch gelangt er außer Gefühl mit den treibenden Kräften; unwillkürlich versucht er die alte Richtung beizubehalten, wenn auch die Notwendigkeiten der neuen Bedingungen eine andere als zweckmäßiger erscheinen lassen. Und ehe er es sich versieht, geht der Wagen einen anderen Weg, als er ihn weist.

Dann beginnt eine dritte Periode, in der es nur die Wahl zwischen zwei Möglichkeiten gibt. Die eine ist: Er tritt zur Seite und lässt den Wagen, seinen Weg unbehindert fortsetzen, wenn er auch persönlich der Meinung ist, dass dieser Weg falsch ist. So hat beispielsweise Volta gehandelt. Während er bis zur Erfindung seiner Säule eine ganz außerordentliche wissenschaftliche Tätigkeit entfaltet hatte, schweigt er hernach fast vollständig, obwohl ihm noch ein langer Lebensabend beschieden war: Er hat seine große Entdeckung um ein Vierteljahrhundert überlebt und hat den Umschwung beobachten können, den sie in der Chemie hervorgebracht hat. Aber die chemische Seite der galvanischen Elektrizität war gerade die, für welche er am wenigsten Interesse hatte, und so erscheint es erklärlich, dass es ihn nicht lockte, der Wissenschaft auf diesen Weg zu folgen, den er für einen Seitenweg hielt.

Die andere Möglichkeit ist, dass man sich für verpflichtet erachtet, der Wissenschaft nach bester Einsicht so lange zu dienen, als die Kräfte nur reichen wollen. Dann ist ein Gegensatz unvermeidlich.

Die entstandene Bewegung lässt sich um so weniger aufhalten, je mächtiger der Impuls gewesen war.

Aller Widerstand ist vergeblich und so wälzt sich die Entwicklung über den Widerstrebenden hinweg. In vergeblichem Kampf gegen das Neue, das er weniger und weniger zu verstehen und zu schätzen vermag, verzehren sich die letzten Kräfte und der Mann, dem die Menschheit zu ewigem Dank verpflichtet ist, stirbt verbittert und vergrämt, weil er das Werk, das er selbst errichtet hat, seiner ehrlichsten Überzeugung nach zugrunde gehen sieht. Dieses Schicksal ist gerade den gewissenhaftesten und pflichttreuesten Arbeitern vorbehalten, weil sie ihre Stimme um so mehr zur Geltung zu bringen sich verpflichtet fühlen, je weiter die neuen Wege von denen abführen, die sie während ihrer langen und erfolgreichen Laufbahn als die richtigen erkannt haben. Das Tragische an dieser Entwicklung liegt aber in ihrer Notwendigkeit, an dem unausgleichbaren Widerspruch zwischen der nach Jahrtausenden bemessenen Entwicklungsweise der Wissenschaft und dem in eine kurze Spanne Zeit zusammengedrängten Leben des Einzelnen.

Bei Berzelius trafen die Verhältnisse derart zusammen, dass er die ganze Härte des unabwendbaren Schicksals der großen Männer erfahren musste. Dieselbe Allgemeinheit der Interessen und Gewissenhaftigkeit im einzelnen, welche bewirkt hatten, dass ihm von der ganzen Kulturwelt die chemische Hegemonie während eines Menschenalters unbestritten zugebilligt worden war, verhinderte ihn nun, das allmählich eintretende Missverhältnis zwischen seinen eigenen Kräften und denen der jungen Wissenschaft gelten zu lassen, ja zu bemerken. Je mehr diese ihre eigenen Wege ging, um so mehr fühlte er sich verpflichtet, das, was sein ganzes Leben erfüllt hatte, vor Entstellung und Missleitung zu bewahren. So waren es die höchsten Interessen neben den niederen, unbewusst wirksamen, die in gleicherweise ihn zwangen, den Kampf nicht aufzugeben, sondern ihn bis zum letzten Atemzuge durchzuführen. Wie sehr die von ihm selbst früher beschriebene Verwechslung zwischen Theorie und Tatsachen eingetreten war, geht aus dem bei ihm in dieser Periode nicht selten auftretenden Argument hervor, dass die Ansichten seiner Gegner schon deshalb nicht richtig sein könnten, weil sie mit der elektrochemischen Theorie unvereinbar wären. Doch nicht Tadel oder gar Spott gebührt dem großen Mann, sondern der ehrfürchtige Schmerz soll unser Urteil leiten, der uns erfüllt, wenn wir auch an unseren Größten die Begrenztheit der menschlichen Natur erkennen müssen, über die wir uns wegen des Dankes, den wir ihnen schulden, so gern hinwegtäuschen möchten. —

Die nächste Folge des scharfen Gegensatzes zwischen der älteren und neueren Theorie war, dass die Unterscheidungspunkte so streng wie möglich betont wurden. Hierdurch wurden nicht nur die unhaltbaren Ansprüche des elektrochemischen Dualismus beseitigt, sondern auch die haltbaren. Anstelle der dualen Auffassung aller chemischen Verbindungen trat eine ebenso radikale wie unangemessene unitarische; ebenso wie die Abwesenheit einer ausgeprägt dualistischen Konstitution bei den organischen Verbindungen von Berzelius verkannt worden war, wurde der zweifellose Dualismus der Salze von der neuen Auffassung verkannt, und erst nach und nach ist mit der Entwicklung der rationellen Elektrochemie eine gerechte Scheidung und Würdigung beider Standpunkte eingetreten.

Als wichtigster neuer Gesichtspunkt trat naturgemäß der der Substitution in den Vordergrund. Wenn sich zwei so verschiedene Elemente, wie Wasserstoff und Chlor ohne Änderung der Konstitution gegenseitig substituieren können, so muss dies bei ähnlicheren Elementen um so mehr der Fall sein. Somit müssen sich um eine gegebene Ausgangsverbindung Abkömmlinge in nahezu unbegrenzter Anzahl anordnen lassen, die alle aus jener Stammverbindung durch Substitution entstehen. Die Wasserstoffverbindung ergab sich hier als der natürliche Ausgangspunkt und die organische Chemie gruppierte ihre Stoffe demgemäß um die Stammkohlenwasserstoffe, indem deren Wasserstoffatome durch andere Elemente ersetzt wurden.

Dies war der Grundgedanke von Laurents Theorie der Kerne. Sie hat keine allgemeine Annahme gefunden, obwohl L. Gmelin sie wegen ihrer systematischen Durchsichtigkeit seinem Handbuch der Chemie zugrunde gelegt hatte.

Wie es immer, auch bei den scheinbar grundsätzlichen Umwälzungen geht, wurde ein reichlicher Anteil des alten Materials aus der bekämpften Theorie zum Aufbau der neuen verwendet. Dass gewisse Gruppen sich den Elementen insofern ähnlich verhalten, als sie ähnliche Verbindungen mit gleichen anderen Elementen bilden, ist eine Tatsache, die von allen Theorien unabhängig ist und die daher einen unvernichtbaren Bestandteil der

Radikaltheorie bildete. So wurden die chemischen Radikale in die Substitutionstheorie derart aufgenommen, dass man grundsätzlich solche Radikale als Substituenten, entsprechend den Elementen, betrachtete.

Hierdurch ergab sich allerdings wieder eine unbegrenzte Freiheit der Kombinationen. Indem insbesondere Kohlenwasserstoffgruppen ihrerseits als Radikale aufgefasst wurden, konnte man zusammengesetztere Kohlenwasserstoffe als Substitutionsabkömmlinge einfacherer ansehen. Laurents Kerne verloren auf solche Weise einen großen Teil ihrer systematischen Bedeutung, und an ihre Stelle traten die möglichen Mannigfaltigkeiten der Substitutionstypen. Diesen Schritt tat Laurents Mitarbeiter Karl Gerhardt (1816 bis 1856). Er stellte die Typen, HH, Chlorwasserstoff, HCl, Wasser $O{H \atop H}$ und Ammoniak $N{H \atop {H \atop H}}$ auf, aus denen durch Substitution mittelst elementarer oder zusammengesetzter Substituenten alle übrigen Verbindungen sich ableiten lassen.

Es fällt auf, dass Wasserstoff und Chlorwasserstoff als zwei verschiedene Typen eingeführt werden, da doch beide übereinstimmend aus je zwei Atomen bestehen. Sie sind demgemäß auch in der Folge nicht mehr als verschieden behandelt worden.

Vermöge ihrer großen Einfachheit hat diese Auffassung sich sehr schnell Bahn gebrochen, und während einiger Jahrzehnte die formale Darstellung der Chemie beherrscht. Auch auf die Salze wurde diese Betrachtungsweise ausgedehnt, indem diese unter gleichzeitiger Durchsetzung der Theorie der Wasserstoffsäuren allgemein als Substitutionsprodukte angesehen wurden, in denen der Wasserstoff der Säuren durch Metall ersetzt worden war. Dass durch dieses Schema der zweifellos dualen Natur der Salze Gewalt angetan wurde, kam damals nicht zur Geltung, da das gesamte theoretische Interesse auf die organischen Verbindungen konzentriert war. Hier brachte jeder Tag neue Stoffe und neue Umwandlungen und es war eine höchst dringende Aufgabe, diesen überquellenden Reichtum einigermaßen in Ordnung zu halten.

Allmählich begann sich aber ein Selbstzersetzungsprozess innerhalb der Typentheorie zu zeigen, der notwendig zu ihrer Zerstörung führen musste. Der Keim des Verderbens lag in dem Mangel an Eindeutigkeit ihres Schemas. Man konnte, wenn man wollte, jede etwas zusammengesetztere Verbindung innerhalb jedes beliebigen Typus unterbringen. Am deutlichsten tritt dies bei den Typen selbst hervor. Wasser kann als Substitutionsprodukt des Wasserstoffs angesehen werden, indem eines von dessen Wasserstoffatomen durch Hydroxyl ersetzt gedacht wird: $O\genfrac{}{}{0pt}{}{H}{H}$ = H(OH). Ebenso kann man beliebig das Ammoniak dem Wasserstoff- oder dem Wassertypus unterordnen: H(NH$_2$) und (NH) $\genfrac{}{}{0pt}{}{H}{H}$.

Somit enthielten die gewählten Typen trotz der Systematik, die sich in der regelmäßig wachsenden Anzahl ihrer Wasserstoffatome zeigte, noch willkürliche Bestandteile, deren Beseitigung notwendig war, um ihre zwecklose Vieldeutigkeit abzuschaffen.

Der Weg hierzu ergab sich aus der Betrachtung von dem verschiedenartigen Substitutionswert der verschiedenen Elemente und Radikale. Wenn aus einer für sich existenzfähigen Verbindung ei n Wasserstoffatom entfernt gedacht wurde, so war der Rest, als Radikal betrachtet, offenbar wieder fähig, sich mit einem Atom Wasserstoff zu verbinden. Ebenso war er fähig, ein Atom Wasserstoff in anderen Verbindungen zu ersetzen. Dies kam insbesondere an der Atomgruppe OH, die aus dem Wasser durch Verlust eines Wasserstoffatoms entstanden entsteht, zur Geltung. Sie drängte sich bereits bei den ersten Versuchen mit dem Substitutionsbegriff so unwiderstehlich vor, dass ihr häufigeres Auftreten im Verein mit ihrer Isomerie mit Wasserstoffsuperoxid als Argument für die Unsinnigkeit der Substitutionstheorie benutzt wurde. Später ist, insbesondere durch Gerhardt dieser von den Bauleuten verworfene Stein zum Eckstein der Theorie geworden. Wurden ferner zwei Atome Wasserstoff aus einer existenzfähigen Verbindung entfernt, so entstand ein Rest oder Radikal, welches zwei Wasserstoffatomen in anderen Verbindungen gleichwertig war usw. In gleicher Weise konnte man aber nicht nur den Substitutionswert der zusammengesetzten Radikale messen, sondern auch den der Elemente, und so ergab sich der Sauerstoff als zwei-, der Stickstoff als dreiwertig.

Dies war der Weg, der von den Radikalen wieder zurück zu den Elementen führte und auf dem der Begriff von der verschiedenen Wertigkeit der Elemente sich entwickelt hat. Seinen eigentlichen Wert erhielt dieser Schritt aber erst, als diese Betrachtungsweise auf das Hauptelement der organischen Chemie, den Kohlenstoff selbst angewendet wurde. Hierbei stellte sich heraus, dass der Kohlenstoff als vierwertig angesehen werden muss, sodass das Sumpfgas CH_4 als der allgemeinste Typ der organischen Verbindungen erscheint. Durch Substitution von Kohlenwasserstoffradikalen im Sumpfgas und unbegrenzte Wiederholung dieser Operation ließen sich zunächst alle Kohlenwasserstoffe ableiten; dass die übrigen Verbindungen sich von diesen ableiten lassen, hatte schon längst Laurent gezeigt.

Hierbei verschwanden die Typen Gerhardts in dem allgemeineren Begriff der Wertigkeit der Elemente. Zwei einwertige Elemente, wie Wasserstoff und Chlor, können sich nur zu dem ersten Typus verbinden, und ebenso sind die anderen Typen nichts als die einfachsten Verbindungen der mehrwertigen Elemente mit Wasserstoff. Eine gegebene Verbindung gehört demgemäß so vielen verschiedenen Typen an, als Wertigkeiten oder Valenzen von den in ihr enthaltenen Elementen betätigt werden, oder noch allgemeiner, sie gehört allen Typen aufwärts bis zu dem des höchstwertigen Elements an, das sie enthält.

Diese Strukturtheorie wurde gleichzeitig und unabhängig von Kekulé, Couper und Butlerow um das Jahr 1858 entwickelt. Sie gewann einen schnellen und glänzenden Erfolg, der in erster Linie durch das von Kekulé herausgegebene Lehrbuch bewirkt worden ist, in welchem die Anwendbarkeit der neuen Betrachtungsweise an dem gesamten Umfang der damals bekannten organischen Verbindungen aufgezeigt werden sollte. Das Buch ist indessen keineswegs konsequent im Sinne dieser eben dargelegten einfachen Auffassung abgefasst; man kann vielmehr leicht erkennen, wie während der systematischen Bearbeitung des Materials dem Verfasser die allgemeinen Grundlagen immer klarer wurden. Gerade durch diesen Umstand vermittelte es den Übergang aus der früheren Auffassung in die neue um so wirksamer; fast jeder Chemiker ging dort mit dem Verfasser von seinen eigenen bisherigen Ansichten aus, um dann allmählich in die neuen hineingeführt zu werden. Diese innere Entwicklung, wozu dann noch in dem zweiten Teil des Werkes ein neuer systematischer Gedanke von größter Tragweite, die Schaffung des hexagonalen Benzolsymbols kam, hat auf den Verfasser so überwältigend gewirkt, dass er die Geister, die er gerufen hatte, nicht mehr bändigen konnte und sein bahnbrechendes Buch niemals vollendet hat.

Der Wert der Strukturtheorie lag in zwei Punkten. Einerseits ermöglichte sie eine bessere und eindeutigere Systematik der organischen Verbindungen, als die alte Typenlehre es tat. Dann aber gab sie ein überraschend zutreffendes Bild von den damals bekannten und den inzwischen entdeckten Isomerieverhältnissen. Wie bereits betont worden ist, erforderte gerade die Tatsache, dass es Stoffe von gleicher Zusammensetzung aber verschiedenen Eigenschaften gibt, einer Systematisierung (oder sogenannte Erklärung) aufgrund irgendeines angemessenen methodischen Prinzips. Die Radikaltheorie hatte hierfür bereits Fingerzeige gegeben; so hatte Berzelius betont, dass das Stannosulfat die gleiche Zusammensetzung haben würde wie ein basisches Stannisulfit, falls ein solches hergestellt werden könnte. Hier war der Unterschied im Sauerstoffgehalt der beiden Basen durch einen entgegengesetzten Unterschied in den Säuren kompensiert, sodass die Brutto-Zusammensetzung die gleiche blieb. In ähnlicher Weise gab es eine ziemlich unbegrenzte Anzahl von Möglichkeiten, wie die Atome irgendeiner Verbindung auf Radikale verteilt werden können.

Dieses Schema war natürlich viel zu locker, als dass es zu einer Beurteilung der Anzahl möglicher Isomeren bei einer gegebenen Zusammensetzung hätte führen können; in der Tat ist es nie für derartige Zwecke angewendet worden. Auch für die Typentheorie gelten ähnliche Bemerkungen; man war auch dort nie sicher, ob zwei verschiedene Anordnungen derselben Elemente nach verschiedenen Typen eine wirkliche Verschiedenheit entsprechender Verbindungen ausdrückte oder nicht. Erst durch die Strukturformeln kam einige Schärfe in diesen Zusammenhang zwischen Formel und Stoff: Solchen Formeln, die nicht auf das gleiche Schema gegenseitiger Atombindungen gebracht werden konnten, mussten verschiedene Stoffe entsprechen; wo umgekehrt die Strukturformel keine Verschiedenheit ergab, waren auch nicht verschiedene Stoffe zu erwarten.

So erregte es seinerzeit ein nicht geringes Interesse, als aus den Angaben der Literatur hervorzugehen schien, dass es zwei verschiedene Verbindungen CH_3Cl gibt. Am vierwertigen Kohlenstoffatom können sich drei einwertige Wasserstoffatome und ein einwertiges Chloratom nicht verschieden anordnen, und somit konnte es nach der Strukturchemie auch nur ein Chlormethyl geben. Eine Untersuchung, welche A. von Baeyer als Student unter Bunsens Leitung ausführte, schien die Verschiedenheit jener beiden

Chlormethyle (aus Kakodylsäure und aus Methylalkohol) zu bestätigen und wurde auch im Sinne der Radikaltheorie gegen die Strukturtheorie verwertet; später stellte sich jedoch heraus, dass die beobachtete Verschiedenheit nur scheinbar war; sie beruhte auf der damals noch sehr großen Schwierigkeit, diesen unter gewöhnlichen Umständen gasförmigen Stoff im reinen Zustand herzustellen.

Derartiger Triumphe hat die Strukturtheorie mehrere gefeiert; sie erwies sich als sehr geeignet, nicht nur vorhandene Isomerien zu erklären und noch unbekannte vorauszusagen, sondern auch die Wege anzugeben, um zu ihnen zu gelangen.

Wenn von den Staaten behauptet wird, dass sie durch dieselben Mittel erhalten werden, durch welche sie begründet worden sind, so darf von den chemischen Theorien eher das Entgegengesetzte behauptet werden: Sie werden durch dieselben Probleme in ihrer Existenz bedroht, durch welche sie zu ihrer Zeit zum Sieg gelangt waren. Um das Isomerieproblem haben sich in der Tat weiterhin alle Entwicklungen und Kämpfe bewegt, die auf dem Boden der Konstitutionschemie erwachsen sind, welche zunächst eine Erweiterung der Strukturanschauungen erfordert haben und die gegenwärtig ihren ganzen Bestand zu untergraben beginnen.

Betrachten wir zunächst die Voraussetzungen der Strukturtheorie. Damit durch die Lehre von der gegenseitigen Bindung oder Sättigung der Valenzen der Elementaratome ein eindeutiges Bild der Wirklichkeit (oder wenigstens ein eindeutiges Schema derselben) zustande kommt, müssen diese Valenzen als ganz bestimmte, unveränderliche Größen betrachtet werden. Kekulé war sich über diese Notwendigkeit auch ganz klar und er hat stets die Lehre aufrecht gehalten, dass die Valenz eine unveränderliche Eigenschaft der Elementaratome ist. Diese Voraussetzung stimmt aber nach beiden Richtungen nicht mit der Erfahrung; einerseits gibt es Verbindungen, deren Strukturformel weniger Bindestriche für gewisse Elemente aufweist, als aufgrund jener Voraussetzung gezogen werden dürfen, und anderseits gibt es Verbindungen, deren Strukturformel nicht ohne Ansetzung einer größeren Anzahl solcher Striche aufgestellt werden kann.

Beide Fälle waren Kekulé bekannt; er hat sie daher, wenigstens formal, durch die Aufstellung zweier ergänzender Begriffe erledigt, mittelst deren jene Unregelmässigkeiten ausgedrückt wurden. Stoffe der ersten Art nannte er ungesättigte, indem er erklärte, dass unter Umständen vorhandene Valenzen nicht zur Absättigung kämen, obwohl sie an den fraglichen Elementen anwesend seien. Stoffe der anderen Art nannte er Molekularverbindungen, indem er ihr Zustandekommen anderen Kräften zuschrieb, als denen, die die eigentlichen chemischen Verbindungen bilden. Die Willkürlichkeit dieses letzteren Begriffes wurde durch den Satz vermindert, dass Molekularverbindungen nicht im Gaszustand sollten, existieren können; als später dennoch die Existenz derartiger Dämpfe beobachtet wurde, haben die Anhänger der Lehre von der konstanten Valenz Abhandlungen darüber geschrieben, dass auch Molekularverbindungen in Dampfgestalt bestehen können. Es blieb also nur die Definition übrig, dass solche Verbindungen wahre chemische sind, die dem Gesetz der konstanten Valenz genügen, während alle anderen unter die Molekularverbindungen zu bringen sind.

Wie man sieht, wird durch diese ergänzenden Begriffe der wesentlichste Vorzug der Strukturtheorie, die eindeutige Beziehung zwischen Formel und Stoff, wieder aufgehoben. Wenn trotzdem diese Theorie sich ein halbes Jahrhundert hindurch im wesentlichen behauptet hat, so muss geschlossen werden, dass ihre anderen Vorzüge so groß sind, dass diese Nachteile gern übersehen werden. Und dies ist in der Tat der Fall. Die Theorie deckt in recht befriedigender Weise gerade die wichtigsten Stoffe, die zusammengesetzteren organischen Verbindungen, und zeigt die Ausnahmen bei einigen einfachen Stoffen, wo man sich die Abweichungen leicht gedächtnismäßig merken kann. So erfüllt sie ihren systematischen und heuristischen Zweck ganz ausreichend und wird deshalb trotz der vorhandenen Lücken beibehalten.

In der ersten Zeit hatte man ganz naiv die Strukturzeichnungen, wie sie sich auf dem Papier herstellen liessen, als ausreichende Bilder für die möglichen gegenseitigen Beziehungen und Isomerien angesehen. Der gelegentliche Hinweis, dass doch eigentlich erst räumliche Darstellungen erschöpfend sein könnten, blieb wirkungslos, solange nicht einerseits der Unterschied zwischen der ebenen und der räumlichen Darstellung zur Anschauung gebracht und anderseits gezeigt worden war, dass durch die Einführung dieser neuen grafischen Mannigfaltigkeit eine besondere Mannigfaltigkeit der chemischen Verbindungen veranschaulicht wurde. Erst als beides durch die Theorie van 't Hoffs vom tetraedrischen Kohlenstoff (1877) geschah, begann eine langsame Beachtung dieses

Gesichtspunktes. Durch einige glänzende Voraussagungen und Bestätigungen wurde dann die Aufmerksamkeit weiterer Kreise auf diese Erweiterung des Strukturbildes gelenkt und gegenwärtig beansprucht die Anwendung desselben, die Stereochemie, eine gewichtige Stellung in der chemischen Systematik.

Auch hier war es ein Isomerieproblem, welches die Erweiterung erforderlich gemacht hat. Als Abkömmlinge der Äpfelsäure waren lange zwei isomere Säuren bekannt, die Malein- und die Fumarsäure, denen man auf keine haltbare Weise verschiedene chemische Konstitution im Sinne der ebenen Struktur zuzuschreiben wusste. Es ist lehrreich zu beobachten, obwohl zu lang, um es hier zu schildern, wie zuerst alle möglichen Wendungen versucht wurden, um eine Strukturverschiedenheit der beiden Stoffe plausibel zu machen, jedoch stets mit dem Ergebnis, dass es so nicht ging. Andere ähnliche Paare, wie die Krotonsäuren, wurden gleichfalls bekannt und so pflegte in den Lehrbüchern der siebziger Jahre des 19. Jahrhunderts, die wegen Anspruches auf Vollständigkeit diese widerspenstigen Dinge nicht unberücksichtigt lassen konnten, eine Art Armsündereckchen eingerichtet zu werden, in das sie verbannt wurden.

Van 't Hoff und gleichzeitig und unabhängig Le Bel zeigte nun, dass die räumlich konstruierten Strukturformeln gerade in diesen Fällen Isomerien erwarten lassen, in welchen die ebenen keinen Unterschied, oder wenigstens keinen, der für wesentlich gehalten worden war, ergeben hatten. Je nachdem man nämlich die vier Bindungseinheiten des Kohlenstoffs entweder eben in einem Quadrat angeordnet oder räumlich an den Ecken eines Tetraeders untergebracht denkt, erhält man verschiedenartige Mannigfaltigkeiten. Beispielsweise kann man zwei verschiedene Paare A, A und B, B am Quadrat auf zwei verschiedene Weisen unterbringen, nämlich abwechselnd: ABAB oder paarweise: AABB, während am Tetraeder alle möglichen Anordnungen miteinander zur Deckung gebracht werden können, also gleichwertig sind. Die Erfahrung ergab nun, dass gerade die Mannigfaltigkeitsverhältnisse des Tetraeders der Anzahl nach mit den beobachteten Isomeriemannigfaltigkeiten des Kohlenstoffs übereinstimmen, und erwies dadurch das räumliche Schema als das angemessenere.

Die zweite Übereinstimmung, durch welche van 't Hoff seiner Ansicht zum Siege verhalf, war eine Isomerie besonderer Art. Dieselbe Traubensäure, welche am Anfang dieser Entwicklung für Berzelius so entscheidend gewesen war, gab von Neuem den Anlass zu einer wichtigen Gedankenbildung, nachdem Pasteur im Jahre 1848 gezeigt hatte, dass man sie auf verschiedene Weise in zwei Bestandteile zerlegen kann, von denen der eine die gewöhnliche, optisch rechtsdrehende Weinsäure ist, während der andere eine Weinsäure ist, die in jeder chemischen und physikalischen Eigenschaft mit der rechten übereinstimmt, nur dass sie die Polarisationsebene des Lichtes um ebenso viel nach links, wie diese nach rechts dreht. Van 't Hoff zeigte, dass seine Raumformeln gerade bei der Weinsäure auf zwei Fälle führen, die miteinander bezüglich der gegenseitigen räumlichen Beziehung der Atome ganz übereinstimmen, was Längen und Winkel anlangt. Nur sind die ganzen Raumgebilde nicht kongruent, sondern verhalten sich wie Spiegelbilder, die sich nicht überdecken lassen, wie der rechte Handschuh zum linken. Es gelang weiterhin der Nachweis, dass in allen Fällen, wo die räumliche Formel diese Art der Verschiedenheit voraussehen lässt, auch die gleiche optische Verschiedenheit auftritt, während bei solchen Formeln, die sich nicht in spiegelbildlich verschiedene Formen ordnen lassen, auch die entsprechenden Stoffe keinen Einfluss auf die Lage der Polarisationsebene ausüben.

Nachdem es gelungen war, einige Widersprüche als auf experimentellen Fehlern beruhend zu beseitigen, fand die Stereochemie eine warme Aufnahme und lebhafte Pflege. Sie hat sich im Großen und Ganzen bisher so gut und allgemein bewährt, dass gar kein Zweifel darüber bestehen kann, dass die Mannigfaltigkeit der chemischen Erscheinungen wirklich mit sehr großer Annäherung durch diese Formeln dargestellt wird. Nach beiden Richtungen, in denen eine fruchtbare Hypothese nützlich ist, in der Systematisierung der vorhandenen Beobachtungen, wie in der Anregung neuer Untersuchungen, deren Ergebnisse sie mehr oder weniger genau voraussehen lässt, hat sich die Hypothese vom tetraedrischen Kohlenstoffatom als höchst ausgiebig erwiesen. So ist es ganz natürlich, dass sie als gesicherter Bestandteil der Wissenschaft gilt und in den elementaren Unterricht der organischen Chemie einbezogen ist.

Verfolgt man indessen die Schicksale der bisherigen chemischen Theorien, so zeigt sich folgende regelmäßige Erscheinung. Zunächst wird eine Theorie entwickelt, um durch die Mannigfaltigkeit des gewählten Schemas die Mannigfaltigkeit der bekannten Verbindungen darzustellen. Man wählt natürlich kein Schema, dem sich die letztere Mannigfaltigkeit nicht zuordnen lässt, und daher drückt jede Theorie den Wissensbestand ihrer Zeit mehr oder weniger vollkommen aus. Dieser Wissensbestand ist aber einer unaufhörlichen Vermehrung und auch Veränderung unterworfen; so tritt dann notwendig früher oder später ein Zeitpunkt ein, wo die beiden Mannigfaltigkeiten, die tatsächliche der Erfahrung und die schematische der Theorie, nicht mehr zueinanderpassen. Meist versucht man zunächst, die Tatsachen zu beugen, wenn die Theorie, deren Möglichkeiten sich leichter übersehen lassen, nichts mehr ausgeben will. Tatsachen sind aber auf die Dauer widerstandsfähiger, als alle Theorien oder vielmehr als ihre konservativen Vertreter, und so entsteht die Notwendigkeit, die alte Theorie entweder passend zu erweitern, oder durch eine neue, angemessenere zu ersetzen. Die neue Zuordnung, die den bereits bekannten Tatsachen besser angepasst ist, ermöglicht aus eben diesem Grund auch die Voraussicht anderer, noch nicht bekannter, aber im Licht der neuen Theorie analoger Tatsachen und findet daher regelmäßig eine „überraschende Bestätigung". Dieser Zustand dauert länger oder kürzer, je nachdem die Anpassung der neuen Theorie mehr oder weniger glücklich war, aber schließlich pflegt doch wieder der Fall einzutreten, dass irgendwelche neuen Tatsachen sich mit der Theorie nicht recht vertragen wollen. Dann beginnt die krampfhafte Bemühung um gegenseitige Anpassung der beiden von Neuem, die durch die Gewaltsamkeit der erforderlichen Ergänzungshypothesen gekennzeichnet ist, und noch Erkenntnis des Misserfolges aller derartigen Verbesserungsversuche ist wieder eine radikale Sanierung erforderlich.

Diese zweite Periode hat sich auch für die zur Stereochemie erweiterte Strukturchemie langsam genähert. Und zwar nehmen die Nichtübereinstimmungen zweierlei Form an. Einmal sind Isomeriefälle entdeckt worden, welche zahlreicher auftreten, als sie sich nach den ebenen und räumlichen Strukturformeln voraussehen lassen. Sodann aber sind auf dem Boden des größten Triumphes der Stereochemie, bezüglich der optisch-aktiven Verbindungen, Erscheinungen aufgetreten, die einen um so gefährlicheren Eindruck machen, als sie einen verhältnismäßig einfachen Fall betreffen.

Es handelt sich um die Überführung optisch aktiver Stoffe in andere und die Rückverwandlung dieser Produkte in Stoffe von der ursprünglichen Zusammensetzung. Hierbei sollte man erwarten, dass man einen Stoff von der ursprünglichen Drehungsrichtung gewinnt, wenn man eben nur ein Atom gegen ein anderes ausgetauscht und diesen Austausch hernach wieder rückgängig macht. Allerdings sind Fälle bekannt, in denen sich die optische Aktivität bei solchen Eingriffen ganz verliert. Dies rührt aber daher, dass ein Gemisch oder eine Verbindung aus den beiden entgegengesetzten Stoffen von allen möglichen Formen die beständigste ist und daher entstehen muss, wenn derartige Umwandlungen (etwa durch katalytisch wirkende Stoffe) überhaupt eintreten. Aber die unmittelbare und vollständige Umwandlung eines aktiven Stoffes in den entgegengesetzten ist nie beobachtet worden und stände auch im Widerspruch mit den Gesetzen der Energetik.

Nun hat P. Waiden beobachtet, dass man bei der Umwandlung der Äpfelsäure in Halogenbernsteinsäure durch Einwirkung von Halogenphosphor unter entsprechenden Vorsichtsmaßregeln zwar regelmäßige Resultate findet, indem aus der linksdrehenden Äpfelsäure stets rechtsdrehende Halogenbernsteinsäure entsteht, und umgekehrt; bei der Rückverwandlung der Halogenbernsteinsäure in Äpfel-l-säure durch die Einwirkung von Basen aber kann man je nach der Base, die man verwendet, entweder die ursprüngliche Äpfelsäure oder die entgegengesetzte herstellen. Ebenso kann man aus aktiver Asparaginsäure je nach den benutzten Reaktionen die eine oder die andere aktive Äpfelsäure erlangen. Es ist also möglich, unter vollständiger Erhaltung der Aktivität von einem und demselben Stoffe aus zu entgegengesetzten Konfigurationen zu gelangen, ohne das Zwischenstadium der razemischen Verbindung zu passieren.

Diese Tatsache scheint mir in einem Widerspruch mit den Grundsätzen der Stereochemie zu stehen. Denn das sonst so bereitwillige Hilfsmittel der Umlagerung versagt hier, weil die Umlagerung grundsätzlich immer nur eine razemische Verbindung ergeben kann, nicht aber die entgegengesetzt aktive. Man darf natürlich nicht behaupten, dass es keinen Ausweg aus dieser Schwierigkeit gab; wohl aber führte der Ausweg zu einer Erweiterung der ursprünglichen Grundlagen stereochemischer Anschauungen. —

In der ganzen Darstellung dieses Buches habe ich mich ohne Rückhalt der atomistischen und molekularen Ausdrucksweise bedient, da es eine andere für die hier behandelten Verhältnisse nicht gibt, und ich daher unverständlich geblieben wäre, wenn ich versucht hätte, eine solche einzuführen und anzuwenden. Aber bei meinem bisherigen Bestreben, aus der hypothetischen Hülle die tatsächlichen Verhältnisse in Gestalt gesetzlicher Beziehungen zwischen messbaren und aufweisbaren Größen herauszuschälen, entsteht naturgemäß auch die Frage, ob eine solche Operation mit dem Konstitutionsbegriff der organischen Chemie gleichfalls ausführbar ist. Wenn ich in Gesprächen mit wissenschaftlichen Freunden auf die Entbehrlichkeit des Atombegriffes für die Darstellung und das Verständnis der chemischen Grundtatsachen hinwies, so wurde mir fast regelmäßig die Antwort: Aber die Verhältnisse der organischen Verbindungen können nicht ohne die Hilfe der Atomtheorie dargestellt werden, und dadurch ist deren Notwendigkeit bewiesen.

Ich will sofort erklären, dass mir eine Darstellung dieser Verhältnisse ohne die Hilfe der Atomtheorie nicht bekannt ist, und dass ich jetzt eine solche auch nicht einmal zur Probe an einigen Beispielen vorlegen kann. Während fast zwei Jahrhunderten ist die Gesamtheit der wissenschaftlichen Ergebnisse auf diesem Gebiet ausschließlich in den Formen der Atomtheorie dargestellt und mitgeteilt worden, und die entsprechenden Formen sind so ausgebildet, ja die ganze Forschung ist unwillkürlich solche Wege gegangen, dass eine gegenseitige Anpassung unserer Kenntnisse und jener Anschauungsweise eine Notwendigkeit ist. Aber ich muss nichtsdestoweniger meine Überzeugung ausdrücken, dass auch hier eine hypothesenfreie Darstellung der Tatsachen möglich ist, und zwar aufgrund der nachstehenden Überlegungen.

Die chemischen Verbindungen mit ihren genetischen und Isomerieverhältnissen stellen eine bestimmte gesetzmäßige Mannigfaltigkeit dar. Wenn die Gesetze dieser Mannigfaltigkeit in abstrakt-mathematischer Gestalt bekannt sind, bilden sie eine vollständige Systematik der bekannten und unbekannten Verbindungen, und werden dann die genetischen Beziehungen zwischen diesen allgemein darstellen. Hierzu wäre nur erforderlich, dass man die Eigenschaften aller Stoffe als Funktionen bestimmter Veränderlicher kennte. Die Zusammensetzung gehört jedenfalls zu dieser Gruppe maßgebender veränderlicher Größen; dass sie aber nicht ausreichend ist, ergibt sich aus der Tatsache der Existenz isomerer Stoffe. Wir müssen uns also nach einer weiteren maßgebenden Veränderlichen umschauen, welche nicht hypothetisch ist und die Eigenschaft der Messbarkeit besitzt.

Eine solche finden wir in dem Energieinhalt der Stoffe. Isomere Stoffe sind unter allen Umständen dadurch gekennzeichnet, dass sie unter gleichen Umständen verschiedene Energiemengen besitzen und die Definition, dass isomere Stoffe solche von gleicher Zusammensetzung und verschiedener Energie sind, ist von allen vorhandenen Definitionen die sachgemäßeste, weil sie frei von unbewiesenen Hypothesen ist und dabei das bestimmteste Unterscheidungsmerkmal angibt. Diese Energieverschiedenheit bedingt, dass im Allgemeinen unter gegebenen Umständen nur eine einzige Form beständig ist. Im Falle des festen Zustandes kann dies ein reiner Stoff sein, wenn nämlich die verschiedenen Isomeren keine feste Lösung miteinander bilden. Liegt dagegen eine Flüssigkeit oder ein Gas vor, so ist die stabile Form stets eine Lösung aus allen möglichen Isomeren, deren Verhältnis von Druck und Temperatur abhängt.

Nun haben die Isomeren im organischen Gebiet allerdings meist eine große Beständigkeit, d. h., sie wandeln sich so langsam in die stabile Form um, dass man gewöhnlich diesen Umwandlungsvorgang nicht zu beobachten Gelegenheit hat. Auch richtete sich naturgemäß bisher das Interesse des präparierenden Organikers viel mehr auf die Herstellung von Umständen, unter denen möglichst einheitliche Produkte erhalten wurden, als auf derartige Gleichgewichtszustände. So ist die organische Chemie zu einem sehr großen Teil eine Chemie umwandlungsfähiger Zwischenformen.

Fassen wir diese Betrachtungen zusammen, so kommen wir zu dem Ergebnis, dass die Systematik der organischen Verbindungen ihre hypothesenfreie Darstellung dadurch findet, dass man aufgrund der Zusammensetzung und des Energieinhaltes zunächst den Mannigfaltigkeitscharakter der stabilen Formen festzustellen haben wird. Hierdurch würde aber nur ein verhältnismäßig kleiner Teil der vorhandenen Mannigfaltigkeiten gedeckt werden können. Diese instabilen Zwischenformen haben folgende merkwürdige Beschaffenheit. Für verhältnismäßig geschwinde Vorgänge verhalten sie sich wie bestimmte Stoffe von bestimmten spezifischen Eigenschaften. Je langsamer aber die Vorgänge werden (oder je kürzer die zur gegenseitigen Umwandlung erforderliche Zeit z. B. durch Katalysatoren etwa gemacht wird), um so mehr verwischt sich die Selbstständigkeit der einzelnen Formen und schließlich besteht nur eine einzige, deren Eigenschaften gemeinsam durch die jener Einzelstoffe bestimmt werden. Es sind einige organische Verbindungen, meist von einfacher Zusammensetzung und daher nach einer allgemeinen Regel von großer Reaktionsgeschwindigkeit bekannt, bei denen diese gegenseitigen Umwandlungen so schnell erfolgen, dass man die Einzelstoffe gar nicht hat isolieren können. Diese Stoffe reagieren wegen dieser Beschaffenheit den Formeln ihrer beiden isomeren Bestandteile gemäß, und es haben über ihre Natur vielfache Erörterungen stattgefunden, bis man sie unter dem Namen der tautomeren Stoffe zu systematisieren gelernt hatte.

Ferner besteht die Eigentümlichkeit, dass die Tautomerie an den flüssigen Zustand geknüpft ist, während feste Stoffe bestimmten Formen entsprechen. Dies rührt daher, dass gegenseitige Lösungen aus zwei oder mehreren isomeren Stoffen (als welche die tautomeren aufgefasst werden müssen), nur im flüssigen Zustand vorkommen, nicht aber im festen. Hieraus ergibt sich das für die gewöhnlichen Auffassungen höchst wunderliche Resultat, dass die Konstitution und Formel einer chemischen Verbindung davon abhängt, ob diese im festen oder flüssigen, bezw. gelösten Zustand vorliegt.

Diese Zusammenhänge zwischen den verschiedenen Isomeren lassen erkennen, dass neben der absolut beständigsten Form noch relativ beständige Nebenformen vorkommen, auf deren Existenz und Darstellung die allgemeine Theorie der organischen Verbindungen angemessene Rücksicht zu nehmen hat. Die als Funktion der Zusammensetzung und des Energieinhaltes erscheinende „Existenzfunktion" der organischen Verbindungen muss somit eine spezifische Beschaffenheit aufweisen, indem sie bei gegebener Zusammensetzung nicht beliebige Energiewerte einzuführen gestattet, sondern nur eine endliche Anzahl diskret liegender Einzelwerte. Die tiefer liegenden Ursachen für diesen Umstand müssen in der Quantenphysik bzw. der Quantenbiologie gesucht werden. Mehr als diese allgemeinen Anhaltspunkte über das vorliegende Problem kann ich hier nicht geben.

2.5   Der Zusammenhang zwischen chemischen und elektrischen Erscheinungen

Der große Einfluss, den die elektrochemische Theorie von Berzelius auf die Gestaltung des Konstitutionsproblems in der Chemie ausgeübt hat, ist aus dem vorigen Kapitel deutlich geworden. Es ist daher von erheblichem Interesse, nicht nur die Entstehungsgeschichte jener Theorie genau zu verfolgen, sondern in allgemeiner Weise den Zusammenhang sich zu vergegenwärtigen, der zwischen den chemischen und den elektrischen Erscheinungen besteht.

Dem heutigen Betrachter erscheint nichts natürlicher, als dass gleich bei der ersten Untersuchung der galvanischen Erscheinungen deren chemische Zusammenhänge den Beobachtern hätten entgegentreten müssen. Aber hierbei ist dessen zu gedenken, dass in der Periode des sogenannten einfachen Galvanismus, nämlich vor der Erfindung der Zusammensetzung beliebig vieler Elemente zu „Säulen" nur solche elektromotorische Kräfte zur Verfügung standen, welche durch die Kombination zweier Metalle mit einer Flüssigkeit bewirkt werden, also bestenfalls die Spannung von einem Volt nicht erheblich überschreiten. Nun ist anderseits die Polarisation, welche bei den gewöhnlichen Elektrolysen entsteht und ihre Betätigung hemmt, bzw. unterbricht, von gleicher Größenordnung. Zu einer regulären Elektrolyse kam es daher niemals, und aus den unter diesen Umständen eintretenden schwachen Erscheinungen einen gesetzmäßigen Zusammenhang mit den chemischen Vorgängen zu erkennen, war eine sehr schwierige Aufgabe.

Alessandro Volta, der geniale Physiker, welcher Galvanis Froschschenkelversuch zu einer glänzend durchgeführten Theorie der Elektrizitätserregung durch den Kontakt entwickelt hatte, hat sich merkwürdigerweise den chemischen Erscheinungen, auf die er bei seinen Versuchen beständig stieß, ganz und gar verschlossen. Er betrachtete die Oxidation seiner Zinkplatten höchstens als eine lästige Begleiterscheinung seiner Versuche, die ihn nötigte, die Platten immer wieder zu reinigen, nicht aber als einen wesentlichen Bestandteil der Vorgänge. So war es denn einem anderen Forscher vorbehalten, die fundamentale Erkenntnis zu gewinnen, dass die von Volta mit so großem Scharfsinn aufgestellte und experimentell begründete Spannungsreihe der Metalle nicht verschieden ist von deren Oxidationsreihe: Am positiven Ende stehen die Metalle, die sich am leichtesten oxidieren lassen, am negativen die edlen, und zwischen beiden sind die Metalle genau in der Reihenfolge geordnet, wie sie sich gegenseitig aus ihren Lösungen fällen. Der Mann, dem wir diese fundamentale Entdeckung verdanken, heißt Johann Wilhelm Ritter (1776 bis 1810). Sein Name ist wenig bekannt, obwohl er unter den ersten in der Elektrochemie genannt zu werden verdient. Denn er hat außer dieser Entdeckung noch eine Reihe anderer gemacht, die gleichfalls für die Elektrochemie von grundlegender Bedeutung geworden sind. Unter dem Einflusse des Glanzes der Namen Volta und Davy ist der Ritters in den Schatten getreten. Auch haben andere Gründe, insbesondere die unklare und schwülstige Sprache Ritters, zu dieser unverdienten Vergessenheit beigetragen; doch beginnt die Geschichte der Wissenschaft bereits eine verspätete Gerechtigkeit zu üben, und Ritter wird mehr und mehr als einer der Großen im Reich der Elektrochemie anerkannt.

Weder die unerwartete Beziehung, die Ritter aufgedeckt, noch die interessanten Experimente, durch die er sie erläutert hatte, erregten indessen die Aufmerksamkeit der wissenschaftlichen Welt. Dies geschah erst, als Volta seine Säule erfand und damit ein Mittel gab, die Spannung einer Kette auf jeden beliebigen Wert zu erhöhen. Es ist sehr spaßhaft, die Worte zu lesen, mit denen Volta die Beschreibung seiner großen Erfindung einleitet. Er betont dabei, dass es sich eigentlich um etwas sehr Überflüssiges handle. Er habe die ganze Theorie der galvanischen Erscheinungen entwickelt und durch Messungen gestützt. Es seien allerdings nur kleine Kräfte, die zur Messung gelangten und es gäbe Menschen, die damit nicht zufrieden seien, dass die Strohhalme seines Elektrometers sich um einige Linien auseinander bewegten; sie wollten, dass sie gleich an die Glaswände anschlügen. Und ebenso seien sie nicht zufrieden, einen kleinen elektrischen Funken zu sehen; er müsse auch tüchtig knallen. Um nun solchen ungläubigen Thomasen die Einzelheiten seiner Theorie in großem Maßstab vorführen zu können, gebe er das Verfahren der Verstärkung der elektrischen Wirkung durch die Zusammensetzung der einzelnen Glieder zu einer Säule an. Und dann beschreibt er seine große Erfindung in ihren Hauptformen, der Säule und der Gefäßbatterie.

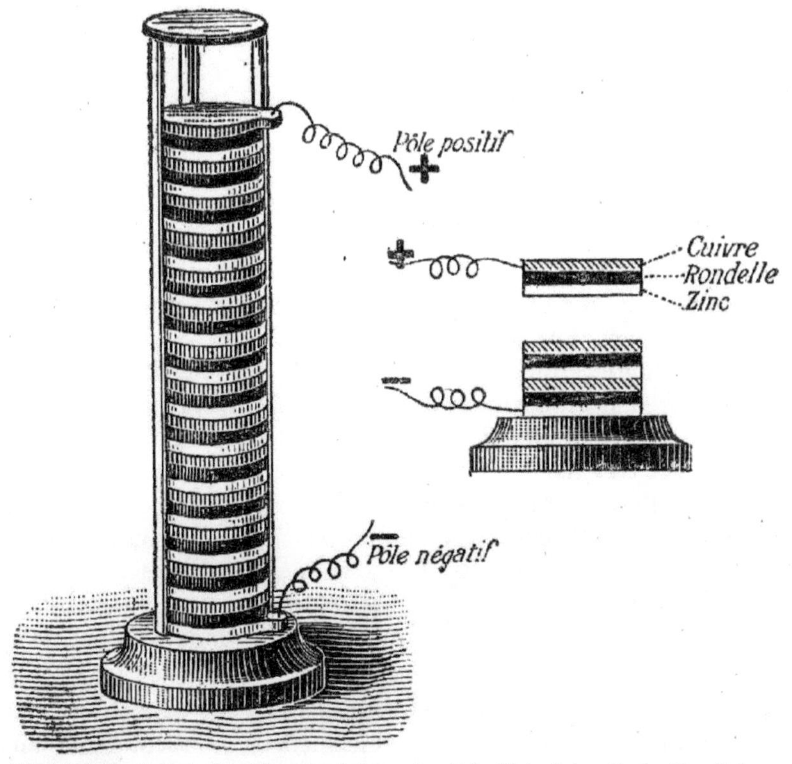

Abb. 2.7: Zeitgenössische Darstellung des Aufbaus einer Volta-Säule. Cuivre=Kupfer, Zinc=Zink, Rondelle=Scheibe.CC0

Voltas eigenes Interesse ist hierbei hauptsächlich dahin gerichtet, dass man mittelst eines solchen Apparates die Schläge der elektrischen Fische nachahmen kann, und er hält es für nötig, genau zu beschreiben, wie man eine solche Säule in eine Haut einnähen und mit einem künstlichen Kopf und Schwanz versehen kann, um einen Zitteraal möglichst getreu nachzuahmen. Für uns ist es besonders interessant, hierbei zu erfahren, dass er gelegentlich bei diesen Versuchen die beiden Drähte von den Enden seiner Säule in ein Gefäß mit Wasser brachte. Hierbei muss unzweifelhaft Elektrolyse nebst Gasentwicklung eingetreten sein, doch erwähnt Volta kein Wort hiervon. War er mit Blindheit geschlagen, oder fühlte er voraus, dass die hier auftretenden chemischen Erscheinungen dazu bestimmt waren, seine mit so großen Scharfsinn entwickelte Theorie der Berührungselektrizität zu vernichten?

Wie dem auch sei, zu einem wirksamen Werkzeug der Elektrochemie wurde Voltas Säule erst, nachdem sie in andere Hände gekommen war, und zwar sofort. Volta hatte seine Erfindung in einem Briefe beschrieben, den er an Banks, den Präsidenten der Royal Society in London, zur Veröffentlichung in den Philosophical Transactions dieser Gesellschaft gerichtet hatte. Banks ließ den Brief, bevor er ihn abdruckte, längere Zeit bei seinen Freunden zirkulieren, die sich ihrerseits beeilten, die von Volta beschriebenen merkwürdigen Versuche zu wiederholen. Bei dieser Gelegenheit bemerkten zwei von diesen, die sich sonst nicht durch wissenschaftliche Entdeckungen ausgezeichnet hatten oder künftig weiter auszeichneten, Nicholson und Carlisle, das wenn die Leitungsdrähte von den Enden der Voltaschen Säule ohne unmittelbare Berührung sich in einer Wassermasse befanden, eine Gasentwicklung an beiden Enden eintrat. Unter den entwickelten Gasen wurde Wasserstoff mit Sicherheit erkannt, das andere erwies sich als Sauerstoff. Ebenso konnte die Ausscheidung verschiedener Metalle aus den Lösungen ihrer Salze beobachtet werden, die regelmäßig an dem Draht auftraten, der mit dem negativen Ende der Säule verbunden war.

Diese Versuche waren die Einleitung zu einer Unzahl anderer Experimente, welche nach den verschiedensten Richtungen ausgeführt wurden und die schnelle Entstehung einer eigenen Wissenschaft, der Elektrochemie, bewirkten. Die Wechselwirkung zwischen dieser und der allgemeinen Chemie war sehr verschiedenartig; zuzeiten hat die Tochter ihre Mutter vollkommen beherrscht, zu anderen Zeiten war sie fast verschwunden. Erst in neuester Zeit scheint sich ein dauerndes Verhältnis eingestellt zu haben, indem die Elektrochemie in dem ihr zukommenden Gebiet (dem der Elektrolyte) festen Fuß gefasst hat und unter Verzicht auf überraschende hypothetische Beutezüge in die Nachbarländer in ruhiger Arbeit untersucht, wie weit sie etwa ihren Einfluss noch mit legitimen Mitteln ausdehnen kann.

Es lassen sich vorwiegend drei Richtungen unterscheiden, in denen die Elektrochemie sich entwickelt hat. Erstens ist die Voltasche Säule ein mächtiges Mittel zur Hervorbringung chemischer Reaktionen. In solcher Weise hat es eine präparative

Elektrochemie nicht nur am Anfang der hier zu schildernden Periode gegeben, sondern bis auf den heutigen Tag werden mithilfe des elektrischen Stromes wissenschaftlich und technisch neue Stoffe und neue Darstellungsweisen entdeckt. Zweitens hat die Untersuchung der elektrischen Stromleitung in den Elektrolyten zu sehr weitgehenden und tief greifenden Aufschlüssen geführt. Die hier liegenden Probleme sind stufenweise während einer sehr langen Periode bearbeitet worden, deren Schwerpunkt mehr nach unseren Tagen hin verschoben erscheint. Endlich ist die Frage nach der Quelle der elektrischen Erregung in der Kette ein Problem gewesen, dass bereits von Volta aufgeworfen und scheinbar gelöst, immer wieder neue Arbeit erfordert hat. Wir werden diese drei Linien nebeneinander verfolgen.

Von all den verschiedenen Forschern, die sich zunächst mit der Feststellung und Aufklärung der chemischen Wirkungen der Voltaschen Säule beschäftigen, erreichte keiner glänzendere Erfolge, als Humphry Davy (1778 bis 1829), ein junger Physikochemiker, der zum Professor an der Royal Institution[16] ernannt worden war. Durch seine Tätigkeit und die seines unmittelbaren Nachfolgers Faraday ist der Fortschritt der Elektrochemie während längerer Zeit in engen Zusammenhang mit dem schlichten Laboratorium dieser Gesellschaft gebracht worden.

Davys Arbeiten nahmen einen sehr bescheidenen Anfang. Es war sehr bald beobachtet worden, dass sich die Umgebung des negativen Poldrahtes, nachdem der Strom einige Zeit durchgegangen war, alkalisch reagierte, während die des positiven eine saure Reaktion aufwies. Dies schien auch einzutreten, wenn man nicht Salzlösungen, sondern reines Wasser nahm, und von fantasiereichen Leuten waren darauf abenteuerliche Theorien gegründet worden. Davy stellte sich zunächst die Aufgabe, das Tatsächliche hierbei klarzustellen, und erhielt anfangs in der Tat Ergebnisse, die

---

16 Die Royal Institution ist nicht mit der Royal Society zu verwechseln, von der oben die Rede war. Letztere ist eine gelehrte Gesellschaft, vergleichbar den wissenschaftlichen Akademien des Kontinents, während die Royal Institution ein privater Verein ist, dessen Mitglieder aus ihren Jahresbeiträgen eine Anstalt unterhalten, in welcher ihnen wissenschaftliche Vorträge, meist gemeinverständlichen Inhalts, geboten werden. Zur besseren Ausführung dieser Vorträge ist die Anstalt mit einem Laboratorium verbunden und et wurde ein Gelehrter (später mehrere) angestellt, welcher jene Lehrzwecke wahrzunehmen hatte und sich daneben in seinen Mussestunden mit eigener Forschung beschäftigen konnte. In der "Wahl dieser Männer hat die Gesellschaft dauernd eine sehr glückliche Hand bewährt.

auf die Entstehung solcher Stoffe aus Wasser hinzudeuten schienen, denn auch sein reinstes Wasser zeigte die Erscheinung, wenn auch ziemlich schwach. Der letzte Umstand bestärkte ihn in der Überzeugung, dass es sich nur um eine Verunreinigung handeln konnte, denn je reiner das Wasser war, um so weniger Säure und Basis trat auf. Da aber bereits ganz unglaublich geringe Verunreinigungen ausreichen, um die Reaktion zu zeigen, — Glasgefäße gaben z. B. bereits hierfür genug lösliche Stoffe an Wasser ab, — so waren besondere Vorsichtsmaßregeln erforderlich, um diese Störungen auszuschließen. Durch Arbeiten in goldenen Gefäßen (Platingerät war damals noch unbekannt) gelangte Davy indessen schließlich dahin, dass keine Säure oder Alkali mehr beim Stromdurchgang auftrat, und somit war jenes Problem gelöst. Wir können Davy nicht durch alle weiteren Stufen seiner Arbeiten folgen. Er erkannte bald, welch einen kräftig zerlegenden Einfluss der elektrische Strom auf chemische Verbindungen aller Art ausübt und unterwarf einen Stoff nach dem anderen diesem neuen Agens. Schließlich benutzte er es, um eine alte Frage zu lösen. Die Alkalien waren bis dahin nicht in einfachere Bestandteile zerlegt worden, obwohl sie sich in vielen Beziehungen den Metalloxiden ähnlich verhalten. Davy unterwarf sie dem Strom und konnte in der Tat eine Zerlegung nachweisen: An der einen Seite erschien Sauerstoff, wie erwartet, an der anderen Seite aber ein Metall von völlig unerwarteten, ja unerhörten Eigenschaften. Es war nicht nur äußerst leicht, sondern entzündete sich an der Luft, insbesondere wenn es auf Wasser geworfen wurde. Es war daher recht schwer, eine zur Untersuchung ausreichende Menge dieses wunderbaren Stoffes zu sammeln, doch erhielt Davy genug, um die wichtigsten Eigenschaften des Kaliums und des Natriums festzustellen.

Diese Versuche erregten ungeheures Aufsehen und machten ihren Entdecker zu einer europäischen Berühmtheit. Sie wurden überall wiederholt und bestätigt und bildeten damals einen Mittelpunkt des allgemeinen Interesses.

Die spätere Entwicklung dieser Seite der Elektrochemie hat weitere große Überraschungen oder theoretisch einflussreiche Entdeckungen nicht gebracht. Etwa ein halbes Jahrhundert später zeigte Bunsen, dass man eine Anzahl schwer zugänglicher Metalle durch Elektrolyse der geschmolzenen Halogenverbindungen gewinnen kann, und seit im letzten Viertel des vorigen Jahrhunderts die schnelle Entfaltung der Elektrotechnik auch dem Chemiker diese lenksame Energie in reichlicher Menge preiswert zur Verfügung stellte, hat sich eine umfangreiche und wichtige technische Elektrochemie ausgebildet. Aber neue leitende Gedanken sind im Zusammenhang mit diesen Fortschritten nicht zutage getreten, vielmehr wird beispielsweise jetzt wieder Natrium in derselben Weise fabriziert, wie Davy es zum ersten Male erhalten hatte. —

Ungefähr gleichzeitig mit den glänzenden Entdeckungen Humphry Davys wurde eine andere Arbeit veröffentlicht, die damals kaum beachtet wurde, weil sie sich auf sehr harmlose Vorgänge bezog, die aber in der Folge einen bedeutenderen Einfluss ausüben sollte als jene. Sie war von zwei jungen schwedischen Gelehrten, Berzelius und Hisinger veröffentlicht worden und bezog sich gleichfalls auf die Zerlegung von zusammengesetzten Stoffen durch den elektrischen Strom. Es waren hauptsächlich die bekanntesten Salze, wie Salpeter, Glaubersalz, Kochsalz u. dergl. untersucht worden, und die bereits erwähnte Tatsache, dass sich Säure am positiven, Alkali am negativen Poldraht ansammelt, hatte sich als allgemein ergeben. Aufgrund dieser Beobachtung (die keineswegs allgemeingültig ist, denn aus den Salzen der Schwermetalle werden nicht deren Hydroxide, sondern die Metalle selbst abgeschieden), betrachtete Berzelius, wie wir gesehen haben, Säure und Basis nicht nur als zwei Stoffe, aus denen man Salze herstellen kann, sondern allgemein als die Bestandteile der Salze, die auch noch in den fertigen Verbindungen eine gewisse Selbstständigkeit besitzen. Konnten so die Salze als aus einem positiven und einem negativen Teil bestehend angesehen werden, so wurde die gleiche Betrachtungsweise auf alle anderen Stoffe ausgedehnt. Jede Verbindung bestand in Berzelius' Auffassung aus einem positiven und einem negativen Bestandteil. Die beiden entgegengesetzten Eigenschaften hoben sich aber zufolge dieser Theorie nicht genau gegenseitig auf, sodass die entstehende Verbindung immer noch positiv oder negativ war, je nach der Natur ihrer Bestandteile, und in solcher Eigenschaft in Verbindungen höherer Ordnung eintreten konnte. Für diese galt das Gleiche, nur dass die übrig gebliebenen positiven oder negativen Eigenschaften immer schwächer sein mussten, je höher die Ordnung der Verbindung war. Dies ist die berühmte elektrochemische Theorie von Berzelius.

Der Geschichte der eigentlichen Elektrochemie gehört die elektrochemische Theorie von Berzelius nicht an. Dies ergibt sich schon daraus, dass sie zu keiner weiteren Untersuchung auf dem gemeinsamen Gebiete der Elektrik und der Chemie Anlass gegeben hat, wie denn auch Berzelius später nie wieder auf derartige Experimente zurückgekommen ist. Ihre Bedeutung lag ganz und gar im Gebiet der chemischen Systematik und wir haben sie in dieser Beziehung eingehend kennengelernt.

Aber auch die glänzenden Experimentaluntersuchungen von Davy waren nicht imstande eine zusammenhängende Periode elektrochemischer Forschung hervorzurufen. Die Chemie ging andere Wege und die Stoffe, welche hier das Interesse mehr und mehr fesselten, die organischen Verbindungen, zeigten keine deutlichen Beziehungen zu elektrischen Fragen. Anderseits entwickelte sich die Elektrik zunächst wesentlich unter dem Einfluss der Anschauungen Voltas, dessen Theorie von der Entstehung der Elektrizität in seiner Kette durch die Berührung der verschiedenen Leiter wegen ihrer formalen Zulänglichkeit nicht nur bei den Physikern zu unbedingter Herrschaft gelangte, sondern auch die wenigen Chemiker, die sich noch mit den hergehörigen Fragen beschäftigten, in ihren Bann zog.

So bedurfte es neuer, wesentlicher Entdeckungen, um den Anstoß zu erneuern. Ja, wir werden sehen, dass einer nicht genügte, sondern eine ganze Anzahl von erneuten Anstößen erforderlich war, bis endlich die wissenschaftliche Elektrochemie entstehen konnte. Erst Ende des 19. Jahrhunderts war die Zeit so weit gediehen, dass der immer wieder bearbeitete Boden zu regelmäßiger Ernte bereitet war, nachdem eine ganze Anzahl führender Männer vergeblich das Ihrige getan hatten, um dies Ziel zu erreichen. —

Wir wenden uns nun zu den Untersuchungen des Leitungsvorganges in zersetzbaren Flüssigkeiten. Bereits Volta hatte Leiter erster und zweiter Klasse unterschieden. In die erste Klasse gehören die Metalle, die den Strom leiten, ohne eine Veränderung irgendwelcher Art zu erfahren, während Leiter zweiter Klasse solche sind, welche gleichzeitig chemisch zersetzt werden. In diese zweite Klasse gehören vorwiegend wässerige Lösungen von Salzen, Säuren und Basen.

Schon die ersten Untersuchungen von Nicholson und Carlisle ergaben, dass die Tatsache der chemischen Zersetzung durch den elektrischen Strom nicht die einzige Merkwürdigkeit hierbei war. An den Stellen, wo die zuführenden und abführenden metallischen

Leiter in die wässerige Flüssigkeit tauchten, entwickelten sich die Gase; an der einen Seite reiner Sauerstoff, an der anderen reiner Wasserstoff. Dies erwies sich als unabhängig davon, wie lang der Weg in der Flüssigkeit zwischen den beiden Stellen war, und es entstand das Problem: Wenn an der einen Seite der Sauerstoff des zerlegten Wassers sich entwickelt, wie kommt der zugehörige Wasserstoff dazu, augenblicklich an der anderen Seite zu erscheinen? Dass er auf irgendeine Weise durch die ganze Länge der Flüssigkeit schlüpft, war kaum denkbar; auch erwies sich, dass man beliebige andere Leiter zweiter Klasse dazwischen schalten kann, selbst solche, die mit Wasserstoff oder Sauerstoff reagieren, ohne dass die Gase am Erscheinen verhindert werden.

Der erste Versuch, dies Rätsel zu lösen, wurde von Theodor von Grotthus (1785 bis 1822) gemacht, der die Theorie, welche seinen Namen in der Geschichte der Elektrochemie erhalten hat, als zwanzigjähriger Jüngling veröffentlichte. Sie kam darauf hinaus, dass sich die Atome in Ketten anordnen sollten, die abwechselnd aus Sauerstoff und Wasserstoff bestehen und auf die die elektrische Ladung der metallischen Leiter dann induzierend wirkt. Durch ein abwechselndes Spiel von Verbindungen und Zersetzungen, das nach dem Schema der „grande chaine" in der Polonaise vor sich geht, ergab sich anschaulich, dass die Elemente nur an den metallischen Leitern ausgeschieden werden, während die innerhalb der Flüssigkeit gleichzeitig vor sich gehenden Zersetzungen immer wieder von Verbindungen gefolgt werden, sodass dort schließlich die unveränderte Flüssigkeit wiedergefunden wird.

Diese Theorie stand sehr lange in gutem Ansehen, und sie enthält in der Tat neben vergänglichen Bestandteilen, einige gesunde und dauerhafte. Vor allen Dingen den Gedanken, dass wenn man die Bestandteile des zersetzbaren Leiters gegeneinander sich verschieben lässt, sodass die einen im Sinne des positiven Stromes, die anderen im entgegengesetzten wandern, die mittleren Gebiete des Leiters diese Bestandteile hernach im unveränderten Verhältnis enthalten werden, und Veränderungen oder Zersetzungen nur an den Enden, wo der Strom aus und eintritt, zutage treten können. Wir werden später sehen, dass die weitere Entwicklung der Angelegenheit sich gleichfalls innerhalb dieser Vorstellung bewegt, wenn auch in freierer Weise, als dies Grotthus gemäß den wissenschaftlichen Begriffen seiner Zeit tun konnte.

Allerdings waren durch diesen Gedanken nur Möglichkeiten einer Erklärung angedeutet; zur Gewinnung einer wirklichen Einsicht waren noch genauere tatsächliche Kenntnisse erforderlich.

Bald wurde denn auch das Problem auf experimentellem Weg weiter bearbeitet, und zwar war es Davys Nachfolger an der Royal Institution, Michael Faraday (1791 bis 1867), dem wir den nächsten großen Fortschritt verdankten. Faraday hatte sich bereits durch seine Entdeckung der elektrischen und elektromagnetischen Induktion einen hoch angesehenen Namen gemacht, als er im Zusammenhang mit allgemeinen Aufgaben sich der Erforschung der voltaschen Elektrizität zuwandte. Es handelte sich zunächst um die Frage, ob außer dem wohlbekannten Unterschied der positiven und negativen Elektrizität noch andere, von der Herkunft abhängige Unterschiede an der Elektrizität vorhanden seien, etwa wie beim Licht außer den Intensitätsunterschieden noch Unterschiede der Farbe, bezw. der Schwingungszahl beobachtet werden können. Zu diesem Zweck war es nötig, die verschiedenen Wirkungen der Elektrizität zu messen und sich zu überzeugen, ob diese einander proportional blieben, wenn die Herkunft der Elektrizität gewechselt wird. Hierzu dienten einerseits die bekannten physikalischen Wirkungen, wie die Ablenkung der Magnetnadel, die Wärmeentwicklung usw., anderseits sollte die chemische Wirkung benutzt werden. Bei dieser war indessen nur die allgemeine Tatsache der chemischen Zersetzung durch den Strom bekannt, dagegen nicht, von welchen Faktoren deren Betrag abhängt. Die Untersuchung dieser Frage führte zu den beiden sehr merkwürdigen Gesetzen, die Faradays Namen tragen, und die Folgendes aussagen. Erstens ist in jedem Falle der Betrag der Zersetzung proportional der durchgehenden Elektrizitätsmenge, welcher Stoff auch der Zersetzung unterworfen werden mag. Zweitens verhalten sich beim Durchgang der gleichen Elektrizitätsmenge die aus verschiedenen Verbindungen ausgeschiedenen Stoffmengen wie die Verbindungsgewichte dieser Stoffe, bezw. wie einfache Bruchteile der Verbindungsgewichte. Die durch die gleiche Elektrizitätsmenge ausgeschiedenen Stoffmengen sind nämlich den Äquivalentgewichten dieser Stoffe proportional, sie heißen daher die elektrochemischen Äquivalente.

Es ist schon in einem früheren Kapitel dargelegt worden, dass es sich hier um ein Gesetz handelt, das eine große Ähnlichkeit mit dem Gesetz der Gasvolumen hat, insofern als auch hier der Kapazitätsfaktor einer bestimmten Energieart, der elektrischen Energie, für chemisch vergleichbare Mengen verschiedener Stoffe den gleichen Wert annimmt. Es gibt noch mehrere andere Gesetze vom gleichen Typus.

Die Faradayschen Gesetze führen zu der Vorstellung, dass mit gegebenen Stoffmengen bestimmte Mengen positiver oder negativer Elektrizität verbunden sind und dass beide sich gemeinsam beim Stromdurchgange bewegen, entspricht insofern der Theorie von Berzelius. Man hätte daher erwarten können, dass dieser die unerwartete Hilfe aus dem physikalischen Lager mit Freuden annehmen würde, doch ging es hier ebenso, wie mit Dalton und dem Gesetze von Gay-Lussac. Berzelius bezweifelte das Gesetz und bekämpfte es sogar später mit großer Entschiedenheit als irrig. Sein Grund hierfür beruhte auf einem Irrtum, der übrigens für jene Zeit ganz verzeihlich war. Er deutete nämlich Faradays Behauptung, dass durch den gleichen Strom äquivalente Mengen der verschiedenartigsten Verbindungen ausgeschieden wurden, in solchem Sinne, als sei die gleiche Arbeit für die Zersetzung dieser verschiedenen Verbindungen erforderlich und wandte dagegen ein, dass doch zweifellos die verschiedenen, Salze durch ganz verschiedene Verwandtschaften zusammengehalten seien. Erst viel später stellte sich heraus, dass die Verschiedenheit der Verwandtschaften in dem verschiedenen Betrag der elektromotorischen Gegenkraft oder der Polarisation bei der Elektrolyse ihren Ausdruck findet, während der andere Faktor der elektrischen Energie, die Elektrizitätsmenge, den gleichen Betrag unabhängig von der Natur des Stoffes behält. So verkannte Berzelius ebenso, wie es Dalton bezüglich des Gesetzes von Gay-Lussac getan hatte, gerade den Fortschritt, der sich später als die Grundlage einer Erneuerung seiner eigenen Lehre erweisen sollte; aber gleich Dalton fand er kein Gehör mit seinem Widerspruch und Faradays Gesetz kam schnell zu allgemeiner Anerkennung.

In einer wichtigen Beziehung tat übrigens Faraday seinem eigenen Gesetz unrecht, nämlich bezüglich dessen Ausschließlichkeit und Genauigkeit. Er hielt es für möglich und glaubte auch Beispiele dafür zu haben, dass neben der mit chemischer Zersetzung verbundenen oder elektrolytischen Leitung auch noch eine ohne Zersetzung erfolgende oder metallische Leitung in den Elektrolyten stattfinde. Dann würde die zersetzte Stoffmenge der durchgegangenen Elektrizität nicht genau proportional sein. Die späteren genauen Forschungen haben die strenge Gültigkeit des Faradayschen Gesetzes bis zu sehr weiten Grenzen ergeben.

Aus dem Umstand, dass in Leitern zweiter Klasse die chemischen Vorgänge nur dort stattfinden, wo der Strom in den Leiter eintritt oder ihn verlässt, schloss Faraday weiter, dass die Elektrizität innerhalb dieser Leiter der Elektrolyte, durch deren elektrisch geladenen Teilstücke befördert wird, und dass an den Ein- und Austrittsstellen des Stromes, an den Elektroden, die Elektrizität sich allein weiter bewegt, während ihr chemischer Träger zurückbleibt und durch seine Ausscheidung im unelektrischen Zustande den chemischen Vorgang bewirkt. Diese Teilstücke der Elektrolyte, welche mit dem Strom oder gegen ihn wandern, nannte er I o n e n oder Wanderer, und zwar Kation den Wanderer im Sinne des positiven, Anion den im Sinne des negativen Stromes. Welche Teilstücke als die Ionen zu betrachten sind, hat Faraday nicht ganz konsequent und eindeutig entschieden; er sah als solche einerseits die Metalle und die Halogene an — in geschmolzenen Chlorsilber, das ein Lieblingsobjekt seiner Experimente war, kann man ja außer Silber und Chlor keine anderen einfachen Ionen annehmen — aber bei den Alkalisalzen war er auch bereit, Säure und Base als Ionen anzusehen und ebenso in den Ammoniaksalzen das Ammoniak, NH_3.

Um dieses Problem der Elektrizitätsleitung in den Elektrolyten hat sich von nun ab ein sehr wichtiger Teil der Entwicklung der Elektrochemie konzentriert, und zwar in konsequentem Ausbau von Faradays Grundanschauungen, und unter Verbesserung der von ihm begangenen sekundären Missgriffe.

Zunächst wurde der Begriff des Ions einheitlich festgestellt durch die Arbeiten von John Frederic Daniell (1790 bis 1845). Dieser englische Chemiker ist der Nachwelt hauptsächlich durch die von ihm konstruierte Kupferzinkkette im Gedächtnis geblieben, und der kleine Apparat hat in der Tat eine sehr erhebliche Rolle in der späteren Entwicklung der Wissenschaft gespielt. Es war die erste konstante Kette und hat als solche nicht nur als Grundlage für die genauere Messung elektromotorischer Kräfte gedient, sondern nicht weniger als Typus des idealen elektrochemischen Apparates. Man darf es aussprechen, dass erst seitdem man gelernt hat, anstelle des Voltaschen Fundamentalversuches die Daniellsche Kette zum Ausgangspunkte der Lehre von der Berührungselektrizität zu machen, eine konsequente wissenschaftliche Behandlung dieses Kapitels möglich geworden ist.

Nicht minder erheblich war die begriffliche Klärung, welche Daniell durch seine Analyse des elektrolytischen Leitungsvorganges bewirkt hat. Es ist eben dargelegt worden, dass im Fall binär zusammengesetzter Salze die Frage nach den Ionen dieser Salze eindeutig entschieden werden kann. Daniell griff nun entgegen der damals üblichen Unterscheidung zwischen Halogensalzen und Sauerstoffsalzen auf die bereits von H. Davy vertretene Anschauung zurück, dass auch in den sogenannten Sauerstoffsalzen das Metall das eine Ion bildet, und die übrigen vorhandenen Elemente zusammen das andere Ion. Nach der damaligen, wesentlich durch Berzelius ausgebildeten Theorie besteht z. B. Magnesiumsulfat, $MgSO_4$, aus der Base MgO und der Säure SO_3, wobei es also nötig war, die Anhydride der beiden Stoffe Mg(OH), und H_2SO_4 als Base und Säure anzusehen. Nach Davy und Daniell sind dagegen die Salzbestandteile das Metall Mg und die Gruppe SO_4, das Sulfanion, wie es Daniell nannte, oder Sulfation, wie wir es heute nennen. Es ist sehr bemerkenswert, dass ungefähr um dieselbe Zeit durch rein chemische Betrachtungen gleichfalls die Sauerstoffsäurentheorie von Berzelius durch die Wasserstoffsäurentheorie von Davy ersetzt wurde. Liebig wies überzeugend nach, dass nur durch die letztere Auffassung die verwickelten Verhältnisse der mehrbasischen Säuren eine einfache Darstellung erfahren können. Doch bewirkte der Umstand, dass jene reformatorische Arbeit wesentlich im Interesse der organischen Chemie ausgeführt wurde, ein verhältnismäßig langsames Eindringen dieser Idee in die Kreise der Anorganiker und Elektrochemiker, die an den Anschauungen von Berzelius noch lange festhielten.

Daniell entwickelte seine verbesserte Auffassung des Ionenbegriffs in einer Reihe von Arbeiten, die einer besonderen Tatsache gewidmet waren, nämlich der auffälligen Ansammlung bezw. Verarmung bestimmter gelöster Elektrolyte an den Elektroden oder Zersetzungsstellen. Es gelang ihm nicht, zu vollständiger Klarheit hierüber zu kommen; dies war erst den

Forschungen von Wilhelm Hittorf (geb. 1824) vorbehalten, der nicht nur die eben berührten Fragen aufklärte, sondern einige erhebliche weitere Schritte in der sachgemäßen Auffassung der elektrolytischen Leiter tat. Geht man nämlich von Faradays Grundanschauung aus, dass die Elektrizität mit den Ionen sich durch den Elektrolyt bewegt, so kann man nach den Geschwindigkeiten fragen, mit welchen diese Bewegungen stattfinden. Diese Geschwindigkeiten müssen sich gerade in den Erscheinungen zum Ausdruck bringen, welche Daniell untersucht hatte. Sei K das Kation und A das Anion eines Elektrolyts, so können wir folgende Betrachtung anstellen. Im Fall das Kation allein wandert, das Anion dagegen in Ruhe bleibt, muss nach einem bestimmten Stromdurchgang die Konzentration des Anions überall die frühere geblieben sein, während vom Kation an der Anode eine Menge fortgegangen ist, die dem Faradayschen Gesetz entspricht, und die sich an der Anode als gleich großer Überschuss vorfinden muss. Natürlich muss, da die Ionen nach Abgabe der elektrischen Ladung meist nicht bestehen können, dafür gesorgt sein, dass an den Elektroden passende chemische Vorgänge mit den Teilstücken des Elektrolyts eintreten können, welche die Bestimmung der fraglichen Mengen ermöglichen. Wandert umgekehrt allein das Anion, so muss die Konzentration des Kations überall unverändert bleiben und die des Anions die entsprechende Änderung an den Elektroden erfahren. Wandern endlich beide Ionen, so wird an der Anode ein bestimmtes Minus des Kations, an der Kathode ein entsprechendes Minus des Anions beobachtet werden, und diese Verluste stehen in dem Verhältnis der Geschwindigkeiten, mit denen diese beiden Ionen wandern.

Dies ist der einfache und durchschlagende Grundgedanke Hittorfs. Man kann durch die Analyse der Lösungen, welche die Elektroden umgeben, zu einer Bestimmung des Verhältnisses der Geschwindigkeiten gelangen, mit welchen sich die Ionen durch den Elektrolyten bewegen.

Hittorf bestimmte in einer Reihe von klassischen Arbeiten diese Geschwindigkeitsverhältnisse für eine große Anzahl von Elektrolyten, wobei sich vielerlei Aufklärung über damals strittige chemische Fragen ergab. Man hätte denken sollen, dass die große Vereinfachung, welche sich aus diesen Betrachtungen für das ganze Problem ergab, zu einer allgemeinen Annahme dieser Gesichtspunkte hätte führen sollen. Dies war aber durchaus nicht der Fall.

Hittorf war ein junger, unbekannter Mann und an dem vorliegenden Problem hatten damals eben einige führende Gelehrte ihre Kräfte vergeblich versucht. Infolge einer zwar nicht hübschen, aber sehr menschlichen, d. h. allgemein verbreiteten psychischen Reaktion trat nicht die Freude am erlangten intellektuellen Fortschritt, sondern die Eifersucht auf die bessere Leistung der Unbekannten in den Vordergrund und durch ein stillschweigendes Abkommen der Beteiligten, welche die öffentliche Meinung in der Wissenschaft, wenigstens zeitweilig, beherrschten, blieben Hittorfs Resultate zunächst ganz unbeachtet.

Dies wurde erst anders, als F. Kohlrausch ein Verfahren zur leichten und genauen Messung der Leitfähigkeit der Elektrolyte ausgearbeitet hatte und mittelst desselben eine große Anzahl von Untersuchungen anstellte. Hierbei fand er Folgendes. Nennt man diejenige Leitfähigkeit, welche sich zwischen zwei um einen Zentimeter entfernten Elektroden zeigt, wenn ein Mol (d. h. ein Molekulargewicht in Grammen) des betreffenden Elektrolyten nebst seinem Lösungsmittel sich in diesem Raum befindet, die **molekulare Leitfähigkeit**, so gilt für diese, dass sie sich bei den verschiedenen Salzen additiv aus zwei Konstanten zusammensetzt, die durch die beiden Ionen des Salzes bestimmt werden. Fasst man diese Konstanten als die Wanderungsgeschwindigkeiten dieser Ionen auf, so kann man auch sagen, dass die Geschwindigkeit jeder Art Ionen unabhängig ist von den anderen Ionen, mit denen es Salze bildet. Kohlrausch bezeichnete daher sein Gesetz als das Gesetz von der unabhängigen Wanderungsgeschwindigkeit der Ionen.

Jetzt hatte man über die Wanderungsgeschwindigkeit der Ionen zwei ganz unabhängige Daten zur Verfügung. Die Versuche von Hittorf ergaben das Verhältnis je zweier Wanderungsgeschwindigkeiten, während die von Kohlrausch die Summe von je zwei Wanderungsgeschwindigkeiten ergaben. Infolge dessen müssen offenbar ganz bestimmte Zahlenverhältnisse zwischen den „Überführungszahlen" von Hittorf und den Leitfähigkeitszahlen von Kohlrausch bestehen. Bezeichnet man die Wanderungsgeschwindigkeit der Kationen K_1, K_2, K_3 usw., mit u_1, u_2, u_3 usw., und die der Anionen A_1, A_2, A_3 usw. mit v_1, v_2, v_3 usw., so ergeben die Messungen Hittorfs die Verhältnisse u/v und die Kohlrauschs die Summen $u + v$. Ist für ein Paar Ionen, z. B. für K_1 und A_1 das Verhältnis u_1/v_1 durch Überführung bestimmt worden, so kann man dessen Leitfähigkeit $u_1 + v_1$ in diesem Verhältnis teilen und erhält so die Wanderungsgeschwindigkeiten der einzelnen Ionen A_1 und K_1. Durch die Bestimmung weiterer Leitfähigkeiten der Salze A_1K_2, A_1K_3, A_1K_4 usw. und A_2K_1, A_3K_1, A_4K_1 usw. erhält man die Werte $u_1 + v_2$, $u_1 + v_3$, $u_1 + v_4$ usw. sowie $u_2 + v_1$, $u_3 + v_1$, $u_4 + v_1$ usw., d. h., man kann durch Subtrahieren von u_1 bez. u_2 die Wanderungsgeschwindigkeiten beliebiger anderer Ionen bestimmen. Mittelst dieser kann man wieder die entsprechenden Verhältnisse u/v berechnen und kann diese Zahlen mit den unmittelbaren Messungen Hittorfs vergleichen. Ebenso kann man die Leitfähigkeiten aller anderen Kombinationen zwischen jenen Ionen, d. h. der entsprechenden anderen Salze vorausberechnen und sie mit der unmittelbaren Messung vergleichen. Es handelt sich mit einem Wort um eine Gruppe von Beziehungen, die ganz ähnlich den von Richter für die Äquivalentgewichte der Säuren und Basen gefunden sind, und eine entsprechende Prüfung an der Erfahrung gestattet. Kohlrausch hat nachgewiesen, dass alle diese Beziehungen wirklich zutreffen, und hat dadurch die Fruchtbarkeit von Hittorfs Anschauungen auf das Überzeugendste klargestellt.

Aber noch viel folgenreicher sollten die Ergebnisse dieser Messungen werden. Die Tatsache, dass ein bestimmtes Ion gleich schnell wandert, welches auch die anderen Ionen seien, mit denen es zu Salzen „verbunden" ist, beweist, dass der Umstand dieser „Verbindung" auf die Beweglichkeit der Ionen gar keinen Einfluss ausübt. Dies ist ganz unverständlich, wenn man sich in der damals üblichen Weise vorstellt, dass die Ionen miteinander durch eine chemische Verwandtschaft verbunden sind, die von Fall zu Fall sehr verschieden groß angenommen wurde. So wandert z. B. Kaliumion ebenso schnell, wie Ammoniumion in allen entsprechenden Salzen, während man doch die Kaliumsalze als durch die stärksten, die Ammoniumsalze dagegen als durch sehr schwache Affinitäten gebunden ansah. Schon Hittorf hatte auf derartige Widersprüche mit den üblichen Anschauungen hingewiesen. Kaliumsalze leiten von allen Salzen am besten, werden also anscheinend am leichtesten in ihre Ionen gespalten, während Quecksilbersalze sehr schlecht leiten, also einen starken Zusammenhang ihrer Ionen erkennen lassen. Dies ist gerade das Gegenteil der üblichen Auffassung über die entsprechenden chemischen Verwandtschaften.

Ferner war bekannt, dass solange die Polarisation an den Elektroden nicht in Betracht kommt, das Verhalten der elektrischen Leitung in den Elektrolyten von dem in den Metallen nicht verschieden ist: Die allergeringste elektromotorische Kraft bewirkt einen entsprechenden Strom, der nur noch von der Leitfähigkeit abhängt. Müssten erst die Salze des Elektrolyts durch die Wirkung des Stromes in die Ionen getrennt werden, so würde hierzu eine gewisse elektromotorische Kraft erforderlich sein, und erst nachdem diese erreicht ist, könnte die Stromleitung beginnen. Da dies der Erfahrung widerspricht, hatte schon R. Clausius im Jahre 1857 aufgrund der Molekularhypothese angenommen, dass einige wenige Salzmoleküle schon durch ihr gegenseitiges Zusammentreffen in ihre Ionen gespalten würden, und dass diese die Stromleitung besorgen. Indessen würde aus dieser Annahme folgen, dass die molekulare Leitfähigkeit um so geringer werden müsste, je verdünnter man die Lösung macht, weil das Zusammentreffen und die davon abhängige Spaltung umso weniger erfolgen müsste, je entfernter die Moleküle infolge der zunehmenden Verdünnung voneinander sich bewegen. Nun zeigt die Erfahrung aber gerade das Gegenteil: Die molekulare Leitfähigkeit nimmt bei steigender Verdünnung zu und nähert sich dabei einem Maximum, das für viele Salze bereits bei messbaren Verdünnungen praktisch erreicht wird. Man müsste also im Sinne dieser Hypothese vielmehr annehmen, dass die Ionen in der verdünnten Lösung voneinander ganz getrennt sind, und sich um so mehr verbinden, je häufiger sie sich in konzentrierteren Lösungen begegnen.

Clausius konnte diesen Schluss noch nicht ziehen, da er die letzterwähnte Tatsache nicht kannte. Dagegen ist er von Svante Arrhenius (geb. 1859) im Jahre 1887 gezogen worden, und mit ihm hat die neue Periode der Elektrochemie begonnen.

Zunächst kann man diese Annahme von ihren hypothetischen Bestandteilen befreien, indem man sich auf das Gesetz der chemischen Massenwirkung stützt. Betrachtet man die Ionen als Stoffe, die unter gewissen Bedingungen selbstständig bestehen können, so folgt aus dem erwähnten Gesetz unmittelbar, dass mit steigender Konzentration eine zunehmende Verbindung, mit steigender Verdünnung eine zunehmende Spaltung eintreten muss. Ja, das Gesetz lässt sogar den Zusammenhang des gespaltenen Anteils mit der Verdünnung voraussehen, und die Erfahrung hat die

Voraussicht in einer sehr großen Anzahl von Fällen exakt quantitativ bestätigt.

Ebenso hat sich in Übereinstimmung mit der Theorie ergeben, dass Kohlrauschs Gesetz von der unabhängigen Wanderung der Ionen eine genaue Geltung erst bei sehr großer Verdünnung erreicht, wo die Ionenspaltung oder elektrolytische Dissoziation praktisch vollständig ist. Bei geringeren Verdünnungen gilt es annähernd, wenn man solche Elektrolyte miteinander vergleicht, deren Dissoziation annähernd übereinstimmt.

Aber die glänzendste Bestätigung erfuhr die Theorie von Arrhenius im Zusammenhange mit van 't Hoffs Theorie des osmotischen Druckes (S. 115). Während nämlich diese von den Verhältnissen der organischen Verbindungen völlig befriedigende Rechenschaft gab, versagte sie scheinbar hoffnungslos in dem überaus wichtigen Falle der wässerigen Salzlösungen. Die osmotischen Drucke, Erniedrigungen des Gefrierpunkts und Erhöhungen des Siedepunkts, welche man bei solchen Lösungen beobachtete, erwiesen sich als viel zu groß. Sie waren bei Salzen vom Typus des Chlorkaliums fast doppelt so groß, als sie sein sollten und stiegen beim Kaliumsulfat und ähnlichen Salzen bis in die Nähe des dreifachen theoretischen Wertes. Bei Salzen von übereinstimmendem Typus waren die Abweichungen von gleicher Größe und Beschaffenheit.

Die Annahme einer Polymerisation des gelösten Stoffes war unzulässig, denn sie hätte gerade das Gegenteil: Zu kleine Werte des osmotischen Druckes und der davon abhängigen Größen, ergeben. Die Annahme einer Dissoziation schien ausgeschlossen, da es sich bereits um die einfachsten Formeln handelte, die man schreiben konnte. Da die Konstante des Gesetzes von van 't Hoff mit der Gaskonstante übereinkam, war auch die Möglichkeit ausgeschlossen, etwa bei den als Typen benutzten organischen Verbindungen Polymerisation anzunehmen, um für die Salze richtige Werte zu erhalten; außerdem ergaben die verschiedenen Salztypen verschiedenartige Abweichungen und verhinderten so eine einheitliche Rechnung in solchem Sinne. Kurz, die Widersprüche waren so groß, dass van 't Hoff sie ungelöst lassen musste, indem er als Ausdruck für das irrationale Verhalten dieser Stoffe einen Irrationalkoeffizienten i einführte und für sie die Gleichung des osmotischen Druckes in der Gestalt $p\,v\ =\ i\,R\,T$ schrieb.

Hier nun zeigte Arrhenius, dass der ominöse Koeffizient i stets und nur bei solchen Lösungen auftritt, welche den elektrischen Strom leiten und also Elektrolyte sind. Nimmt man an, dass in solchen Lösungen nicht die Salze als solche bestehen, sondern dass sie mit steigender Verdünnung zunehmend in ihre Ionen zerfallen, so erklären sich alle die Widersprüche auf einmal. In einer Lösung, welche ein Mol oder 74,5 g Chlorkalium enthält, ist nicht ein Mol gelöster Substanz vorhanden, sondern es sind bei großer Verdünnung, wo das ganze Salz in die Ionen Chlor und Kalium zerfallen ist, zwei Mole da. Daher ist auch der osmotische Druck doppelt so groß, als man ihn unter der Annahme des unzerlegten Bestehens des Chlorkaliums berechnet, und ebenso die von ihm abhängigen Änderungen des Gefrier- und Siedepunkts. Bei weniger verdünnten Lösungen ist der Zerfall unvollständig und sind die Abweichungen entsprechend kleiner. Salze vom Typus des Kaliumsulfats, K_2SO, zerfallen in drei Mole Ionen, 2 K und SO_4 und bewirken daher im Grenzfall eine dreifache Abweichung. Kurz, alle scheinbaren Widersprüche gegen die Theorie des osmotischen Druckes verschwinden durch die Annahme der elektrolytischen Dissoziation und verwandeln sich in ebenso viele Bestätigungen dieser Theorie und der Theorie der elektrolytischen Dissoziation.

Endlich erklärt diese Theorie altbekannte aber niemals verstandene chemische Tatsachen. Die analytische Chemie der salzartigen Verbindungen ist dadurch gekennzeichnet, dass die verschiedenen Reagenzien niemals das einzelne Salz anzeigen, sondern nur die übereinstimmenden Bestandteile oder Ionen beliebiger Salze erkennen lassen. So werden alle salzartigen Chloride durch Silbersalze gefällt, unabhängig von dem Metall oder Radikal, mit welchem das Chlor verbunden ist (oder vielmehr war). Und als Reagenz auf solche Chlorverbindungen braucht man nicht etwa gerade das übliche Silbernitrat zu nehmen: Jedes beliebige Silbersalz tut es, wenn es nur im Wasser löslich ist. Wieso diese einfache Beziehung besteht, konnte früher nie begriffen werden, und man hatte nur deshalb aufgehört, sich darüber zu wundern, weil man es alle Tage erlebte. Jetzt war plötzlich alles klar geworden: Die analytischen Reaktionen erfolgen zwischen Ionen, und damit sie eintreten, müssen eben nur die betreffenden Ionen vorhanden sein. Silberion ist ein Reagenz auf Chlorion, und wenn diese beiden innerhalb einer Lösung zusammentreffen, so entsteht der Chlor-silberniederschlag, unabhängig davon, welche andere Ionen zugegen sein mögen. Denn diese haben keinen Einfluss, weil sie frei neben den genannten Ionen bestehen.

Ich kann unmöglich die ganze Mannigfaltigkeit von Aufklärungen auf den verschiedensten Gebieten hier zusammenstellen, die wir jener genialen Theorie verdanken. Ich brauche es auch nicht, denn heute lernt jeder Anfänger bereits die Grundzüge der Lehre von den freien Ionen kennen und sie anwenden, und es hat sich erwiesen, dass gerade der elementare Unterricht in der Chemie durch sie außerordentlich an Klarheit und Interesse gewinnt. Es genügt also anzugeben, dass es kaum einen Teil der Chemie der Salze gibt, der nicht durch die Theorie von Arrhenius Aufklärung und Förderung erfahren hätte. Was die elektrochemische Theorie von Berzelius nicht erreicht hatte, eine Theorie der chemischen Vorgänge selbst zu sein, ist durch die Theorie der elektrolytischen Dissoziation erreicht worden. Gleichzeitig aber ist auch ihre Grenze zutage getreten, deren Nichtbeachtung für die Anschauungen von Berzelius so verhängnisvoll geworden war. Die Theorie findet ihre Anwendung zunächst ausschließlich auf elektrolytisch leitende Gebilde, also in erster Linie auf wässerige Salzlösungen, in zweiter auf geschmolzene Salze. Auf Nichtleiter, die den größten Teil der organischen Verbindungen bilden, darf die Theorie nur dann angewendet werden, wenn ihre Voraussetzungen erfüllt werden. Denkbar ist, dass dann auch die Ester, Alkohole, Ketone usw. die Anwendung der Theorie gestatten, da sie nicht ganz ohne Leitfähigkeit sind, also die Anwesenheit von Ionen voraussetzt.

Zum Schluss dieser Betrachtungen sind noch einige Worte über die Natur der Ionen zu sagen. Im Sinne der Atomhypothese hat man sie als elektrisch geladene Körperchen betrachtet, die vermöge einer besonderen Eigentümlichkeit nur ganz bestimmte Elektrizitätsmengen oder einfache Multiple dieser Menge enthalten können. Und zwar haben die physikalischen Forschungen über die Elektrizitätsleitung in Gasen zu der Ansicht geführt, dass diese Elektrizitätsmengen Elementarquanten der „Elektrizität" seien, die sich nicht weiter teilen lassen, sondern ähnlich der Ladungsmenge von Elektronen, welche die letzte Grenze der möglichen Verkleinerung der Elektrizitätsmengen darstellen. Wir können diese Betrachtungen hier auf sich beruhen lassen; so interessante Ergebnisse sie auf dem Gebiete der Gasleitung geliefert haben, für die Leitung in Elektrolyten haben sie keine neuen Gesichtspunkte von Belang ergeben. Von unserem allgemeinen Standpunkt aus werden wir nur sagen können, dass der Durchtritt von Elektrizitätsmengen durch die Grenzflächen von Elektrolyten erfahrungsmäßig mit dem Freiwerden entsprechender Stoffmengen verbunden ist. Darüber, wie innerhalb des Elektrolyten die Beziehung zwischen diesen Stoffen und der elektrischen Energie aufzufassen ist, gibt die chemische Erfahrung keinen Anhaltspunkt, ausgenommen, dass ein stromdurchflossener elektrolytischer Leiter sich in jeder Beziehung nach außen genau ebenso verhält, wie ein stromdurchflossener Leiter erster Klasse von gleicher Gestalt und Leitfähigkeit. Man bedarf daher auch keiner besonderen Annahme hierüber.

Die chemische Auffassung der Ionen ist durchaus die, dass sie spezifischer Stoffe mit spezifischen Eigenschaften sind. Es hat in der ersten Zeit der Ionentheorie viel Erörterung darüber gegeben, dass die elementaren Ionen von den betreffenden Elementen so ganz verschieden seien. Die voraussetzungsloseste Auffassung ist, beide als allotrop anzusehen, etwa wie Sauerstoff und Ozon oder roten und weißen Phosphor. Denn die einzige hypothesenfreie Definition der Allotropie besteht darin (S. 147), dass es sich um Stoffe von gleicher Zusammensetzung, aber verschiedenem Energieinhalt handelt. Diese Definition trifft auch für die Verschiedenheit zwischen Chlorgas und Chlorion zu, doch ist sie nicht erschöpfend. Alle Ionen haben außerdem die Eigenschaft, dass sie nur gleichzeitig mit äquivalenten Mengen entgegengesetzter Ionen vorkommen. Von welcher chemischen Beschaffenheit diese anderen Ionen sind, ist ganz gleichgültig; wesentlich ist nur, dass stets gleichzeitig äquivalente Mengen von Kation und Anion in einer Flüssigkeit anwesend sein müssen. Nur wenn diese Flüssigkeit elektrische Ladungen als Ganzes trägt, darf und muss man die Anwesenheit eines Überschusses entsprechender Ionen annehmen, die gleichzeitig mit der Ladung an der Oberfläche des Leiters angeordnet sind. Doch sind diese Mengen unter allen Umständen äußerst klein, da geringen Stoffmengen sehr große Mengen Elektrizität entsprechen. Man gelangt somit zu einer zusammenfassenden Vorstellung von der Beschaffenheit der Ionen, wenn man sie als Stoffe ansieht, die mit bestimmten, sehr großen Elektrizitätsmengen verbunden sind, und deshalb andere Energieverhältnisse und auch andere physikalisch-chemische Eigenschaften besitzen, als die gleich zusammengesetzten, nicht ionisierten Stoffe. Ähnlich wie der Gaszustand durch die Behaftung mit großen Volumen gekennzeichnet ist, so ist es der Ionenzustand durch die Behaftung mit großen Elektrizitätsmengen, und in beiden Fällen bedingt das Vorkommen der bestimmten Energieart (Volumenenergie und elektrische Energie) ganz bestimmte, einfache und allgemeine Eigenschaften.

Wir wenden uns nun zum dritten großen Problem der Elektrochemie, zu der Frage nach dem Sitz und der Quelle der elektromotorischen Kraft in der Kette.

Das große Verdienst Voltas bei der Bearbeitung der von Galvani entdeckten Erscheinungen war, dass er den rein physikalischen Teil aus ihnen aussonderte und die Darstellung und Messung der elektrischen Erregungen bei der Zusammenstellung verschiedener Leiter experimentell soweit klarstellte, dass man dem Wissen seiner Zeit gemäß die Frage als grundsätzlich gelöst betrachten konnte. Volta wies nach, dass mindestens drei verschiedene Leiter zum Zustandekommen elektrischer Wirkungen erforderlich sind, und zwar zwei metallische und ein flüssiger. Der Nachweis, dass auch ein metallischer Leiter und zwei flüssige oder gar drei Flüssigkeiten elektrische Erregungen geben können, ließ übrigens gleichfalls nicht lange auf sich warten.

Ordnet man zwei Metalle M_1 und M_2 mit einer Flüssigkeit F zu einer Kette, so bestehen drei Berührungen, nämlich zwei zwischen Metall und Flüssigkeit und einer zwischen beiden Metallen. Der Sitz der elektrischen Erregung kann an jeder dieser Stellen liegen, und Volta stellte sich die Aufgabe, auszumachen, wo er ist.

Zunächst überzeugte er sich, dass es nicht möglich ist, aus Metallen allein wirkende Ketten herzustellen. Keine Anordnung irgendwelcher Leiter erster Klasse ergab irgendwie elektrische Wirkung und somit lag der Schluss nahe, dass an den Berührungsstellen der Metalle keine elektromotorische Kraft entsteht. Sie wäre demgemäß an den Berührungsstellen Metall : Flüssigkeit zu suchen.

Dem widersprach aber ein Versuch, der seitdem als der Voltasche Fundamentalversuch ein regelmäßiger Bestandteil der physikalischen Lehrbücher und eine Sorge der Physiklehrer geworden ist; letzteres, weil er so oft nicht gelingt. Volta stellte ihn ursprünglich so an, dass er zwei Platten aus verschiedenem Metall, insbesondere aus Zink und Kupfer, die gut aufeinander geschliffen waren, miteinander in Berührung brachte, sie möglichst parallel voneinander entfernte und nun ihren elektrischen Zustand untersuchte. Wenn der Versuch gelingt, so erweist sich das Zink positiv, das Kupfer negativ.

In reinerer Form, in welcher er auch zu Messungsversuchen ausgebildet worden ist, hat Volta seinen Versuch derart angestellt, dass man die beiden Platten isoliert einander nahe parallel aufstellt, sie einen Augenblick mit einem durch einen Draht aus einem der beiden Metalle leitend verbindet und sie nach der Entfernung des Drahtes trennt. Beide Platten erweisen sich dann geladen, und zwar in der angegebenen Weise. Misst man die elektrische Spannung, die zwischen ihnen während der Gegenüberstellung bestand, so erhält man ungefähr dieselben Werte, die gefunden werden, wenn man beide Metalle in eine wässerige Flüssigkeit taucht, und die Spannung dieser Kette misst.

Volta und mit ihm unzählige Naturforscher der Folgezeit deuteten diese anscheinend widersprechenden Versuche folgendermaßen. Aus der Tatsache, dass aus Metallen allein keine wirkende Kette gebaut werden kann, scheint zu folgen, dass zwischen ihnen keine elektromotorische Kraft besteht; der Fundamentalversuch dagegen ergibt, dass die ganze elektromotorische Kraft der Kette dem Metallkontakt zuzuschreiben ist, denn hierbei kommt kein flüssiger Leiter in Wirkung. Um beide Ergebnisse zu vereinigen, muss man annehmen, dass allerdings zwischen den Metallen elektromotorische Kräfte bestehen, dass diese aber miteinander so verknüpft sind, dass sie sich bei Ketten aus Metallen allein aufheben. Haben wir also die drei Metalle A, B und C, und ordnen sie zur geschlossenen Kette, so sind in dieser die drei elektromotorischen Kräfte A : B, B : C und C : A; es muss also A : B+ B : C +C : A = 0 oder auch A : B + B : C = A : C sein, da A : C = — C : A gesetzt werden muss, weil sich der Sinn der Spannung mit der Richtung umkehrt: Ist C um ein Gewisses negativer als A, so ist A um so viel positiver als C. Die Gleichung A : B + B : C = A : C besagt aber, dass die Spannung zwischen zwei Metallen gleich groß wird, gleichgültig, ob die Metalle sich unmittelbar berühren, oder ob ein anderes Metall (oder auch beliebig viele andere Metalle, wie sich leicht beweisen lässt) dazwischen geschaltet wird.

Somit bestand Voltas Theorie der Galvanischen Kette darin, dass die elektromotorische Kraft der Kette an der Berührungsstelle der beiden Metalle zustande kommt, und dass an der beiden Berührungsstellen Metall : Flüssigkeit keine, oder keine erheblichen Kräfte vorhanden sind. Die späteren Forschungen haben dazu geführt, auch das Vorhandensein elektromotorischer Kräfte an diesen Stellen anzunehmen, wenn sie meist auch viel kleiner seien, als die vom Metallkontakt herrührende.

Trotz ihrer Künstlichkeit errang Voltas Theorie die allgemeine Zustimmung. Dies mag zum Teil an den großen äußeren Ehren liegen, die Volta damals empfing; doch dürfte der Grund für ihre Annahme seitens der Physiker hauptsächlich in ihrer formalen Abrundung liegen. So hatten weder die glänzenden elektrochemischen Entdeckungen Davys noch die allgemeine Annahme der elektrochemischen Theorie der chemischen Verbindungen von Berzelius den Erfolg, eine chemische Theorie der Galvanischen Erscheinungen zur Entwicklung zu bringen.

Auch ein Feldzug, den der Genfer Physiker De la Rive zugunsten einer chemischen Theorie der Kette unternahm, verlief resultatlos. Nachdem nämlich der erste blendende Glanz der Voltaschen Theorie verblasst war, entstanden halb bewusste Zweifel an ihr, weil sie zwar vom Ort, nicht aber von der Quelle der elektromotorischen Kraft in der Kette Auskunft gab. Heute würden wir nicht lange im Zweifel sein, zu erklären, dass eine bloße Berührung ohne irgendwelche begleitende Änderung niemals den elektrischen Strom erzeugen kann, den wir in der Kette fließen und Arbeit verrichten sehen; es muss notwendig an irgendeiner Stelle die Energie für diese Vorgänge aufgebracht werden, und diese kann man nur in den chemischen Vorgängen zwischen den Metallen und der wässerigen Flüssigkeit suchen. Aber wir dürfen nicht vergessen, dass die eben geschilderten Vorgänge in den ersten Jahrzehnten des 19. Jahrhunderts liegen, wo das Gesetz der Erhaltung der Energie nur als undeutliche Ahnung in einigen wenigen vorgeschrittenen Köpfen bestand. Einen gewissen instinktiven Widerwillen gegen flagrante Verletzungen dieses Gesetzes hatten einige Forscher allerdings bei sich bereits als unbewusste Summierung entsprechender Erfahrungen ausgebildet; doch wenn damals die berühmte Frage: Instinkt oder Überlegung? gestellt worden wäre, so hätte die Antwort immer nur: Instinkt lauten dürfen.

Da nun aber die Gegengründe der Vertreter der chemischen Theorie des Galvanismus nicht aus diesem dunklen Gebiet genommen werden konnten, so musste sie sich mit weniger durchschlagenden Argumenten begnügen, gegen welche sich die Kontaktisten erfolgreich verteidigen konnten. Vergeblich machten z. B. die „Chemiker" gegen den Voltaschen Fundamentalversuch geltend, dass infolge der unvermeidlichen Anwesenheit von Luft und Feuchtigkeit eine chemische Wirkung keineswegs ausgeschlossen sei. Die Gegner erwiderten mit Recht, dass es Sache der „Chemiker" sei, deren Einfluss nachzuweisen; die experimentellen Hilfsmittel jener Zeit waren aber hierzu noch nicht ausreichend. Erst Anfang des 20. Jahrhunderts haben diese sich soweit entwickelt, dass jener Nachweis erbracht werden konnte. Anderseits fehlte es den Chemikern an einer klaren Theorie, in welcher Weise der chemische Vorgang mit dem elektrischen verbunden oder verkoppelt sein müsse. Zwar hatte bereits Ritter klar ausgesprochen, dass nur solche chemische Vorgänge, die ohne den elektrischen überhaupt nicht zustande kommen, diesen letzteren bedingen können und er hatte an einigen Beispielen diese allgemeine Forderung in konkrete Gestalt übertragen. Doch war dieser Hinweis mit den übrigen Arbeiten Ritters in Vergessenheit geraten und musste von Neuem entdeckt werden, wobei freilich auch die allgemeine Bedingung bestimmter ausgesprochen werden konnte.

Einstweilen nahm man allgemein an, dass wenn an einer Stelle der Kette eine chemische Reaktion vor sich ging, an dieser Stelle auch die Elektrizität erzeugt würde. Wenn man z. B. Zink und Kupfer in verdünnte Schwefelsäure taucht, so wird das Zink aufgelöst und dort sollte sich daher die Elektrizität entwickeln. Diese Annahme, die nicht richtig ist, führte denn auch zu einer experimentellen Widerlegung der chemischen Theorie, die so überzeugend aussah, dass sogar B e r z e l i u s sie als bindend annahm, obwohl er früher neben seiner elektrochemischen Theorie der chemischen Verbindungen auch die chemische Theorie der Kette als richtig angesehen hatte.

Bringt man nämlich das Zink in irgendein neutrales Salz, das Kupfer dagegen in Salpetersäure (die durch eine poröse Scheidewand oder durch den Unterschied der Dichten vom Zink ferngehalten wird), so findet eine stürmische chemische Reaktion nicht beim Zink, sondern beim Kupfer statt. Eine solche Kette mit verkehrtem chemischem Vorgang kehrt aber keineswegs ihren Strom um, sondern zeigt die gleiche Stromrichtung, wie die Zinkkupferkette in Schwefelsäure, und der Strom ist sogar stärker, als wenn der chemische Vorgang beim Zink ist. Hieraus geht hervor, wie die Vertreter der Kontakttheorie schlossen, dass der chemische Vorgang keinen Einfluss auf den Strom hat, sondern nur die Natur der Metalle gemäß ihrer Theorie.

Man muss gestehen, dass vom Standpunkt der damaligen Kenntnisse gegen diesen Schluss nichts zu sagen war, und dass Berzelius berechtigt war, in diesem Versuch den Beweis für die Kontakttheorie zu sehen. Dass der stürmische chemische Vorgang am Kupfer mit der Entstehung des Stromes nichts zu tun hat, und dass trotz der neutralen Beschaffenheit der das Zink umgebenden Flüssigkeit während des Stromdurchganges in dieser Zink aufgelöst wird, wusste man damals nicht, und erst auf der Grundlage einer großen Anzahl späterer Entdeckungen und Aufklärungen konnte die Theorie dieses Versuches im Sinne der chemischen Anschauungen gegeben werden.

Einen wesentlichen Fortschritt gegenüber diesem ergebnislosen Hin und Her brachten erst die Entdeckungen Faradays über den untrennbaren Zusammenhang zwischen Leitung und Zersetzung beim Durchgang der Elektrizität durch Leiter zweiter Klasse. Es bedarf kaum der ausdrücklichen Versicherung, dass Faraday sich ganz entschieden auf die Seite der Chemiker stellte. Auf die vielen Experimente, die er zur Stütze seiner Ansicht beibrachte, wollen wir nicht eingehen; auch ihnen gegenüber bewährte sich die formale Konsequenz der Voltaschen Theorie, und es war ihr immer möglich, durch passende Annahmen, wenn diese auch meist recht künstlich ausfielen, die Tatsachen nach ihrem Schema zu deuten. Dies liegt daran, dass in allen Versuchen immer die Summen mehrerer Spannungen an verschiedenen Berührungsstellen in Betracht kamen. Die Folge davon ist, dass die Anzahl der Einzelspannungen immer größer ist, als die der unabhängigen Messungen, sodass man über eine Einzelspannung eine beliebige Annahme machen darf, der gemäß dann die übrigen Spannungen berechnet werden, ohne dass man mit den Tatsachen in Widerspruch zu geraten braucht.

Erst am Ende seiner elektrochemischen Untersuchungen bringt Faraday einen Gedanken vor, der oben bereits als der durchschlagende erwähnt wurde. Er betont, dass der galvanische Strom

Arbeit leisten kann. Wenn nun durch die bloße Berührung, wie dies Volta behauptete, die Ursache des Stromes gegeben sei, so wäre dies gleichbedeutend mit einer Schaffung von Arbeit aus nichts; dies aber sei widersinnig.

Man muss bedenken, dass diese Betrachtung im Jahre 1840 ausgesprochen wurde, also zwei Jahre, bevor die erste Aufstellung des Gesetzes von der Erhaltung der Energie durch J. R. Mayer erfolgte. Was uns gegenwärtig trivial erscheint, war damals nicht nur ein neuer, sondern ein bestrittener Gedanke; wurde doch zu jener Zeit von dem eifrigsten Vertreter der Voltaschen Theorie in Deutschland, dem Kieler Physikprofessor Pfaff, die Unerschöpflichkeit ausdrücklich als zum Wesen einer wahren Naturkraft gehörig erklärt. Um so größere Achtung schulden wir Faraday, der mit sicherem Instinkt diese Anwendung des Prinzips von der Erhaltung der Energie vorausgesehen hatte, obwohl wir aus seinen späteren Veröffentlichungen erkennen können, dass er keineswegs zur vollständigen Klarheit hierüber sich durchzuringen vermochte. Den Gedanken von der gegenseitigen Umwandelbarkeit der verschiedenen Naturkräfte hat er allerdings als allgemeinen Leitgedanken bei seinen vielen und weitverzweigten experimentellen Forschungen stets benutzt.

Binnen kurzer Zeit trat nun auch die bewusste Anwendung des Gesetzes von der Erhaltung der Energie auf die Kette ein. William Thomson und Helmholtz entwickelten unabhängig voneinander den gleichen Gedanken, der sich folgendermaßen darstellen lässt. Die elektrische Energie ist das Produkt aus Elektrizitätsmenge und Spannung; nun ist der erstere Faktor durch das Faradaysche Gesetz gegeben, dem zufolge beim Durchgang gleicher Elektrizitätsmengen durch irgendwelche Ketten äquivalente Mengen der beteiligten Stoffe sich chemisch umwandeln. Die Verschiedenheiten der chemischen Energie dieser Vorgänge in der Kette, die in der verschiedenen Wärmeentwicklung zutage treten, welche diese Vorgänge beim unmittelbaren Verlauf ergeben, müssen somit in den verschiedenen Werten der elektromotorischen Kraft zutage treten. Dividiert man demnach die Wärmeentwicklung der Reaktion durch die Elektrizitätsmenge, welche der betrachteten Menge der Stoffe nach dem Faradayschen Gesetze entspricht, so erhält man die elektromotorische Kraft.

William Thomson führte diese letztere Rechnung auch aus, was damals wegen der vielfältig verschiedenen Einheiten nicht ganz einfach war, und zwar an der Daniellschen Kette. In dieser besteht die chemische Reaktion darin, dass sich Kupfersulfat und metallisches Zink in Zinksulfat und metallisches Kupfer umsetzt. Man kann die Wärmeentwicklung dieses Vorganges bestimmen, wenn man einfach Zink in Kupfersulfat einträgt; dann geht die chemische Energie nicht in elektrische, sondern unmittelbar in Wärme über. Joule führte diese Bestimmung aus und die Berechnung ergab eine glänzende Bestätigung der Theorie.

In der Folge hat sich gezeigt, dass diese einfache Theorie unvollständig ist und durch eine etwas verwickeltere ersetzt werden muss, und dass ferner ein Korrektionsglied welches die vollständigere Theorie als nötig nachweist, zufällig beim Daniellschen Element gleich null ist, sodass die an diesem beobachtete Übereinstimmung bei den meisten anderen Beispielen, die man später untersuchte, ausblieb. Immerhin war es doch ein sehr bedeutender Fortschritt, der endgültig die chemische Theorie der Kette feststellte.

Merkwürdigerweise sahen die beiden Männer, denen wir jenen endgültigen Beweis für die chemische Theorie der Kette verdanken, hierdurch die Anschauungen Voltas keineswegs für widerlegt an.

Es wurde geltend gemacht, dass wenn auch zweifellos die Energie des Stromes in der Kette von dem chemischen Vorgange herrührt, doch die Spannungen ganz wohl in der Weise angeordnet sein könnten, wie Volta sie angenommen hatte. Sie brauchten eben nur eine solche Summe zu ergeben, dass jene theoretische Beziehung befriedigt ist. Da man die einzelnen Spannungen nicht kennt, so kann man sie immer so annehmen, dass jene Voraussetzung erfüllt wird. So stark wirkt die Tradition selbst bei den selbstständigen Geistern, den führenden Männern!

Das Wesentliche bei diesem Fortschritt war indessen doch die bestimmte und eindeutige Beziehung der elektromotorischen Kraft auf den chemischen Prozess. Es entstand für jede Anordnung, die als Kette wirkt, die Frage, welcher chemische Vorgang hier wirksam ist, wobei sich ergab, dass in Ketten, wo dieser Vorgang unbestimmt oder wechselnd ist, auch keine konstante Spannung beobachtet werden kann. Die Daniellsche Kette verdankt mit anderen Worten ihre Konstanz dem Umstand, dass in ihr ein ganz bestimmter, mit dem Stromdurchgang verbundener Vorgang, nämlich die Ausfällung des Kupfers durch Zink, an den erforderlichen Stellen erforderliche Stoffe vorfindet. Man kann beliebig viele konstante Ketten konstruieren, wenn man dafür Sorge trägt, dass diese Bedingung erfüllt ist. Wie ist aber nun diese Bedingung allgemein auszusprechen? Hier hat wieder die Theorie der freien Ionen, welche so viele chemische Fragen erklärt hatte, die endlichen Aufklärungen gegeben, deren Entwicklung wir W. Nernst (geb. 1864) verdanken. Wir führen die Betrachtung wiederum an der klassischen Daniellschen Kette durch.

Diese besteht, wie erwähnt, aus einer Kupferplatte, die in Kupfersulfat und einer Zinkplatte, die in Zinksulfat taucht; die beiden Lösungen stehen durch ein poröses Gefäß in leitender Berührung. Ein unmittelbarer chemischer Vorgang kann in dieser Anordnung nicht stattfinden, wohl aber ein mittelbarer. Das Zink ist bestrebt, in Lösung zu gehen. Dies geschieht, indem sich das metallische Zink in Zinkion verwandelt, wozu letzteres der positiven elektrischen Beladung bedarf, durch welche sich die Ionen von den Elementen im gewöhnlichen Zustand unterscheiden. Bringt man das Zink unmittelbar in die Kupfersalzlösung (welche das Kupfer als Ion enthält), so entzieht es dem Kupferion diese erforderliche Ladung, verwandelt sich in Zinkion und das Kupfer wird ungeladen, d. h. als Metall ausgeschieden. In der offenen Daniellschen Kette kann dies nicht geschehen, weil das Zink mit dem Kupferion nicht in Berührung kommt. Schließt man aber die Kette, d. h., stellt man eine leitende Verbindung zwischen beiden Metallen her, so kann das Kupferion seine Ladung durch den Leiter hindurch an das Zink abgeben, welches dementsprechend in Lösung geht, während das Kupferion, das seine Ladung abgegeben hat, als metallisches Kupfer ausfällt. Es geht also derselbe Prozess, wie bei unmittelbarer Berührung, hier mittelbar vor sich, und zwar in dem Maße, als Elektrizität durch den verbindenden Leiter fließt.

Sobald man die Leitung unterbricht, wird auch der Vorgang unterbrochen. Warum entzieht nun aber das Zink dem Kupferion seine Ladung? Dies rührt daher, dass beim Übergang von Zink in Zinkion viel mehr Energie frei wird, als beim Übergang von Kupfer in Kupferion. Man kann sachgemäß die Tendenz der Metalle, in den Ionenzustand überzugehen, mit dem Dampfdruck der flüchtigen Flüssigkeiten vergleichen. Denken wir uns einen beiderseits geschlossenen luftleeren Zylinder, der einen beweglichen Kolben enthält, und einerseits mit einem Kessel voll Wasser, anderseits mit einem, der Äther enthält, in Verbindung steht. Da der Äther einen viel größeren Dampfdruck hat, so wird er den Kolben zurücktreiben und der Wasserdampf wird verflüssigt werden. Ebenso hat das Zink einen viel größeren Ionendruck als das Kupfer; daher wird sich Zinkion auf Kosten von Kupferion bilden; die Stelle des Kolbens spielt hier die Elektrizitätsmenge und dem Druckunterschied entspricht die elektromotorische Kraft.

Dieses einfache und anschauliche Schema erweist sich in der Tat als ausreichend zur Aufklärung der ganzen Mannigfaltigkeit der Ketten von der Art der Daniellschen. Durch passende Erweiterung, indem man nämlich berücksichtigt, dass zufolge des Faradayschen Gesetzes jede Ionenbewegung (nicht nur die Bildung und Rückbildung von Ionen) mit entsprechenden Elektrizitätsbewegungen verbunden ist, deren elektromotorische Kraft man aus den dabei geleisteten Arbeiten (meist osmotischer Beschaffenheit) berechnen kann, gewinnt man auch noch die Theorien der anderen Ketten, sodass wenigstens grundsätzlich das Voltasche Problem als gelöst angesehen werden darf. Die experimentelle Untersuchung solcher Fälle, die gemäß dieser Theorie berechenbar sind, hat eine solche Fülle von Übereinstimmungen ergeben, dass an der allgemeinen Brauchbarkeit der Theorie nicht gezweifelt werden kann.

Überblicken wir zum Schluss die ganze Entwicklung der Elektrochemie, so sehen wir, dass nach allen drei Richtungen, der präparativen Elektrolyse, der Lehre von der Stromleitung und der von den elektromotorischen Kräften die reine Chemie aus den Ergebnissen der Schwesterwissenschaft die reichsten Früchte geerntet hat. Wenn auch die ausschließliche Herrschaft elektrochemischer Anschauungen vorüber ist und sich schwerlich wiederholen wird, so ist doch ein ganz erheblicher Anteil unserer gegenwärtigen allgemeinen Vorstellungen durch die elektrochemischen Tatsachen bestimmt, und zwar bemerkenswerterweise durch solche, die zur Zeit der Alleinherrschaft der elektrochemischen Theorien nicht bekannt waren. Die Lehre von den elektromotorischen Kräften hat endlich zu einer sichereren und allgemeineren Auffassung des Problems der chemischen Affinität geführt, der Frage, welche Arbeiten durch chemische Vorgänge geleistet werden können, und welches die Bedingungen hierzu sind. Die Geschichte dieser letzteren Probleme wird uns im nächsten Kapitel beschäftigen.

2.6   Die Triebkraft chemischer Reaktionen (Affinität)

Nachdem sich die Auffassung der chemischen Vorgänge als der Ergebnisse einer Wechselwirkung der verschiedenen Stoffe durchgesetzt hatte, entstand naturgemäß die Frage, durch welche Umstände diese Wechselwirkung bestimmt wird. Die große Mannigfaltigkeit und anscheinende Willkür in dem gegenseitigen Verhalten der Stoffe legte den Vergleich mit menschlichen Willenshandlungen nahe und in Goethes Meisternovelle: Die Wahlverwandtschaften ist nicht nur der damals übliche Name für die Ursache der chemischen Verbindungen und Trennungen als Titel benutzt, sondern eine Schilderung ihrer Wirkungsweise als Vorbild für die gegenseitige Beeinflussung der beteiligten Menschen in den Text verwoben.

„In diesem Fahrenlassen und Ergreifen, in diesem Fliehen und Suchen glaubt man wirklich eine höhere Bestimmung zu sehen; man traut solchen Wesen eine Art Wollen und Wählen zu und hält das Kunstwort Wahlverwandtschaften für vollkommen gerechtfertigt . . . Man muss diese tot scheinenden und doch zur Tätigkeit innerlich immer bereiten Wesen wirkend vor seinen Augen sehen, mit Teilnahme schauen, wie sie einander suchen, sich anziehen, ergreifen, zerstören, verschlingen, aufzehren und sodann aus der innigsten Verbindung wieder in erneuter, neuer, unerwarteter Gestalt hervortreten: Dann traut man ihnen erst ein ewiges Leben, ja wohl Sinn und Verstand zu, weil wir unsere Sinne kaum genügend fühlen, sie recht zu beobachten, und unsere Vernunft kaum hinlänglich, sie zu fassen.“

Aus dieser Darstellung ist zunächst ersichtlich, wie weit man sich damals von der Erfassung der einfachen Gesetzmäßigkeit entfernt fühlte, die in anderen Gebieten, z. B. dem der Astronomie, erreicht war und die als wissenschaftliches Ideal für alle Naturforschung gilt. Ferner tritt die spezifische Natur dieser Vorgänge, ihre Mannigfaltigkeit je nach der Art der beteiligten Stoffe in sehr anschaulicher Weise in den Vordergrund.

In der Tat nahmen die ersten Versuche, die Bildungs- und Zersetzungsvorgänge der Stoffe gesetzlich zu erfassen, ausschließlich auf diesen Umstand Rücksicht. Schon E. Stahl, der Schöpfer der

Phlogistontheorie, hatte auf die gegenseitigen Verdrängungen der Metalle aus ihren Salzen als eine typische Erscheinung hingewiesen und wir erkennen in der Phlogistontheorie unschwer die Widerspiegelung dieser Erfahrungen auf dem hypothetischen Gebiet der Verbindungen der Stoffe mit dem Phlogiston. Durch französische Forscher sind diese Reaktionsreihen später ausgedehnt und systematisiert worden, allerdings in einer Weise, die den Widerspruch der Zeitgenossen und ihren Spott über die „Tabellendrechsler" hervorrief. Durch Torbern Bergmann (1735 bis 1784) endlich wurden die Auffassungen und Kenntnisse der Zeit gegen Ende des achtzehnten Jahrhunderts zusammengefasst.

Der grundsätzliche Gedanke aller dieser Versuche war, dass durch die Natur der Bestandteile ihre Fähigkeit zu gegenseitiger Bindung bestimmt ist, derart, dass wo die stärkere „Verwandtschaft" besteht, auch die entsprechende Verbindung gebildet wird, unter Aufgabe der früheren Verhältnisse. Andere Faktoren waren bis dahin nicht als wirksam in Betracht gezogen worden; erst Bergmann fand bei der systematischen Zusammenstellung der vorhandenen experimentellen Tatsachen und bei der Ermittlung neuer, dass es oft einen erheblichen Unterschied ausmacht, ob man die Stoffe in wässeriger Lösung oder in der Schmelzhitze aufeinander wirken lässt. Er unterschied daher die Verwandtschaft auf nassem von der auf trockenem Wege.

Dies war die erste Spur der Erkenntnis, dass außer der Natur der Stoffe noch andere Faktoren für die Ergebnisse der chemischen Wechselwirkung maßgebend sind. Das große Verdienst, derartige Faktoren ausfindig gemacht und ihre Wirkung durch anschauliche Versuche nachgewiesen zu haben, gebührt Claude Louis Berthollet (1748 bis 1822), dessen Namen uns in anderem Zusammenhang bereits entgegengetreten ist. Der neue Gedanke, welchen Berthollet in das Problem einführte, war der der teilweisen Reaktion. Für die älteren Chemiker gab es nur ein Entweder — Oder; alle Vorgänge sollten in einem oder dem anderen Sinne vollständig zu Ende gehen. Dies war eine natürliche Folge des vorwiegend technischen Interesses an den chemischen Vorgängen, denn in dessen Sinne lag es überall, dass solche Vorgänge ausfindig gemacht wurden, welche die gewünschten Präparate in möglichst reiner und einheitlicher Form ergaben. Die fast ausschließliche Bekanntschaft mit solchen praktisch vollständigen Vorgängen hat die natürliche Wirkung gehabt, dass man auf das gesetzmäßige Vorhandensein unvollständiger Vorgänge überhaupt nicht aufmerksam geworden war. Berthollet wies dem gegenüber darauf hin, dass umgekehrt die unvollständigen Vorgänge, bei denen eine Reaktion durch die entgegengesetzte begrenzt wird, welche aus den Produkten wieder die Ausgangsstoffe entstehen lässt, als die allgemeineren aufgefasst werden müssen, und dass die ausschließlichen Vorgänge diese Beschaffenheit erst durch die Mitwirkung sekundärer Umstände annehmen. Hierbei sprach er das Prinzip der Massenwirkung aus, die zu einem chemischen Gleichgewicht führt, ebenso wie die gleichzeitige Wirkung mehrerer Kräfte auf einen Punkt eine Resultierende ergibt, an deren Größe und Richtung jede beteiligte Kraft ihren Anteil nach Maßgabe ihrer Beschaffenheit hat.

Berthollet stützte sich bei der Entwicklung dieser allgemeinen Ansichten einerseits auf Experimente, die er in solchem Sinne angestellt hatte, anderseits auf grundsätzliche Anschauungen, denen er zweifellos die höhere Bedeutung beimaß. Er fasste die chemischen Vorgänge als Ergebnisse einer Gravitationswirkung zwischen den Atomen auf und fühlte sich sehr sicher in seiner Hoffnung, dass bald eine chemische Mechanik sich entwickeln würde, die der himmlischen Mechanik vergleichbar wäre. Es ist lehrreich zu wissen, dass T. Bergmann, zu dessen Anschauungen sich Berthollet in scharfem Gegensatze befand, seine eigenen Ansichten gleichfalls auf die Annahme einer Gravitationswirkung zwischen den Atomen begründet hatte. Es ergibt sich hieraus, welche geringe Bedeutung derartige allgemeine Hypothesen für die Beschaffenheit der von ihnen abhängigen Schlüsse haben; in beiden Fällen waren für die Gedankenbildung wirksam die tatsächlichen Kenntnisse der beiden Forscher auf dem Boden der Chemie allein. In Bezug auf den Begriff der Massenwirkung hat Berthollet allerdings einen Vorgänger, der ihm nicht nur zeitlich erheblich voranging, sondern auch das quantitative Gesetz der Massenwirkung mit aller wünschenswerten Klarheit aussprach. Es war dies K. F. Wenzel (1740 bis 1793), dessen Namen wir aus Anlass der ihm fälschlich zugeschriebenen Entdeckungen Richters kennenlernten. Wenzel hat 1777 ein Buch über die Verwandtschaft erscheinen lassen, in welchem er nichts weniger versucht, als eine zahlenmäßige Messung der chemischen Kräfte, und zwar, was noch mehr sagen will, auf einem grundsätzlich ziemlich einwandfreien Weg. Auch ihn führte eine mechanische Analogie: Wie ein Körper sich um so schneller bewegt, je größer die treibende Kraft ist, so wollte er dem Stoffe eine größere Verwandtschaft zuschreiben, der eine chemische Reaktion schneller durchführt. Als Beispiel hatte er die Wirkung der Säuren auf Metalle ins Auge gefasst. Er ist ganz klar darüber, dass diese Wirkung der Oberfläche proportional ist, und gibt daher den zu vergleichenden Metallen die Gestalt von gleich großen Zylindern, die er auf allen Seiten außer an einer Grundfläche mit einem unangreifbaren Überzug versieht; ja er beschreibt sogar, wie man das flüssige Quecksilber nur in einen gleich weiten Hohlzylinder zu gießen braucht, um damit vergleichbare Messungen anstellen zu können. Dann aber entgeht ihm nicht, dass konzentrierte Säuren viel stärker wirken, als verdünnte, und er spricht ausdrücklich aus, dass die Geschwindigkeit ihrer Wirkung der Konzentration proportional zu setzen sei.

Berthollet hat zweifellos diesen Versuch einer messenden Inangriffnahme des Verwandtschaftsproblems nicht gekannt, denn es finden sich bei ihm keinerlei Hindeutungen auf diesen Gedanken oder Anwendungen desselben. Seine Aufmerksamkeit war nicht auf den Verlauf der Vorgänge, sondern auf ihr endliches Ergebnis gerichtet; diese statische Anschauungsweise tritt auch in dem Titel seines Hauptwerkes „Statique chimique" hervor. Doch wusste er aus dem einfachen Grundgedanken, dem des chemischen Gleichgewichts, eine ganze Anzahl bemerkenswerter Folgerungen zu ziehen.

Vor allen Dingen die, dass für ein jedes chemische Gleichgewicht die dauernde Anwesenheit aller beteiligten Stoffe notwendig ist. Wo sich einer oder der andere aus dem Gebiet des Wettkampfes entfernt, hat er die Folgen zu tragen, indem sich nunmehr ein neues Gleichgewicht ohne ihn herstellt. Zwei Arten solcher Entfernung kennt Berthollet: falls der Stoff gasförmig, oder falls er fest wird. Insofern wirken Flüchtigkeit und Kohäsion, wie er die Ursachen dieser Zustände bezeichnet, wie chemische Kräfte für das endliche Ergebnis mit.

Alle diese Gedanken sind richtig; sie haben aber erst sehr spät nach sachgemäßer Entwicklung ihre Bestätigung gefunden. Berthollet nahm persönlich eine überaus geachtete Stellung ein; sein Hauptwerk wurde mehrfach übersetzt und alle waren einig darüber, dass darin die maßgebenden Gedanken der höheren Chemie vorgetragen waren. Und dennoch sehen wir, dass auf diesen vielversprechenden Anfang keine Entwicklung erfolgt ist, ja, dass das Interesse an den Problemen der chemischen Verwandt-schaft für beinahe ein Jahrhundert so gut wie völlig verschwindet. Wie ist diese merkwürdige Erscheinung zu erklären?

Ein naheliegender Gedanke ist der folgende. Wir haben bei früherer Gelegenheit gesehen, dass Berthollet durch seine Auffassung des chemischen Gleichgewichts dazu geführt worden war, die Existenz von Verbindungen konstanter Zusammensetzung zu leugnen. Wenn wir das Problem in seiner ganzen Strenge nehmen, so werden wir auch heute sagen, dass er im Grunde recht gehabt hat und dass grundsätzlich die Herstellung eines absolut reinen Stoffes ebenso unausführbar ist, wie die Erreichung irgendeines anderen absoluten Zieles, etwa die Herstellung eines absolut leeren Raumes. Aber dem steht entgegen, dass wir, experimentell gesprochen, eine sehr große Anzahl von Stoffen herstellen können, in denen wir die Anwesenheit fremder Stoffe nicht mehr nachweisen können, die also praktisch rein sind. Berthollet hat sich nur über die Grenze getäuscht, bis zu welcher die Trennungen praktisch ausführbar sind, und ist deshalb von Proust widerlegt worden. Dass trotz der experimentellen Widerlegung noch ein Kern Wahrheit in diesen Ansichten sein könnte, konnte aus den übrigen Kenntnissen jener Zeit keineswegs entnommen werden.

Dies war sicher ein nicht unwichtiger Grund für die Unwirksamkeit von Berthollets Werk; dass er aber nicht durchschlagend gewesen ist, ergibt sich daraus, dass Berthollets Ansehen auch nach Beendigung seines Streites mit Proust nicht merklich vermindert erscheint. Sein Werk gehörte aber dauernd zu denen, die jeder lobt und niemand liest. Auch wenn man sich heute in dem Licht der inzwischen entwickelten Wissenschaft in Berthollets Werk zu vertiefen sucht, wird man es bald enttäuscht auf die Seite legen. Es enthält zu wenig Bestimmtes, experimentell Fassbares, als dass es in einer Wissenschaft, in welcher tagtäglich neue Tatsachen Staunen erregten und Aufmerksamkeit erforderten, von tief gehendem Einfluss hätte werden können.

Entscheidend aber für den Gang der Entwicklung in der Chemie waren die anderen Entdeckungen, die um jene Zeit, am Anfang des neunzehnten Jahrhunderts gemacht wurden. Wir haben die wichtigsten von ihnen bereits kennengelernt. Zunächst die stöchiometrischen Gesetze in dem anschaulichen Gewand der Atomtheorie, die sich überall bestätigten, wo man sie anzuwenden versuchte; dann die erstaunlichen Entdeckungen der Elektrochemie und zuletzt die alles bald an sich reißende Entwicklung der organischen Chemie, welche nicht nur der Wissenschaft ganz neue Arbeitsgebiete öffnete, sondern auch bald die Grundlage einer riesigen technischen Anwendung werden sollte. Alle diese Dinge gaben und verlangten unmittelbare Arbeit und, was das entscheidende war, sie konnten, wenigstens für das erste Bedürfnis erledigt werden, ohne dass man jene alten Probleme löste. Denn es war nach wie vor präparative Chemie, die hier in den neuen Gebieten getrieben wurde. Immer noch war die Frage nach den Reaktionsbedingungen ausreichend erledigt, wenn es gelungen war, ein vorteilhaftes Darstellungsverfahren ausfindig zu machen und niemand hatte ein Interesse daran, sich in die schlechten Methoden zu vertiefen, bei denen verschiedene Produkte nebeneinander entstehen. Kostete es doch ohnedies oft genug den ganzen Scharfsinn des Forschers, aus dem unmittelbar erhaltenen Reaktionsgemenge das erhoffte Produkt herauszupräparieren. So sehen wir, dass die Entwicklung des Verwandtschaftsproblems spät erfolgt und einen ganz anderen Ausgangspunkt hat: Der Faden spinnt sich nicht bei der „reinen" Chemie an, sondern an einer ganz anderen Stelle, derselben Stelle, von welcher aus auch der Physik ein neues Leben zuwuchs.

Es ist die Entdeckung der Energiegesetze, welche dies neue Leben in die Chemie brachte. Allerdings geschah es viel langsamer als in der Physik, denn es waren zu Anfang wesentlich Physiker, welche den neuen Gedanken entwickelten und förderten, wenn er auch jedes Mal aus chemischen Problemen erwachsen war. Denn in der Tat, sowohl Mayer und Helmholtz, deren Gedanken durch die Frage nach der Wärmeentwicklung im Tierkörper angeregt waren, wie Joule, der seine Entdeckung im Verfolgen seiner Bemühungen gemacht hatte, die chemische Energie Voltascher Ketten zu Arbeitszwecken zu verwenden, waren von den Umwandlungen chemischer Energie in andere Formen ausgegangen. Ja, es besteht sogar der merkwürdige Umstand, dass im Gebiet der Chemie das besondere Gesetz, das sich aus der Anwendung des allgemeinen Energiegesetzes auf die Umwandlung chemischer Energie in Wärme ergibt, früher entdeckt worden ist, als jenes allgemeine Gesetz selbst.

Tatsächlich sprach bereits im Jahre 1840 J. G. Hess (1802 bis 1856) in Petersburg das Gesetz der konstanten Wärmesummen aus, dem zufolge die gesamte Wärmeentwicklung für einen jeden bestimmten chemischen Vorgang eindeutig durch den Anfangs- und Endpunkt des Vorganges bestimmt ist, und nicht von den etwaigen Zwischenstufen abhängt. Hess war zu seinem Gesetz auf experimentellem Wege gelangt, doch hatte er es in seiner ganzen theoretischen Wichtigkeit begriffen und insbesondere gezeigt, wie man es benutzen kann, um indirekt Reaktionswärmen zu berechnen, die dem unmittelbaren Versuch unzugänglich sind. Die bewusste Anwendung des inzwischen entdeckten und in seiner allgemeinen Bedeutung klargestellten Gesetzes von der Erhaltung der Energie auf chemische Vorgänge ist dann in den fünfziger Jahren durch Julius Thomsen (geb. 1826) in Kopenhagen durchgeführt worden.

Da die Wärmeentwicklung bei einem chemischen Vorgang diesem Gesetz gemäß den Energieunterschied ausdrückt, welcher zwischen den Ausgangsstoffen und den Produkten der Reaktionen besteht, so schien das alte Problem der chemischen Verwandtschaft auf diesem Weg thermochemischer Messungen unmittelbar lösbar zu sein. Denn der Vorgang, bei dem mehr Energie frei wird, wird offenbar den Vorzug vor jedem anderen, möglichen Vorgang haben, der zu einer geringeren Energieentwicklung führt. Und da die Energieunterschiede unmittelbar durch die entwickelten Wärmemengen gemessen werden, so hieß die Folgerung einfach: Von den möglichen Vorgängen wird der stattfinden, der die meiste Wärme entwickelt.

So wurde denn auch das Prinzip von J. Thomsen aufgestellt, und nachdem dieser sich bereits davon überzeugt hatte, dass es sicher nicht ohne Ausnahme gültig ist, wurde es von Neuem von M. Berthelot proklamiert und mit einem großen Aufwand von Scharfsinn und, wo dieser nicht ausreichte, von Beredsamkeit gegen die Einwendungen verteidigt, welche nicht ausblieben. Denn man muss sich darüber klar sein, dass dieses Prinzip nichts weniger bedeutet, als eine Wiederbelebung der alten Stahl-Bergmannschen Affinitätslehre von dem unbedingten Übergewicht des stärksten Stoffes. Der durch Berthollet bedingte Fortschritt, die Erkenntnis, dass außer der Natur der Stoffe auch seine relative Menge oder genauer seine Konzentration einen entscheidenden Einfluss auf das Ergebnis der chemischen Wechselwirkung hat, wurde vergessen. Dies geschah um so widerstandsloser, als auch die chemischen Tatsachen, welche im Sinne der Auffassung Berthollets sprachen, wenig bekannt und noch weniger beachtet waren. Allerdings hatte bereits der erste Versuch Thomsens, thermochemische Methoden auf das Problem der Salzbildung und der Konkurrenz mehrerer Säuren um eine Base anzuwenden, eine Bestätigung von Berthollets Auffassung des chemischen Gleichgewichts gegeben, doch lag diese Anschauung dem gesamten Denken der Zeit zu fern, als dass sie damals Aufmerksamkeit erregt und einen allgemeineren Einfluss geübt hätte.

So begann ein langer und hartnäckiger Kampf der schon anscheinend längst gestorbenen Bergmannschen Lehre in ihrer neuen Gestalt gegen die Tatsachen einerseits und gegen die gereiftere Erkenntnis der maßgebenden Gesetze anderseits. Es handelt sich nämlich um einen ganz ähnlichen Missgriff, wie er bei der Berechnung der elektromotorischen Kraft einer Kette aus der gesamten Wärmetönung begangen worden war (S. 175), und hier wie dort wurde der Irrtum durch die Erkenntnis beseitigt, dass nicht der Unterschied der Gesamtenergie, sondern der der verfügbaren oder freien Energie die Erscheinungen regelt. In manchen Fällen ist die freie Energie von der gesamten nicht sehr verschieden; dann gibt die unmittelbare Betrachtung der Wärmeentwicklung Resultate, die sich von der Wahrheit nicht weit entfernen. Solche Fälle hatten eben auch den Glauben an die Richtigkeit des allgemeinen Satzes erweckt und trotz der sich mehrenden Widersprüche aufrechterhalten. Aber für den mehr und mehr hervortretenden Einfluss der Massenwirkung hatte jene Theorie keinen Ausdruck und keine Erklärung, und diese Fälle bewirkten denn auch schließlich das Verlassen derselben.

Dieser Vorgang vollzog sich von zwei Seiten. Einerseits erwies sich das früher für unlösbar gehaltene Problem, in einem homogenen Gebilde den chemischen Zustand messend zu bestimmen, ohne den vorhandenen Gleichgewichtszustand zu stören, als zugänglich, nachdem man gelernt hatte, die Hilfsmittel der Physik statt der der Gewichtsanalyse darauf anzuwenden. In dem Maße, wie die Anwendung solcher physikalisch-chemischer Methoden sich mehrte, trat auch immer deutlicher zutage, dass eben in homogenen Gebilden der von Berthollet angenommene Gleichgewichtszustand, bei welchem jeder vorhandene Stoff seine Verwandtschaften befriedigt, nur entsprechend seiner Menge in verschiedenem Maße, durchaus die Regel ist, und dass die anscheinend ausschließlichen Reaktionen in der Mehrzahl der Fälle ihre Ursache darin hatten, dass sich die betreffenden Stoffe als Gase oder

Niederschläge aus dem Reaktionsgebiet entfernen. So kamen Berthollets tiefe Gedanken wieder langsam zu Ehren, insbesondere als Guldberg und Waage in Christiania sie 1867 zum ersten Male in eine so zulängliche mathematische Form gebracht hatten, sodass eine messende Bestätigung der theoretischen Voraussicht der Chemikerwelt vorgelegt werden konnte. Kants berühmter Vorwurf, dass die Chemie deshalb keine Wissenschaft sei, weil sie nicht der mathematischen Behandlung zugänglich war, wurde hierdurch zum ersten Male im eigentlichen Sinne erledigt.

Die fundamentale Arbeit von Cato M. Guldberg (1836 bis 1902) und Peter Waage (1833 bis 1900) erregte nur geringe Aufmerksamkeit. Im Jahresbericht der Chemie ist sie nicht referiert. Und als zwölf Jahre später die Entdecker auf die gleiche Angelegenheit in einer neuen Veröffentlichung zurückkamen, konnten sie nur weniger als ein Dutzend inzwischen erschienener Arbeiten namhaft machen, aus denen sich Beobachtungsmaterial für die weitere Prüfung ihres Ansatzes entnehmen Hess. Erst durch eine 1869 veröffentlichte Arbeit von Julius Thomsen wurde der Fortschritt etwas bekannter. Thomsen hatte entsprechend den Ansätzen seiner Jugendarbeit die Wärmeerscheinungen bei der Salzbildung dazu verwendet, um über den Zustand in homogener Lösung Aufschluss zu erhalten, und hatte dabei gefunden, dass seine Resultate durch Guldberg und Waages Theorie sich völlig ausreichend darstellen ließen. Es muss betont werden, dass hierbei die Wärmetönungen nur als Kennzeichen für den jeweiligen Zustand verwertet wurden, und dass von dem oben kritisierten Satz, dass die mit größter Wärmetönung verbundene Reaktion notwendig stattfinden müsse, gar kein Gebrauch gemacht worden war. Somit sind die Ergebnisse von der Richtigkeit oder Unrichtigkeit jenes Satzes ganz unabhängig und haben sich auch in der Folge bei unabhängiger Kontrolle als ganz zutreffend bewährt. Umgekehrt enthalten diese Arbeiten experimentelle Widerlegungen jenes falschen Prinzipes, denn sie beweisen, dass die Schwefelsäure eine schwächere Säure ist als Salz- und Salpetersäure, obgleich sie bei der Salzbildung bedeutend mehr Wärme entwickelt als diese. An die Arbeiten Thomsens schlossen sich später ähnliche, die mit anderen Hilfsmitteln zu dem gleichen Ergebnis führten und die Richtigkeit des Guldberg-Waageschen Massenwirkungsgesetzes von mehreren Seiten bestätigten.

Neben dieser experimentellen Entwicklung des Problems lässt sich eine theoretische verfolgen, deren Beginn ganz außerhalb der

Chemie liegt. Es ist bereits berichtet worden, dass der erste Versuch, die neu entdeckten Gesetze der Energie auf die Lösung des Affinitätsproblems anzuwenden, gescheitelt war, weil er auf der falschen Voraussetzung beruhte, dass außer chemischer Energie und Wärme gar keine andere Energieart bei den chemischen Vorgängen beteiligt sei. Wie die verwickelteren Probleme der Energieumwandlung zu behandeln seien, hatten Clausius und William Thomsen am Beginn der zweiten Hälfte des neunzehnten Jahrhunderts gezeigt, indem sie sich auf einen Gedankengang stützten, der schon lange vor Mayers Entdeckung, nämlich 1824 durch einen jung gestorbenen Artillerieoffizier, Sadi Carnot (1796 bis 1832) veröffentlicht worden war. Carnot hatte sich die Frage gestellt, von welchen Gesetzen die Gewinnung mechanischer Arbeit aus Wärme durch die damals gerade aufblühende Dampfmaschine abhängig ist, und war zu der folgenden Überlegung gekommen. Eine Wärmemaschine kann nur dann in Betrieb gesetzt werden, wenn ein Temperaturunterschied vorliegt. Alle Wärme von gleicher Temperatur ist völlig wertlos für den Zweck, denn mit dem Mangel des Temperaturunterschiedes fehlt jede Ursache für die Wärme, sich von einem Ort zum anderen zu begeben. Wenn somit eine Wärmemaschine arbeitet, so wird dabei eine gewisse Wärmemenge von einer höheren Temperatur auf eine niedere fallen, ähnlich wie eine Wassermasse, um z. B. in einer Mühle Arbeit zu leisten, von einer höheren Stelle auf eine niedere fallen muss. Anderseits leistet Wärme, welche einfach durch Leitung auf niedere Temperatur geht, keine Arbeit; eine Wärmemaschine muss also derart beschaffen sein, dass in ihr die Temperaturerniedrigung nur durch Arbeit erfolgt und wenn sie vollkommen sein soll, so darf gar keine Wärme durch Leitung auf niedrigere Temperatur gelangen, d. h. alle Temperaturänderungen müssen ohne Wärmeleitung und alle Wärmeübergänge müssen bei gleicher Temperatur erfolgen. Hierdurch gewinnt eine vollkommene Wärmemaschine das weitere Kennzeichen, dass sich ihr Betrieb umkehren lässt, da Wärmeübergänge zwischen gleich temperierten Stellen in beiderlei Sinn unter gleichen Bedingungen erfolgen. Betreibt man eine Wärmemaschine im umgekehrten Sinne, so wird in ihr Arbeit verbraucht, um Wärme von niederer Temperatur auf höhere zu bringen und eine vollkommene Wärmemaschine würde gerade die Arbeit, die durch einen bestimmten Wärmefall von ihr geleistet ist, wieder verbrauchen, um die gleiche Wärmemenge auf die frühere höhere Temperatur zurückzubringen.

Wird dies zugegeben, so kann man beweisen, dass die Leistung einer vollkommenen Wärmemaschine nur vom Temperaturunterschied, über den sie arbeitet, abhängt, und in keiner Weise von ihrer sonstigen Beschaffenheit. Denn gäbe es zwei vollkommene Maschinen A und B, von denen etwa A zwischen den gleichen Temperaturen aus derselben Wärmemenge mehr Arbeit entstehen lässt als B, so brauchte man nur B vorwärts, A aber mittelst der aus B erhaltenen Arbeit rückwärtsgehen zu lassen, damit A beständig mehr Wärme auf die höhere Temperatur bringt, als B für die erforderliche Arbeit verbraucht. Man könnte mit anderen Worten beliebig große Wärmemengen von niederer auf höhere Temperatur bringen und mit diesen beliebig viel Arbeit erzeugen, d. h., man hätte ein Perpetuum mobile konstruiert. Da ein solches sich aber nicht konstruieren lässt, so ist die Annahme falsch. Auf gleiche Weise beweist man, dass auch B nicht vorteilhafter als A arbeiten kann. So bleibt nur übrig, dass beide Maschinen ein gleiches Verhältnis zwischen Wärmefall und Arbeit aufweisen, was zu beweisen war.

Wie man sieht, ist bei dieser Überlegung überhaupt kein Gebrauch von dem Gesetz von der Erhaltung der Energie gemacht, denn es ist ganz unbestimmt gelassen worden, auf welche Weise die Arbeit aus der Wärme entsteht. Carnot dachte anfangs, dass der bloße Temperaturfall der Wärme hierzu ausreichend sei, ebenso wie der Fall des Wassers, ohne dass eine Verminderung der Wärme- bezw. Wassermenge eintritt. Später scheint er, wie sich aus hinterlassenen Aufzeichnungen entnehmen lässt, sich der richtigen Auffassung, dass hierbei ein Teil der Wärme verbraucht wird, genähert zu haben, doch sind jene Aufzeichnungen erst ans Tageslicht gekommen, als die ganze Angelegenheit bereits durch die späteren Forscher aufgeklärt war. Wesentlich aber ist, dass die Schlussweise Carnots in der Tat ohne die Kenntnis des Gesetzes von der Erhaltung der Energie oder des ersten Hauptsatzes ausführbar ist. Das Perpetuum mobile, welches durch Carnots Überlegung ausgeschlossen wird, ist daher ein anderes als das, welches durch Erschaffung von Energie betrieben werden könnte, denn es ist ja von der Geltung des ersten Hauptsatzes ganz unabhängig. Ein Carnotsches Perpetuum mobile würde sich z. B. ergeben, wenn man die Wärme einer gleich temperierten Wassermasse veranlassen könnte, sich teilweise in andere Energie, z. B. in elektrische zu verwandeln.

Dies ist erfahrungsmäßig ebenso wenig möglich, wie die Erschaffung von Energie. Es liegt hier also ein anderes, vom ersten Hauptsatz unabhängiges Gesetz vor, welches der zweite Hauptsatz heißt, und welches im Anschluss an die eben durchgeführten Betrachtungen in verallgemeinerter Gestalt so ausgesprochen werden kann: Ruhende Energie setzt sich nicht freiwillig in Bewegung. Oder, wenn man das eben beschriebene Carnotsche Perpetuum mobile ein solches zweiter Art nennt: Ein Perpetuum mobile zweiter Art ist unmöglich. Carnots grosser Gedanke blieb zunächst ebenso ohne Wirkung, wie viele andere Gedanken, die ihrer Zeit zu weit voraus waren. Das kleine Büchlein, in dem er veröffentlicht worden war, geriet ganz in Vergessenheit. Dies änderte sich auch nicht, als zehn Jahre später ein Ingenieur namens Clapeyron den Gedanken aufnahm und ihm eine elegante analytische Darstellung gab, und ebenso wenig, als wieder etwa zehn Jahre später Poggendorff jene Abhandlung von Clapeyron, die französisch erschienen war, in seinen weitverbreiteten Annalen mit einem besonderen Hinweis auf ihre Bedeutung nochmals deutsch abdruckte. Erst R. Clausius und W. Thomson waren (1850) fähig, die Tragweite des Gedankens zu beurteilen, und insbesondere der Erste wies nach, dass er wie oben dargestellt, unabhängig vom ersten Hauptsatze ist und daher trotz der unrichtigen Annahme von Carnot, dass keine Wärme in den Wärmemaschinen verbraucht wird, zu richtigen Resultaten führt, wenn man ihn in angemessener Weise mit dem ersten Hauptsatze verbindet. Ebenso war W. Thomson imstande, ihn zu wichtigen Schlüssen zu benutzen, ohne sich damals über die Frage zu entscheiden, ob der erste Hauptsatz gültig ist oder nicht.

Hierdurch kam es, dass während der erste Hauptsatz leicht verständlich ist und gegenwärtig einen Bestandteil des elementaren Unterrichts bildet, der zweite Hauptsatz einen Charakter von Schwerverständlichkeit, ja fast eine geheimnisvolle Beschaffenheit erhielt. Seine Anwendungen waren durch die beiden genannten großen mathematischen Physiker an gewisse mathematische Operationen geknüpft, deren Richtigkeit man einsehen und deren Erfolge man bewundern konnte, ohne dass man aber begriff, warum gerade diese zweimaligen Differenziationen erforderlich sein sollten, um unter Verschwinden der zweiten Differenziale die endlichen einfachen Beziehungen zu ergeben. Anderseits beweist gerade die Entdeckung des zweiten Hauptsatzes zwanzig Jahre vor dem ersten, dass in ihm eine ähnliche, allgemeine Beziehung steckt, wie in dem Erhaltungsgesetz. Erst viel später hat sich herausgestellt, dass erstens der zweite Hauptsatz nicht nur, wie ihn Clausius und Thomson noch allein verwendet hatten, auf die Wärmelehre beschränkt ist, sondern sich bei allen Arten Energie betätigt, und zweitens, dass er die allgemeine Bedingung oder Definition dafür darstellt, dass überhaupt etwas geschieht. Der erste Hauptsatz besagt ja nur: Wenn etwas geschieht, so stehen die verschwindenden und die erscheinenden Energiemengen im Äquivalenzverhältnis, er gibt aber keine Auskunft darüber, ob und wann etwas geschieht, sondern setzt das Stattfinden eines Geschehens voraus. Hier tritt nun der zweite Hauptsatz ein und stellt die Voraussetzung fest, unter welcher etwas geschieht, und zwar aufgrund ganz ähnlicher Überlegungen, wie sie Carnot für die Wärme angestellt hat. Ebenso wie ein Temperaturunterschied bestimmt, ob seitens der Wärme etwas geschieht, so bestimmt ein elektrischer Spannungsunterschied, ob seitens der elektrischen Energie etwas geschieht, und ein Druckunterschied bestimmt einen entsprechenden mechanischen Vorgang. Für jede Energie lässt sich, wie die eingehende Untersuchung lehrt, solch ein Wert bestimmen, welcher für sie die gleiche Bedeutung hat, wie die Temperatur für die Wärme und für jede Energieart gelten demgemäß die Betrachtungen Carnots. So gibt es insbesondere auch für die chemische Energie ein solches „chemisches Potenzial", und dieses ist der exakte Ausdruck für das, was man unter dem Namen der chemischen Verwandtschaft mehr gesucht als gekannt hat. Dieses chemische Potenzial steht unter Vermittlung der Verbindungsgewichte mit der Größe, die vorher als freie Energie bezeichnet worden ist, in nächster Beziehung, und damit chemisch etwas geschieht, muss ein Unterschied des chemischen Potenzials vorhanden sein.

Zunächst war die Chemie allerdings sehr weit davon entfernt, an den Fortschritten teilzunehmen, welche die Physik durch die Entdeckung und Anwendung der Energiegesetze erfuhr. Es war, entsprechend der Entstehungsgeschichte dieser Probleme, in erster Linie die Theorie der Dampfmaschine und der anderen Wärmemaschinen, welche ausgebildet wurde. Clausius wies zwar gelegentlich darauf hin, dass die von ihm ausgebildeten Begriffe und die mit ihrer Hilfe gefundenen Gesetze auch in der Chemie Anwendung finden könnten, doch hat er selbst den Weg hierzu nicht gewiesen. Dies geschah zuerst durch August Horstmann (geb. 1842) im Jahre 1870, und zwar in einer grundsätzlich vollkommen ausreichenden Weise. Horstmann wendete die Formeln von Clausius, insbesondere sein Prinzip der maximalen Entropie auf den Fall chemischer Vorgänge in Gasen an, wo die von diesem eingeführten allgemeinen Funktionen eine rechnerische Auswertung ermöglichen und fand auf diesem Weg unter anderem dasselbe Massenwirkungsgesetz, welches Guldberg und Waage auf experimentellem Weg entdeckt hatten. Allerdings galt Horstmanns Ableitung zunächst nur für Gase; er hat aber ausdrücklich ausgesprochen, dass nach den vorhandenen Tatsachen gelöste Stoffe eine übereinstimmende Gestalt der maßgebenden Funktion aufweisen, sodass die für Gase gefundenen Gesetze auf sie übertragen werden können. Es ist dies eine Bemerkung, die bei weiterer Verfolgung auf die durch van 't Hoff eingeführten Gedanken leitet.

Unabhängig von Horstmann wurden ähnliche Gedanken etwas später von französischen Forschern entwickelt, wenn auch in engerem Umfange. Bei Weitem die umfassendste und tiefgehendste Arbeit wurde aber durch einen amerikanischen Forscher geleistet, Willard Gibbs (1889 bis 1904), welcher gleichfalls auf Clausius fußend der ganzen weiteren Entwicklung der chemischen Energetik eine dauernde Form gegeben hat.

Willard Gibbs hatte seine ausgedehnten Forschungen in einer fast unbekannten und sehr wenig verbreiteten Zeitschrift, den Transactions der Connecticut Academy, veröffentlicht. Da er außerdem ganz und gar dem klassischen Typus des Gelehrten angehört, dem die Genauigkeit und Strenge seiner Darlegungen über alles geht, und dem meist das Mitteilungsbedürfnis und damit die Fähigkeit und Neigung zu anregender Darstellung abgeht, so hat er auch keine unmittelbare Schule gegründet, wodurch seinen Forschungen eine weitere Möglichkeit der Verbreitung entzogen wurde. So kann es nicht wundernehmen, dass auch diese genialen Arbeiten zunächst ganz unbekannt blieben, und dass erst durch einzelne andere Forscher, welche mehr oder weniger zufällig der hier verborgenen Schätze gewahr wurden und sie den Mitarbeitern zugänglich zu machen suchten, verhältnismäßig spät Kunde und Anwendung von ihnen ans Licht kamen.

Der gesamte Inhalt von Gibbs' Entdeckungen lässt sich in allgemein verständlicher Gestalt noch nicht darstellen, weil er nicht Gemeingut des wissenschaftlichen Denkens geworden ist. Er ist außerdem so reich und mannigfaltig, dass auch die Fachmänner ihn noch bei Weitem nicht erschöpft haben, so reiche und mannigfaltige Anwendung bereits von ihnen gemacht worden ist. Es muss daher genügen, in ganz allgemeiner Weise den Charakter des von Gibbs bewirkten wissenschaftlichen Fortschrittes zu kennzeichnen.

Von allen Gebieten der theoretischen Physik ist das der Thermodynamik, oder, da dieser Name zu eng ist, der Energetik, bei Weitem das sicherste und geordnetste. Aufgrund der beiden Hauptsätze der Energetik, die wir vorher kennengelernt haben, und unter Benutzung anderer allgemeiner Gesetze, wie des Gasgesetzes, des Faradayschen Gesetzes usw. kann man zwischen den verschiedenartigsten Eigenschaften physikalischer Gebilde bestimmte, zahlenmäßige Beziehungen aufstellen. Von diesen waren viele experimentell noch unbekannt, als sie auf theoretischem Wege gefunden wurden; die aufgrund der Theorie angestellten Versuche haben dann jedes Mal nicht nur eine allgemeine, sondern auch eine zahlenmäßige Bestätigung dieser Gesetze gegeben. Um nur ein Beispiel anzuführen, sei der Einfluss des Druckes auf den Schmelzpunkt erwähnt. Bunsen hatte gefunden, dass gewisse Stoffe, wie Wachs, Wallrat usw., die er untersucht hatte, ihren Schmelzpunkt durch starken Druck erhöhen. Kurze Zeit darauf wurde die Theorie auf die Frage angewendet; sie ergab eine Beziehung zwischen dem Einfluss des Druckes auf den Schmelzpunkt, der Schmelzwärme und der Volumenänderung beim Schmelzen, die zu dem unerwarteten Ergebnis führte, dass beim Wasser sich die Sache umgekehrt verhalten müsse, als Bunsen sie bei seinen Stoffen gefunden hatte: Die Schmelztemperatur des Wassers sollte durch Druck fallen, statt zu steigen. Der Versuch ergab nicht nur eine Bestätigung der Theorie dem Sinne nach, sondern auch die vorausberechnete (sehr geringe) Schmelzpunktserniedrigung wurde so genau gefunden, als die Versuchsfehler dies erwarten ließen.

Somit gestattet die Anwendung der beiden Hauptsätze, die experimentelle Naturgeschichte solcher Gebilde, deren Energieverhältnisse man kennt, zu einem Anwendungsgebiet der Kombinatorik zu machen. Die von Clausius, Thomson und Gibbs angeführten Methoden brauchen nur erschöpfend auf alle denkbaren Kombinationen der beteiligten Energien angewendet zu werden, um alle zwischen ihnen möglichen gesetzlichen Beziehungen zu ergeben. Das höchste Ideal, welches sich ein Leibniz für die Wissenschaft ersinnen konnte, findet sich auf dem von der Energetik beherrschten Gebiet verwirklicht.

Die Bedeutung von Gibbs' Arbeiten liegt nun gerade darin, dass er für die Lehre vom chemischen Gleichgewicht diesen Zustand geschaffen hat. In der Physik ist es seit Langem anerkannt, dass die Thermodynamik nicht nur eines der fruchtbarsten Gebiete ist, sondern auch das exakteste. Es steht in dieser Beziehung der theoretischen Mechanik nicht nach, der es anderseits vermöge seines viel engeren Anschlusses an die Erfahrung weit überlegen ist. Gibbs hat den Zugang zu dem entsprechenden Gebiet der Chemie durch seine Arbeiten eröffnet, und seitdem die Chemiker gelernt haben, sich seiner Methoden und Entdeckungen zu bedienen, ist eine reiche Ernte von wissenschaftlichen Ergebnissen gewonnen worden. Das Feld ist dabei, entsprechend der viel größeren Mannigfaltigkeit der chemischen Erscheinungen den thermodynamischen gegenüber, so wenig erschöpft, dass vielmehr immer wieder neue Früchte eingebracht werden und es überall an Händen fehlt, um die in erreichbarer Nähe hängenden zu pflücken.

Um die Beschaffenheit des durch Gibbs bewirkten Fortschrittes zu kennzeichnen, will ich eines der vielen von ihm entdeckten Gesetze, das Phasengesetz, etwas eingehender darstellen. Es ist dasjenige, dessen Bedeutung am frühesten erkannt worden ist, und das deshalb, insbesondere durch die Bemühungen von Bakhuis Roozeboom (geb. 1854) die mannigfaltigste Anwendung gefunden hat. An diesem Beispiel wird gleichzeitig der umfassende Charakter der Beziehungen ersichtlich, welche Gibbs aufzudecken wusste.

Betrachtet man einen homogenen Körper, gleichgültig ob fest, flüssig oder gasförmig, in Bezug auf seine möglichen Änderungen durch Wärme und mechanische Beeinflussung (wobei wir uns auf einen gleichförmigen Druck beschränken wollen), so finden wir, dass sein Zustand eindeutig und unveränderlich bestimmt ist, wenn man seine Temperatur und seinen Druck kennt. Dies wird unmittelbar deutlich bei einem Gas, für welches die Gleichung $pv = RT$ gilt; hier können von den drei Veränderlichen zwei beliebig angenommen werden; die dritte ist dann zahlenmäßig festgelegt. Gleichzeitig erkennt man, dass es nicht gerade Temperatur und Druck sein müssen, die man wählt; es können vielmehr beliebige zwei von den drei Veränderlichen sein, es müssen aber zwei, nicht mehr und nicht weniger sein. Ganz ebenso verhalten sich Flüssigkeiten und feste Körper: Ihr Volumen ist bestimmt, wenn Druck und Temperatur gegeben sind, und zwei Veränderliche sind im Allgemeinen für sie frei, die dritte nicht mehr.

Man sagt daher, dass ein jeder homogene Körper zwei Freiheitsgrade oder kurz zwei Freiheiten hat.

Nun kann man über diese Freiheiten noch anders verfügen, als durch die Bestimmung von Druck, Temperatur oder Volumen, u. a. dadurch, dass man eine Flüssigkeit neben ihrem Dampf, einen festen Körper neben seiner Schmelze usw. zu haben verlangt. Man nennt nach Gibbs diese verschiedenen Teile des Systems, wo dieses andere Eigenschaften, insbesondere eine andere Dichte aufweist, Phasen. Ein Gebilde aus Wasser und Dampf besteht daher aus zwei Phasen, der flüssigen und der gasförmigen. Man kann also allgemein die Forderung aufstellen, dass zwei Phasen nebeneinander bestehen sollen.

Nun ist es offenbar nicht möglich, zwei Phasen nebeneinander im Gleichgewicht zu haben (und auf Gleichgewichte bezieht sich ausdrücklich unsere ganze Untersuchung), wenn nicht ihre Temperaturen und ihre Drucke gleich sind.

Solch eine Forderung ist, wie Gibbs beweist, immer gleichwertig mit der Verfügung über eine Freiheit. Mit der Anzahl der Phasen, die nebeneinander bestehen sollen, nimmt somit die Anzahl der Freiheiten ab, die für das Gebilde übrig bleiben. Bei einem einheitlichen Stoff, bei dem sich eine jede Phase vollständig in die andere verwandeln lässt, wird somit nur eine Freiheit bestehen, wenn zwei Phasen nebeneinander vorhanden sind, und gar keine, bei drei Phasen.

Anderseits liegt eine weitere Reihe von Freiheiten vor, wenn die Stoffe zusammengesetzt sind. Jeder neue unabhängige Bestandteil bedingt eine Freiheit mehr. Fasst man alle diese Umstände zusammen, und nennt F die Anzahl der Freiheiten, P die der Phasen und B die der Bestandteile, so gilt die Gleichung

$$P + F = B + 2$$

Die Summe der Phasen und Freiheiten ist gleich der Anzahl der Bestandteile plus zwei.

Man sieht es dieser schlichten Gleichung nicht an, welchen unabsehbaren Inhalt sie besitzt. Wir prüfen zunächst, ob sie dem einfachen Fall genügt, von dem wir ausgingen. Haben wir einen Bestandteil in einer Phase, so ist $P = 1$ und $B = 1$; somit ist $F = 2$: Die Anzahl der Freiheiten ist zwei, ganz wie wir gesehen haben. Liegt ein Bestandteil in zwei Phasen vor, so folgt $F = 1$, es besteht nur eine Freiheit. Haben wir beispielsweise Flüssigkeit neben Dampf, so kann man nur eine Größe frei bestimmen, z. B. die Temperatur; dann ist der Druck nicht mehr wahlfrei. In der Tat hat eine reine Flüssigkeit bei einer bestimmten Temperatur einen bestimmten Dampfdruck und bei keinem anderen Druck kann Dampf neben ihr bestehen. Denn wenn der Druck größer gemacht wird, so verschwindet der Dampf und wird zu Flüssigkeit komprimiert; macht man ihn kleiner, so verschwindet die Flüssigkeit und geht in Dampf über.

Um weiter die Anwendung des Phasengesetzes zu zeigen, können wir nach dem Verhalten einer Lösung neben einem festen Körper, z. B. einem Salz fragen. Wir haben zwei Bestandteile und zwei Phasen, nämlich Lösung und festes Salz; ist $F = 2$, es gibt zwei Freiheiten. Wir können beispielsweise eine bestimmte Temperatur wählen, alsdann wissen wir aber, dass sich die Lösung mit dem festen Körper sättigt, d. h., dass sich ein ganz bestimmtes Verhältnis zwischen beiden in der Flüssigkeit herstellt und es sieht so aus, als wäre keine zweite Freiheit mehr vorhanden, welche das Phasengesetz gewährt. Indessen hat die Forschung gezeigt, dass noch die Konzentration der gesättigten Lösung verändert werden kann, wenn man den Druck verändert. Dann verschiebt sich auch die Sättigung. Allerdings ist diese Veränderlichkeit nur sehr gering, aber sie ist vorhanden, und das Phasengesetz hat in derartigen Fällen bereits mehrfach die experimentelle Forschung auf die Existenz solcher Veränderlichkeiten geführt, die wegen ihrer Kleinheit der bisherigen Beobachtung entgangen waren.

In solcher Weise, die um so mannigfaltiger wird, je zahlreicher die Bestandteile sind, kennzeichnet das Phasengesetz die formalen Eigenschaften aller möglichen chemischen Gebilde, insofern diese im Gleichgewicht sind. Es dient daher als Einteilungsprinzip für die wissenschaftliche Behandlung der ganzen Frage und eine Zusammenstellung unserer gegenwärtigen Kenntnisse, die sich auf das Phasengesetz beziehen, würde eine ganze Anzahl starker Bände umfassen.

Endlich darf nicht unterlassen werden zu betonen, dass sich der Begriff der Phase als ein grundlegender bei theoretischen Untersuchungen über die Grundbegriffe der Chemie überhaupt erwiesen hat. Er ist allgemeiner, als der des Stoffes, da er sowohl reine Stoffe wie Lösungen umfasst und mit seiner Hilfe lassen sich die Grundgesetze der Stöchiometrie allgemeiner und hypothesenfreier entwickeln, als auf irgendeinem anderen Wege. Hier hat insbesondere Franz Wald (geb. 1861) grundlegende Arbeit geleistet, auf welcher soeben eifrig weiter gebaut wird.

Dieser kurze Überblick über die Tragweite eines einzigen von den vielen Ergebnissen der Arbeit von Willard Gibbs mag ein Bild davon geben, welche Bedeutung ihr zukommt. Durch sie ist die mathematische Chemie auf die gleiche Stufe der Exaktheit und der Mannigfaltigkeit gehoben worden, wie sie die mathematische Physik seit mehr als zwei Jahrhunderten eingenommen hat. Es ist charakteristisch, dass während früher die Lehrbücher der Thermodynamik mit der Theorie der Dampfmaschine zu schließen pflegten, in der sich die einzelnen Ergebnisse der Theorie zu rechnerischer Anwendung vereinigten, es üblich geworden ist, auch die Hauptergebnisse der mathematischen Chemie als Paradepferd der Thermodynamik vorzureiten.

Die Bedeutung des Phasengesetzes liegt, wie bereits bemerkt, ausschließlich auf der formalen Seite. Es gibt uns ein Schema, dem alle möglichen Gleichgewichte unterworfen sind, sagt uns aber nichts Bestimmteres über die Beschaffenheit dieser Gleichgewichte. Hier tritt ein anderes Gesetz ein, welches sich aus der allgemeinen Auffassung des Gleichgewichts ergibt. Es reicht zwar gleichfalls nicht aus, um ein Gleichgewicht an sich vollständig zu definieren. Wohl aber gibt es an, wie ein einmal vorhandenes Gleichgewicht sich ändert, wenn man die Bedingungen verschiebt, unter denen es besteht. Es gibt mit anderen Worten Auskunft über den gegenseitigen Zusammenhang der an demselben Gebilde möglichen Gleichgewichte. Seine Geschichte ist eine recht verwickelte; man kann sie, wenn man will, bis in die mechanischen Prinzipien des kleinsten Zwanges und der kleinsten Wirkung zurückverfolgen. Seine Anwendung im chemisch-physikalischen Gebiet ist von verschiedenen Seiten mehr oder weniger klar versucht und ausgeführt worden; am klarsten wieder von van 't Hoff.

Man versteht den Satz am besten, wenn man ihn als eine erweiterte Definition des Gleichgewichtszustandes auffasst. In der Mechanik unterscheidet man bekanntlich das stabile, labile und indifferente Gleichgewicht. Das Gleichgewicht im engeren und eigentlichen Sinne ist durchaus das stabile; es hat die Eigenschaft, dass es sich jeder Störung widersetzt, indem jede Störung die Beschaffenheit hat, solche Änderungen des Gebildes hervorzurufen, die den Erfolg der Störung wieder zu vernichten oder ihre Wirkung auszugleichen suchen. Betrachten wir beispielsweise eine schwere Masse, die an einem Seil aufgehängt ist und zur Ruhe gekommen ist. Jede mögliche Bewegung, die man der Masse erteilen kann, ist mit ihrer Hebung verbunden, denn die Ruhelage senkrecht unter dem Aufhängepunkte ist ja die denkbar niedrigste, die vorkommen kann. Daher wird die Masse aus jeder anderen Lage außer der Ruhelage noch sich senken können und müssen.

Man erkennt, dass die Ruhe- oder Gleichgewichtslage eben dadurch gekennzeichnet ist, dass jede andere, benachbarte Lage aus ihr nur durch Aufnahme von Arbeit erreicht werden kann, und dass daher jede andere Lage die Eigenschaft hat, dass sich die Masse aus ihr in die Ruhelage zu bewegen strebt, und wenn sie beweglich ist, auch sich tatsächlich bewegt. Der vorliegende Fortschritt liegt nun in der Erkenntnis, dass derartige stabile Gleichgewichtszustände auch für alle anderen Gebilde, nicht nur die mechanischen bestehen. Hieraus etwa den Schluss zu ziehen, dass daher alle Gebilde mechanischer Natur seien, ist offenbar logisch nicht gerechtfertigt, weil erst bewiesen sein müsste, dass keine anderen Gebilde außer den mechanischen, diese Eigenschaft haben. So fassen wir den Tatbestand allgemeiner und besser in solchem Sinne auf, dass wir sagen: Es handelt sich um eine sehr allgemeine Eigenschaft aller energetischen Gebilde, und es ist dafür gleichgültig, welche Formen der Energie vorliegen.

Was nun das labile und das indifferente Gleichgewicht anlangt, so ist das erstere nur eine theoretische Abstraktion, die in einem wirklichen Gebilde niemals realisiert ist und die daher hier nicht betrachtet zu werden braucht. Bekanntlich definiert man ein labiles Gebilde als ein solches, das zwar nach keiner Seite einen Antrieb hat, sich zu ändern, das einen solchen aber bei der allerkleinsten Änderung seines Zustandes erlangt, und zwar in solcher Weise, dass dieser Antrieb immer stärker wird, je weiter das Gebilde sich aus der Ruhelage entfernt. Da wir physisch nie ein Gebilde herstellen können, das von jeder Störung absolut frei wäre — medianische, thermische, elektrische Schwankungen der Umgebung sind nie vollkommen auszuschließen —, so haben wir es tatsächlich nie mit labilen Gebilden im strengen Sinne zu tun.

Indifferente Gleichgewichte gibt es dagegen in großer Zahl, und die Eigenschaften des stabilen und des indifferenten Gleichgewichts schließen sich gegenseitig nicht aus. Indifferent ist nämlich jedes stabile Gleichgewicht gegen solche Änderungen, welche keine Arbeiten der in Betracht kommenden Art bewirken. So ist unsere am Seil hängende Masse indifferent gegen Änderung der Temperatur und des elektrischen Zustandes usw. Man bezeichnet indessen mit dem Namen indifferent vorwiegend solche Gleichgewichte, bei denen Änderungen, die bei ähnlich aussehenden Gebilden Arbeiten bedingen, keine solchen verursachen. Man nennt beispielsweise eine auf einer Ebene ruhende Kugel im indifferenten Gleichgewicht befindlich, weil Ortsbewegungen, die bei anderen schweren Gebilden im allgemeinen Arbeiten bedingen, dies hier nicht tun.

Bei chemischen Gebilden sind derartige indifferente Gleichgewichte nicht selten. Zwei Phasen eines einheitlichen Stoffes, die nebeneinander bestehen können, sind beispielsweise alsdann in einem indifferenten Gleichgewicht in Bezug auf ihre relative und absolute Menge. Wenn ich Eis und Wasser bei 0° nebeneinander habe, so kann ich beliebig einen Teil des Eises in Wasser oder einen Teil des Wassers in Eis verwandeln, ohne dass hierdurch das Gleichgewicht gestört wird. Ebenso sind Wasser und Wasserdampf bei 100° und Atmosphärendruck im indifferenten Gleichgewicht. Ich kann das Volumen des Gefäßes, in dem beide sich befinden, beliebig vergrößern und verkleinern; sorge ich durch passende Zu- oder Abfuhr von Wärme dafür, dass Temperatur und Druck des Gebildes sich nicht ändern, so bleibt dieses in jedem derartigen Zustande stehen, ohne das Bestreben zu haben, ihn zu verlassen und den früheren wieder zu erreichen.

Schließe ich dagegen das Gebilde gegen Wärmezufuhr und -abfuhr ab, so wird es stabil. Denn beim Verkleinern des Volumens erhitzt es sich, und es tritt eine Druckzunahme ein, die sich der weiteren Verkleinerung des Volumens widersetzt. Umgekehrt kühlt es sich bei Volumenvergrößerung ab, und die eintretende Druckverminderung widersetzt sich ebenso einer Fortsetzung dieser Störung. Halte ich umgekehrt das Volumen konstant und führe Wärme zu, so verdampft Flüssigkeit; hierzu wird Wärme verbraucht und auch diese Änderung widersetzt sich dem ausgeübten Zwange der Temperaturerhöhung. Entziehe ich Wärme, so verflüssigt sich Dampf und die frei werdende Verdampfungswärme widersetzt sich gleichfalls der drohenden Temperaturerniedrigung.

Durch diese Betrachtungen sind wir nun bereits inmitten unseres Satzes und seiner Anwendungen. Wir sehen wieder: Stabiles Gleichgewicht ist dadurch gekennzeichnet, dass bei versuchten Störungen solche Reaktionen eintreten, welche die Folgen dieser Störungen abschwächen und das Gebilde wieder in den früheren Zustand zurückzutreiben bestrebt sind. Und wir sehen gleichfalls, dass es sich nicht um eine geheimnisvolle und mit anderen Tatsachen nicht zusammenhängende Besonderheit handelt, sondern um die physische Definition des Gleichgewichtes, auf welches sich unser Satz bezieht. Eine der hübschesten Anwendungen des Satzes ist die zur Bestimmung der Löslichkeitslinie. Bekanntlich lösen sich die Stoffe in ihren Lösungsmitteln mit steigender Temperatur bald reichlicher, bald spärlicher auf; der letztere Fall tritt verhältnismäßig seltener ein. Es besteht mit anderen Worten zwischen dem Lösungsmittel und dem anderen Stoffe ein Gleichgewicht, das mit der Temperatur veränderlich ist. Betrachten wir es bei einer bestimmten Temperatur und fragen wir uns: was wird geschehen, wenn wir durch Wärmezufuhr die Temperatur erhöhen wollen? Die Antwort ist gemäß unserem Satz: Das, was sich der Temperaturerhöhung widersetzt. Erfolgt also die weitere Auflösung des Stoffes in der Flüssigkeit unter Temperaturerniedrigung, so wird eine Mehrauflösung stattfinden. Ist umgekehrt der Umstand vorhanden, dass durch die Auflösung von weiteren Mengen des Stoffes eine Erwärmung stattfinden würde, so wird dieser sich bei Temperaturerhöhung ausscheiden. Bei der experimentellen Prüfung des Satzes trat noch der besonders interessante Fall ein, dass ein Beispiel gefunden wurde, das sich gerade umgekehrt zu verhalten schien, nämlich Kupferchlorid in Wasser. Aus den Untersuchungen von Thomsen ging nämlich hervor, dass sich dieser Stoff unter schwacher Wärmeentwicklung in Wasser löst, und dennoch vermindert er nicht seine Löslichkeit mit steigender Temperatur, sondern vermehrt sie. Dieser anscheinende Widerspruch klärte sich dahin auf, dass die Wärmeentwicklung allerdings stattfindet, wenn man das Salz in vielem reinen Wasser löst. Darum handelt es sich aber nicht, sondern, wie das Prinzip auch ausgesprochen wurde, darum, ob eine weitere Lösung von Salz unter den vorhandenen Bedingungen, nämlich in der bei niederer Temperatur gesättigten Lösung, Wärme verbraucht oder entwickelt. Der Versuch zeigte, dass ersteres der Fall ist, und so verwandelte sich die scheinbare Widerlegung des Prinzips in eine besonders eindringliche Bestätigung.

Gibt uns somit das Verschiebungsprinzip Auskunft über alle Vorgänge, die mit einer Verschiebung der Gleichgewichtsbedingungen verbunden sind, so gewinnen wir endlich die Gleichgewichtsbedingungen selbst bis auf eine Konstante aus dem Massenwirkungsgesetz. In der Geschichte dieser Frage wurde vorher dargelegt, wie dies Gesetz, dass die Wirkung eines jeden Stoffes seiner Konzentration proportional ist, zunächst von Wenzel für Reaktionsgeschwindigkeiten und von Berthollet für Gleichgewichte vermutungsweise aufgestellt und dann sehr viel später von Guldberg und Waage sowie Julius Thomsen und seinen Nachfolgern experimentell bestätigt worden ist. Die Anwendung der Thermodynamik auf die chemischen Gleichgewichte an Gasen ergab das gleiche Gesetz, wie zuerst Horstmann und dann ausführlicher und eingehender Willard Gibbs nachwies. Durch van 't Hoffs Entdeckung, dass die Gasgesetze unverändert für gelöste Stoffe und ihren osmotischen Druck gelten, ergab sich eine außerordentliche Erweiterung des Geltungsbereiches dieses theoretischen Nachweises, denn statt nur für die wenigen Gase war nun das Massenwirkungsgesetz für die zahllosen gelösten Stoffe anwendbar geworden.

Allerdings ergab sich gleichzeitig die Grenze für die Anwendung des Gesetzes. Da die Ableitung auf der Anwendung der Gasgleichung $pv = RT$ beruht, so gilt sie nicht mehr für solche Zustände der Gase oder Lösungen, für welche jene Formel nicht mehr der Ausdruck der messbaren Eigenschaften ist, d. h., das Massenwirkungsgesetz gilt nur für verdünnte Gase und Lösungen, und zwar, um so genauer, je verdünnter sie sind; es ist mit anderen Worten ebenso ein Grenzgesetz, wie die Gasformel selbst.

Es wurde eine sehr erhebliche Erweiterung des Anwendungsgebietes der eben besprochenen Gesetze erzielt, als es sich herausstellte, dass auch die Ionen sich in Bezug auf die Gesetze des osmotischen Druckes und der Massenwirkung genau wie andere Stoffe behandeln lassen. Hierdurch konnte das gesamte Verhalten der Salzlösungen den Gesetzen der chemischen Mechanik unterstellt werden, und es ergaben sich Aufklärungen für zahlreiche Tatsachen, die bis dahin zwar bekannt gewesen waren, die man aber nur als unzusammenhängende Einzelheiten beobachtet und den Annalen der Wissenschaft einverleibt hatte. Neben allgemeinen oder theoretischen Fortschritten wurden bei dieser Gelegenheit auch praktische Ergebnisse erzielt; insbesondere gelang es, eine ausreichende und umfassende Theorie der Reaktionen zu geben, deren man sich zur qualitativen und quantitativen Bestimmung der Stoffe in der analytischen Chemie bedient.

Auch von diesen Fortschritten kann nur eine ungefähre Anschauung an dem einen oder anderen Beispiel gegeben werden, da tatsächlich fast die ganze anorganische Chemie sich als ein Anwendungsgebiet dieses Teils der chemischen Mechanik, der Ionengleichgewichte oder der elektrochemischen Gleichgewichte darstellt.

Als erstes Beispiel betrachten wir das Problem von der Stärke der Säuren und Basen, welches, wie sich aus der geschichtlichen Darstellung ergab, von Anfang an im Mittelpunkt der hier auftretenden Fragen gestanden hat. Es ist schon erzählt worden, dass Thomsen zuerst den Zustand einer homogenen Lösung ohne Störung des Gleichgewichts mittelst thermochemischer Methoden zu bestimmen lehrte. Er hatte auf solche Weise festgestellt, dass in der Tat verschiedene Stärken der Säuren vorhanden sind, und dass beispielsweise Salzsäure ungefähr doppelt so stark ist wie Schwefelsäure. Dabei entstand natürlich die Frage, ob dies von der Base abhängig ist, um welche die Säuren konkurrieren, und Thomsen hatte eine solche Abhängigkeit aus seinen Versuchen erschlossen. Als indessen ähnliche Versuche nach anderen, schnelleren und teilweise auch genaueren Methoden angestellt wurden, ergab sich, dass diese Abhängigkeit von der Base nur scheinbar und infolge besonderer Komplikationen aufgetreten war, dass aber im Übrigen sich die Stärke der Säuren, wie sie sich durch die verschieden starke Beanspruchung einer Base bei gleichzeitiger Einwirkung zweier Säuren herausstellt, eine spezifische Eigenschaft der Säuren und von der Base unabhängig ist.

Weiterhin stellte sich heraus, dass noch eine große Anzahl anderer Arten, wie die Säuren ihre sauren Eigenschaften betätigen, durch die gleichen Zahlen gekennzeichnet werden. Es war mit einem Wort möglich, für die Stärke der Säuren ähnliche Konstanten aufzustellen, wie für ihr Äquivalentgewicht, und die gegenseitige Verwandtschaft zwischen Säure und Base konnte durch das Produkt ihrer beiderseitigen Stärken ähnlich ausgedrückt werden, wie das Äquivalentgewicht der Salze durch die Summe der Äquivalentgewichte von Säure und Base.

Dies war der Stand der Sache, als Arrhenius seine ersten Veröffentlichungen begann, die ihn später zur Aufstellung der Ionentheorie führen sollten. In diesen früheren Arbeiten hatte er wesentliche Bestandteile jener Theorie bereits vorausgenommen und so unter anderem geschlossen, dass die Stärke der Säuren und Basen ihrer elektrischen Leitfähigkeit proportional sein müsse.

So gering war damals (um 1885) die Kenntnis dieser letzteren Eigenschaft, dass Arrhenius kaum ein halbes Dutzend Säuren aus der Literatur sammeln konnte, für welche beide Größen, die Stärke und die Leitfähigkeit festgestellt waren. Bei diesen stimmte jene Voraussage wenigstens der Reihenfolge und Größenordnung nach. Indessen blieb es nicht lange so. Von anderer Seite war man gleichfalls auf den Parallelismus zwischen beiden Größen aufmerksam geworden, und bald konnten über dreißig Fälle vorgelegt werden, aus denen hervorging, dass jene allgemeine Eigenschaft der Säuren, die ihre „Stärke" genannt wurde, in der Tat der elektrischen Leitfähigkeit so genau proportional ist, als man nur erwarten konnte.

Hier aber entstand eine neue Schwierigkeit. Die Leitfähigkeit der Säuren in der früher (S. 163) gegebenen Definition ist keine bestimmte Größe, sondern ändert sich mit der Verdünnung. Diese Änderung ist nicht die gleiche für alle Säuren. Die starken (oder gut leitenden, was im Sinne des eben dargelegten Parallelismus das gleiche ist) behalten ihre Stärke und Leitfähigkeit fast unabhängig von der Verdünnung bei; die schwachen aber vermehren sie bedeutend. Hierbei stellte sich heraus, dass diese Vermehrung in allen Fällen nach dem gleichen Gesetz erfolgt, indem der Verdünnungseinfluss für alle Säuren durch eine einzige Kurve in den Koordinaten Leitfähigkeit und Verdünnung darstellbar ist; nur muss die Einheit der Verdünnung für jede Säure besonders gewählt werden. Stellt man mit anderen Worten zwei Säuren so ein, dass sie gleiche Leitfähigkeit zeigen (wofür ihre Verdünnungen entsprechend verschieden zu wählen sind), so bleibt diese Gleichheit bestehen, wenn man beide Säuren in gleichem Verhältnis weiter verdünnt oder konzentriert. Eine besondere Versuchsreihe zeigte dann weiter, dass diese Gesetze nicht nur für die Leitfähigkeit der Säuren bestehen, sondern allgemein für ihre „Stärke" in dem oben angegebenen Sinne. Dies musste auch erwartet werden, aus den gleichen Gründen, wie aus dem Volumengesetz von Gay-Lussac die Geltung der allgemeinen Gasgleichung vorausgenommen werden konnte (S. 98).

Für alle diese Gesetzmässigkeiten fand sich nun auf einmal eine Erklärung, als Arrhenius 1887 seine Theorie der elektrolytischen Dissoziation (S. 165) veröffentlichte. Betrachtet man die Ionen als selbstständige Stoffe, so kann man nach den Gesetzen der chemischen Massenwirkung das chemische Gleichgewicht zwischen den Ionen und dem nicht zerfallenen Teil einer Säure in eine Formel fassen. Diese Formel zeigt nun alle die Eigenschaften, welche erfahrungsmäßig über den Einfluss der Verdünnung auf die Leitfähigkeit und Stärke einer einzelnen Säure, sowie über die gegenseitigen Beziehungen verschiedener Säuren gefunden worden waren. Dass alle Säuren in bestimmter Beziehung gemeinsame Eigenschaften haben, z. B. sauer schmecken und Lackmus röten, ergab sich als die Eigenschaft ihres gemeinsamen Bestandteils, des Wasserstoffions; der verschiedene Grad, in welchem verschiedene und verschieden verdünnte Säuren diese gemeinsamen Eigenschaften betätigen, oder ihre Stärke ließ sich einfach als ihrem Gehalt an freiem Wasserstoffion entsprechend definieren. Kurz, es hat selten in der Geschichte der Wissenschaft einen Fall gegeben, in welchem Erfahrung und Theorie, nachdem sie unabhängig voneinander entstanden waren, so gut und genau zusammenstimmten, wie es sich hier zeigte.

Solche Ergebnisse waren denn auch geeignet, den Ungläubigsten zu überzeugen und die Anzahl der Chemiker, die sich entschlossen, in diesen Forschungen nicht bloße „theoretische" Gedankenspiele, sondern wirkliche und dazu recht erhebliche erfahrungsmäßige Beiträge zur Wissenschaft zu sehen, vermehrte sich schnell. Allerdings waren es zunächst ganz ausschließlich junge Männer, die sich der seit 1887, dem gemeinsamen Geburtsjahr der Theorien von van 't Hoff und Arrhenius, der neuen Bewegung anschlossen. Wenn es ihnen auch nicht so schlimm ging, wie seinerzeit Harvey, dem Entdecker des Blutkreislaufes, der infolge seiner Entdeckung und des gegen ihn betätigten aktiven Widerspruches seiner Kollegen seine blühende Praxis als Arzt verlor und keinen Fachgenossen, der älter war als vierzig Jahre, zu seinen Anschauungen zu bekehren vermochte, so waren es doch einige Jahre hindurch ziemlich heftige Kämpfe, welche geführt werden mussten, um für die neuen Arbeiten überhaupt nur ernsthafte Beachtung zu gewinnen. Aber unsere schnellere Zeit zeigt hierin neben ihren Fehlern auch neue Vorzüge: Es ist nicht mehr nötig, dass ein großer Entdecker verkannt stirbt, damit hernach die Bedeutung seiner Forschungen ans Licht kommt. Zwar ist auch noch heute für wesentliche Fortschritte, namentlich, wenn es sich nicht um die Entdeckung neuer und auffallender Tatsachen, sondern um grundsätzliche Aufklärung alter und scheinbar wohlbekannter handelt, eine gewisse Latenz- und Karenzzeit üblich, und ich habe beinahe zu jedem derartigen Geschenk an die Menschheit in meiner Geschichtserzählung bemerken müssen, dass es zunächst bei den unmittelbar Beteiligten ganz unbeachtet blieb, aber diese Zeit ist doch im Allgemeinen sehr viel kürzer geworden als früher und wir sind meist in der glücklichen Lage, unseren geistigen Führern, wenn wir ihres hohen Amtes endlich innegeworden sind, noch bei Lebzeiten unseren Dank für die erwiesene Förderung aussprechen zu können.

Es war keineswegs ausschließlich nur das Problem von der Affinität der Säuren, das auf solche Weise gelöst, d. h. der Berechnung auf Grundlage einiger Konstanten zugänglich gemacht wurde, sondern das ganze Problem der Gleichgewichte bei Salzen. Ebenso wie sich für die Stärke der Säuren als allgemeine Definition die Konzentration an freiem Wasserstoffion ergab, so gilt die entsprechende, auf Hydroxylion bezogene Definition für Basen. Bei Salzen endlich, wo der Dissoziationsgrad ziemlich übereinstimmend ist, tritt die Löslichkeit, deren Bedeutung bereits Berthollet eingesehen hatte, als maßgebender Faktor in den Vordergrund.

Man muss natürlich fragen, ob es nicht ebenso einen Übergang von den Salzen zu allen chemischen Verbindungen im Allgemeinen gibt, wie ein solcher bezüglich der Verbindungsgewichte (S. 83) sich herausgestellt hatte. In der Tat ist es möglich, die Gleichgewichtsbedingungen formal für alle beliebigen chemischen Gebilde aufzustellen. Hier ist Raum vorhanden für zukünftige Entdeckungen, die uns gestatten, zahlreiche Einzelheiten zusammenzufassen und sie als Sonderfälle allgemeiner Gesetze erscheinen zu lassen.

2.7 Dem Geheimnis der Katalyse auf der Spur

Obwohl die chemische Kinetik oder die Lehre von der Geschwindigkeit chemischer Vorgänge sich auf eine viel allgemeinere Erscheinung bezieht, als die Lehre vom chemischen Gleichgewicht, so hat sich doch ebenso wie in der Mechanik die Statik der Chemie viel früher entwickelt als ihre Dynamik. Dies liegt in beiden Fällen daran, dass die Auffassung der Erscheinungen als zeitlicher sich auf ihr veränderliches Stadium bezieht und daher auch notwendig verwickelter ist, als die Statik, welche zur Voraussetzung hat, dass die veränderliche Epoche bereits abgelaufen ist.

Immerhin reicht der erste Versuch, auch die veränderlichen chemischen Vorgänge gesetzmäßig zu erfassen, in eine sehr frühe Periode unserer geschichtlichen Entwicklung zurück. Er ist mit dem Namen G. F. Wenzels verknüpft, der, wie man sieht, auch sehr wohl für sich zu Ehren kommt, ohne des ihm nicht gehörenden, wenn auch ohne seine Schuld ihm zugeschriebenen Gesetzes der Äquivalentmengen (S. 81) zu bedürfen.

Bereits in Veranlassung des Massenwirkungsgesetzes ist von jenem bemerkenswerten Gedanken Wenzels, die Geschwindigkeiten der Einwirkung verschiedener Säuren auf Metalle von gleicher Gestalt und Oberfläche zu messen und daraus Schlüsse auf deren Stärke oder Affinität zu ziehen, die Rede gewesen. Auch wurde berichtet, wie richtig und rationell Wenzel die Bedingungen seines Vorschlages zu fassen gewusst hat. Leider hat aber die Geschichte nur den Vorschlag, nicht die Ausführung aufbewahrt. Ich habe vergeblich sein Werk daraufhin durchgesehen, ob er nicht wirkliche Messungen von Reaktionsgeschwindigkeiten nach seinem Verfahren angestellt hat; doch habe ich nichts finden können. Man muss somit vermuten, dass Wenzel zwar möglicherweise Versuche angestellt hat, sie aber nicht übereinstimmend oder sonst seinen Erwartungen entsprechend gefunden und deshalb von ihrer Veröffentlichung abgesehen hat.

Nach diesem ersten hoffnungsvollen Anfang, der nur einer experimentellen Entwicklung bedurft hätte, um schon in sehr früher

Zeit Früchte zu liefern, tritt eine sehr lange Pause ein, die nur durch eine vereinzelte Bemerkung theoretischen Inhaltes unterbrochen wird. In Berthollets Statique chimique findet sich eine Erwähnung der langsamen chemischen Vorgänge als der „Fortpflanzung" chemischer Reaktionen, die in Parallele gesetzt wird mit der Fortpflanzung der Wärme. Bemerkenswert ist die Parallele, die Berthollet zwischen den von ihm betrachteten chemischen Vorgängen und dem Wärmeverlust durch Strahlung (der in der Theorie sogenannten äußeren Wärmeleitung) zieht. Für diesen Vorgang hatte Newton das Gesetz aufgestellt, dass die ausstrahlende Wärmemenge proportional ist, dem vorhandenen Temperaturunterschied, woraus sich dann durch mathematische Analyse ergibt, dass die Erkaltungsgeschwindigkeit proportional dem Logarithmus der Zeit ist. Dies ist in der Tat formal das Gesetz der einfachsten chemischen Vorgänge, wenn man deren Geschwindigkeit mit der Erkaltungsgeschwindigkeit in Parallele setzt. Indessen findet sich bei Berthollet noch keine allgemeine Begriffsbestimmung der Reaktionsgeschwindigkeit und erst etwa ein halbes Jahrhundert später wurde dieser Begriff sachgemäß in die Chemie eingeführt.

Es handelt sich wiederum um eine fundamentale Arbeit seitens eines weiterhin ganz unbekannt gebliebenen Mannes, namens Wilhelmy. Nichts kennzeichnet so deutlich die Neuheit der allgemeinen Chemie als anerkannte Wissenschaft, als diese geringe Bekanntheit ihrer großen Namen. Während die Begründer der astronomischen Wissenschaft ganz allgemein bekannte Gestalten sind und die Unkenntnis solcher Namen, wie Kopernikus, Kepler und Newton als Zeichen einer fast undenkbaren Unbildung angesehen werden, sind Namen wie Richter, Wenzel, Wilhelmy unbekannt und der „Gebildete" würde lächelnd oder entrüstet die Zumutung von sich weisen, etwas von diesen Männern wissen zu sollen. Ja, es muss sogar die Befürchtung ausgesprochen werden, dass es eine nicht geringe Anzahl von tüchtigen Chemikern gibt, die sich für gute Kenner ihres Faches halten und auch allgemein dafür angesehen werden, und die dennoch in Verlegenheit geraten würden, wenn man ihnen von dem genialen Scharfsinn des einen und der grundlegenden Arbeit des anderen sprechen wollte.

Wilhelmy war ein Physiker aus dem Kreis der jungen physikalischen Gesellschaft in Berlin, dem Helmholtz, Brücke, Wiedemann, Magnus und andere angehörten, und von dem zu einem erheblichen Teil die spätere Entwicklung der Physik in

Deutschland ausgegangen ist. Er war ein wohlhabender Liebhaber der Wissenschaft, der keiner Universität als Professor angehört hat, und der seine Mittel gern zur Beschaffung neuer und interessanter Apparate verwendete. So hatte er unter anderem ein Polarimeter gekauft, dessen Anwendung zur Messung der Konzentration von Zuckerlösungen damals eben durch die langen und vielseitigen Arbeiten des französischen Physikers Biot (1774 bis 1862) dargelegt worden war. Biot hatte in einer gemeinsam mit Persoz durchgeführten Arbeit gezeigt, dass man die Umwandlung des Rohrzuckers in andere Zuckerarten (Invertzucker) ohne jeden Eingriff in das reagierende System leicht durch Beobachtung der optischen Drehung einer mit Säure versetzten Lösung verfolgen kann, und hatte ferner auf das Interesse hingewiesen, das mit einer eingehenden Untersuchung dieser Vorgänge verbunden sein würde. Wilhelmy hatte sich mit seinem schönen neuen Apparat diese merkwürdigen Vorgänge angesehen, und bei seiner mathematischen und theoretischen Geistesanlage benutzte er die Gelegenheit, auf diese bequeme und angenehme Weise in ein ganz unbekanntes Land einzudringen. Allerdings musste er für diesen Zweck sich erst einen Weg bahnen; er tat dies, indem er die erforderlichen Begriffsbildungen vornahm.

Uns Nachfahren erscheint es als eine leichte Aufgabe, die Gesetze der Zuckerinversion auf solchem Wege zu entdecken; man braucht eben nur nachzusehen, wie die Geschwindigkeit der Reaktion von der Zuckermenge abhängt, und die Sache ist gemacht. Nur ist dabei noch nicht in Betracht gezogen, dass der Begriff der Reaktionsgeschwindigkeit selbst noch nicht gebildet war und erst aus einer gewissen Vorwegnahme des noch nicht vorhandenen Resultats entstehen konnte. Ebenso wie der Chemiker, der ein Reaktionsgemisch oder ein natürliches Gemenge auf neue Substanzen untersucht, oder der synthetisch ein noch unbekanntes Produkt gewinnen will, seine Arbeit so führen muss, dass er dabei auf die Eigenschaften des neuen Stoffes, die er noch gar nicht kennt, passende Rücksicht nimmt, so muss der Theoretiker eine Begriffsbildung in einem neuen Gebiet ausführen noch, bevor er weiß, ob der neu gebildete Begriff gerade der angemessenste ist. Die außerordentliche Begabung, die man Genialität zu nennen pflegt, zeigt sich dann in der Wirkung einer instinktartigen Bevorzugung solcher Maßnahmen, die auf geradestem Wege zu dem noch unbekannten Ziel führen. Tatsächlich besteht dieser chemische und allgemein wissenschaftliche Instinkt in Analogieschlüssen, deren Einzelheiten dem Forscher nicht zu Bewusstsein kommen. Dass solche geistige Operationen nicht nur möglich, sondern sogar sehr häufig und dementsprechend sehr wichtig sind, davon kann man sich auf allen Gebieten der geistigen Betätigung überzeugen. Wenn der geübte Maler vor der Natur die Aufgabe löst, einen bestimmten Farbton durch Vermischen seiner Farbstoffe herzustellen, so sagt er sich nicht etwa: Hierzu muss ich roten Ocker mit Ultramarin und Kremserweiß nehmen, sondern sein Pinsel fährt ohne Weiteres in die betreffenden Farbhäufchen und er führt die Mischung aus, während er möglicherweise bewusst an ganz andere Dinge denkt. Ebenso häufen sich bei dem Forscher unter Beihilfe eines besonders guten und schnell reproduzierenden Gedächtnisses (ohne welches ein erfolgreicher Forscher gar nicht denkbar ist) Erfahrungsschlüsse an, deren einzelnen Stufen gar nicht mehr in das Bewusstsein treten, und deren Ergebnis nicht ein Gedanke, sondern eine unmittelbar vollzogene experimentelle Operation ist.

In dem vorliegenden Fall müssen wir also den wesentlichsten Teil der geistigen Arbeit, die mit der Entdeckung des Grundgesetzes der chemischen Kinetik verbunden war, in der Schaffung des geeigneten Grundbegriffes, des der Reaktionsgeschwindigkeit, erblicken. Unter einer solchen chemischen Geschwindigkeit ist das Verhältnis zwischen der Änderung der Konzentration und der dazu erforderlichen Zeit zu verstehen. Die gewöhnliche Definition heißt, dass es sich um das Verhältnis der umgewandelten Stoffmenge zu der Zeit handelt. Dann aber müsste offenbar, wenn wir ein reagierendes Gebilde im Verhältnis 1:3 in zwei Anteile sondern, die Geschwindigkeit im zweiten Anteil dreimal so groß sein, wie im ersten, denn es wandelt sich in jenem die dreifache Menge in derselben Zeit um, was natürlich nicht gemeint ist. Es sind also offenbar relative Mengen zu verstehen, d. h. Mengen, die auf irgendeine Einheit bezogen sind. Als zweckmäßigste derartige Einheit dient die des Volumens. Den Einfluss des Volumens hatte bereits Wenzel klar eingesehen, indem er den Satz aussprach, dass unter sonst gleichen Umständen der wirkende Stoff in demselben Verhältnis mehr Zeit für die gleiche Wirkung braucht, als er verdünnt wird.

Genau den gleichen Ansatz versuchte Wilhelmy für den von ihm untersuchten Vorgang, die Inversion des Rohrzuckers. Er nahm an, dass in dem gleichbleibenden Volumen seiner angesäuerten

Zuckerlösung die Umwandlungsgeschwindigkeit proportional der Konzentration des noch unverändert gebliebenen Zuckers ist, sodass die in der Zeiteinheit umgewandelte Menge der jeweils vorhandenen Zuckermenge proportional ist, oder mit anderen Worten, dass in der Zeiteinheit stets der gleiche Bruchteil der eben vorhandenen Menge umgewandelt wird. Nennt man Z die Konzentration des zurzeit T vorhandenen Zuckers und dZ die in der Zeit dT umgewandelte Zuckermenge, so lautet der Ansatz dieser Annahme

$$dZ/dT = kZ,$$

wo k eine Konstante ist, die von verschiedenen Umständen abhängt, welche während des Vorgangs als unveränderlich angenommen werden.

Beim Vergleich der angestellten Messungen mit dieser Formel ergab sich eine vorzügliche Übereinstimmung; sogar die langsame Veränderung der Temperatur während des Versuches konnte durch eine entsprechende Veränderung der Reaktionsgeschwindigkeit erkannt werden.

Wilhelmy stellte sich auch die Frage, ob die von ihm bei der Zuckerinversion gefundene Gesetzmäßigkeit allgemeine Beschaffenheit hätte. Er beantwortete sie bejahend; sind doch in der Tat beim Ansatz der Reaktionsgleichung keine besonderen Voraussetzungen gemacht worden, die etwa von der besonderen Beschaffenheit des untersuchten Vorganges abhängen, sondern nur die allgemeine, dass die Reaktionsgeschwindigkeit von dem beteiligten Stoff in der denkbar einfachsten Weise abhängt, indem sie seiner Konzentration proportional gesetzt wird. Es ist dies die gleiche Annahme, welche Wenzel mehr als 70 Jahre früher gemacht, aber leider nicht experimentell belegt hatte. Da Wenzel ganz andere Vorgänge im Auge hatte, als die damals noch gar nicht bekannte Zuckerinversion, so lässt sich die große Allgemeinheit jener Voraussetzung deutlich erkennen.

Fragt man sich, warum diese einfache Sache so lange Zeit gebraucht hat, um überhaupt entdeckt zu werden, so ist die nächstliegende Antwort die, dass während der ganzen Zwischenzeit wesentlich andere Fragen und Aufgaben die wissenschaftliche Chemie beschäftigten. Es war eine ganz andere Denk- und Arbeitsweise, in welcher die Chemiker jener Zeit lebten. Ein anderer Grund für die langsame Entwicklung der Angelegenheit ist in dem

Umstand zu suchen, dass die in früheren Zeiten fast ausschließlich bearbeiteten Reaktionen zwischen Salzen so schnell verlaufen, dass ihre Geschwindigkeit überhaupt noch nicht hat gemessen werden können. Erst die organische Chemie hat die genauere Kenntnis langsam verlaufender Vorgänge gebracht. Ist doch die ganze präparative Technik der organischen Chemie gekennzeichnet durch Einrichtungen, um die zur Erhöhung der Reaktionsgeschwindigkeit erforderlichen Temperaturerhöhungen ohne gleichzeitige Verdampfung der meist flüchtigen Stoffe durchführen zu können. So hat nicht nur Wilhelmy seine grundlegende Arbeit an einem Vorgang der organischen Chemie gemacht, sondern wir werden auch in der Folge sehen, dass aus diesem Gebiet bei Weitem die meisten anderen Fälle hergenommen sind, an denen sich das Problem weiter entwickelt hat. In der Tat sind es von den anorganischen Reaktionen fast nur die Oxidations- und Reduktionswirkungen, an denen sich so mäßige Geschwindigkeiten finden lassen, dass ihre Untersuchung im Sinne der chemischen Kinetik ausführbar wird.

Sucht man sich anderseits ein Bild von der etwaigen Bedeutung einer genaueren Kenntnis der Gesetze der chemischen Reaktionsgeschwindigkeit zu machen, so erhebt sich neben dem allgemein wissenschaftlichen Interesse, das jeder genaueren Kenntnis natürlicher Vorgänge anhaftet, noch folgende Überlegung hervor. Einerseits ist es für die Technik von hoher Bedeutung, die Gesetze der Reaktionsgeschwindigkeit zu kennen, da nur auf solcher Kenntnis die systematische Beherrschung der benutzten Vorgänge, die ja alle in der Zeit verlaufen, möglich ist. Insbesondere für langsame Reaktionen ist dies wichtig, um womöglich ihre Beschleunigung zu erzielen, denn Zeit ist Geld in der chemischen Industrie ebenso wie in jeder anderen.

Sodann aber beruht die Organisation der Lebewesen in allererster Linie auf der gegenseitigen Regulation der chemischen Reaktionsverläufe. Es ist ja bekannt, dass chemische Energie die Form ist, die alle Organismen als Vorrat besitzen; alle Betätigung der Organismen kommt also darauf hinaus, dass sie chemische Energie mit einer bestimmten Geschwindigkeit, die dem augenblicklich vorliegenden Zweck gerade angemessen ist, in andere Energieformen verwandeln. Welche Wichtigkeit gerade die genaue Bemessung der Reaktionsgeschwindigkeit hat, wird durch die verwickelten Einrichtungen ersichtlich, die gerade die höchstentwickelten Organismen, die beiden oberen Klassen der Wirbeltiere, besitzen, um ihre Temperatur konstant zu halten. Ein Zustand, für dessen Erhaltung bei diesen höchsten Organismen der größte Teil der Nahrungsenergie verwendet wird, und der doch, wie die Existenz der Kaltblüter zeigt, keineswegs unumgänglich notwendig für das Leben überhaupt ist, muss eine besondere Wichtigkeit für die höheren Funktionen haben. Ich kann diese Wichtigkeit in nichts anderem erkennen, als dass durch diese hohe und konstante Temperatur der Ablauf der chemischen Vorgänge in all den verschiedenen Organen auf ganz bestimmte, zweckmäßigste Geschwindigkeiten eingestellt und erhalten wird.

Forschungen auf sehr verschiedenen Gebieten haben gezeigt, dass organische Reaktionen aller Art, der Rhythmus der Herzschläge, nicht minder als die Assimilation der Kohlensäure bezüglich ihres Zeitverlaufes, in ganz ähnlicher Weise durch die Temperatur beeinflusst werden, wie die chemischen Reaktionen unserer Laboratoriumsversuche. Dieser Temperatureinfluss auf die Reaktionsgeschwindigkeit ist außerordentlich groß. Es gibt in der Tat kaum eine andere Größe, welche sich so stark mit der Temperatur ändert, wie die chemische Reaktionsgeschwindigkeit: Eine Erhöhung um zehn Grad pflegt sie zu verdoppeln, während beispielsweise das Volumen der Gase, das ja gleichfalls sehr deutlich von der Temperatur beeinflusst wird, durch die gleiche Temperaturerhöhung sich nur um einige Prozente ändert, und eine Erhöhung von 273° nötig ist, um das Volumen zu verdoppeln.

Die Untersuchung von Wilhelmy blieb gänzlich unbeachtet, wie wir das bei derartigen Arbeiten schon gewohnt sind zu erfahren, obwohl sie in den sehr verbreiteten Annalen der Physik von Poggendorff, die damals noch Annalen der Physik und Chemie hießen, veröffentlicht worden war. Auch ist sie von den späteren Forschern, welche ähnliche Probleme bearbeitet haben, nicht gekannt oder erwähnt worden, und erst Anfang des 20. Jahrhunderts, nachdem dieser Wissenszweig soweit entwickelt war, dass man begann, sich um seine Geschichte zu kümmern, ist die fundamentale Arbeit zutage gekommen. Wer weiß, ob nicht möglicherweise in einem nie gelesenen Band irgendeiner Akademie oder naturforschenden Gesellschaft späterhin ähnliche vergessene Forschungen entdeckt werden, welche die älteste Geschichte der chemischen Kinetik um ein neues Kapitel vermehren würden.

Zunächst ist aus der bekannten Geschichte eine weitere Arbeit zu nennen, welche ihrer Zeit gleichfalls vergessen war, aber inzwischen entdeckt worden ist. Sie behandelt den gleichen Fall, wie die von Wilhelmy, nämlich die Inversion des Rohrzuckers; die Messungen sind aber durch chemische Analyse (Einwirkung auf Fehlingsche Lösung) ausgeführt. Die Autoren heißen Löwenthal und Lenssen; sie haben ihre Abhandlung 1852 im Journal für praktische Chemie veröffentlicht und damit ebenso wenig Beachtung gefunden, wie Wilhelmy. Auch sind sie anderweit durch wissenschaftliche Forschungen nicht erheblich hervorgetreten. Ihre Arbeit steht theoretisch nicht auf der bereits durch Wilhelmy erreichten Höhe, indem ein Ansatz eines allgemeinen Gesetzes der Reaktionsgeschwindigkeit nicht versucht wird. Dagegen finden sich sehr viele Einzeltatsachen über die Wirkung verschiedener Säuren und verschiedener anderer Zusätze auf Rohrzucker. Um vergleichbare Ergebnisse zu erlangen, haben diese Forscher stets Parallelversuche angestellt, indem sie die zu untersuchende Reaktion gleichzeitig mit einer Normalreaktion in Gang brachten und auch gleichzeitig unterbrachen: Der Versuch, bei welchem die größere Zuckermenge invertiert war, enthielt die wirksamere Kombination.

Erst eine dritte Arbeit erregte soweit die Aufmerksamkeit der Fachgenossen, dass sie schon bald nach ihrer Veröffentlichung als zum Bestand der bekannten und anerkannten Wissenschaft gehörig angesehen wurde.

Dies dürfte ebenso wohl dem Namen des führenden Forschers wie dem Gegenstand, an welchem die Arbeit ausgeführt wurde, zuzuschreiben sein. Jener Forscher war M. Berthelot (geb. 1827), der sich bereits durch eine Anzahl wichtiger Untersuchungen aus der organischen Chemie berühmt gemacht hatte; für die hier zu besprechende Arbeit hatte er sich mit Péan de St. Gilles vereinigt. Das Material, an welchem die Beobachtungen gemacht wurden, war die Verbindung organischer Säuren mit Alkoholen zu Estern: eine Reaktion, die für die ältere Geschichte der organischen Chemie ungefähr die gleiche Bedeutung hat, wie die Salzbildung für die Geschichte der allgemeinen Chemie. Die Abhandlungen, in denen die sehr umfangreichen Untersuchungen niedergelegt sind, erschienen 1862 und 1863.

Wenn man eine Säure, z. B. Essigsäure, und einen Alkohol, z. B. Äthylalkohol miteinander zusammenbringt, so verhalten sie sich trotz der formalen Ähnlichkeit der Esterbildung mit der Salzbildung keineswegs wie Säure und Base, die sich vereinigen, sondern bei gewöhnlicher Temperatur ist in der ersten Zeit überhaupt keine Reaktion zu bemerken, und erst sehr langsam beginnt die Säure unter Esterbildung zu verschwinden, was man durch Titrieren mit Alkali feststellen kann. Hält man die Temperatur unverändert, so setzt sich der Vorgang in immer langsamerem Tempo während einer ganzen Reihe von Jahren fort und nähert sich asymptotisch einem Gleichgewichtszustand, bei dem etwa zwei Drittel der genannten Stoffe (wenn man sie in äquivalenten Mengen angesetzt hatte) sich zu Ester und Wasser umgewandelt haben, während das letzte Drittel unverbunden bleibt. Dieser Zustand bleibt fernerhin unverändert.

Stellt man den gleichen Versuch bei höherer Temperatur an, so verläuft er in gleicher Weise, nur entsprechend schneller. Der Gleichgewichtspunkt, bei welchem die Reaktion stehen bleibt, ist von der Temperatur ziemlich unabhängig. Dagegen ist er von der Natur der reagierenden Stoffe abhängig, sodass bestimmte Beziehungen zur Konstitution bestehen. Doch gehört dies zur Stöchiometrie und nicht zur chemischen Kinetik.

Wie man sieht, hat man es hier mit einem viel verwickelteren Fall zu tun, als ihn die Inversion des Rohrzuckers darstellt. Letztere erfolgt unter solchen Umständen, dass die Veränderung der Zuckermenge und daher der Zuckerkonzentration die einzige Veränderung ist, die während der ganzen Reaktion stattfindet oder in Betracht kommt.[17]

Ferner erfolgt der Vorgang praktisch vollständig und die entstandenen Produkte können unter den Versuchsumständen sich nicht wieder zu dem Ausgangsstoffe verbinden. Bei der Esterbildung handelt es sich zunächst um zwei Stoffe, Säure und Alkohol, die durch die Reaktion verschwinden und deren Konzentration sich daher gleichzeitig ändert. Ferner wird die Reaktion nie vollständig, sondern endet bereits, bevor die Gesamtmenge der Ausgangsstoffe verbraucht ist. Dies rührt daher, dass umgekehrt Ester und Wasser, wie Bertholet und Péan de St. Gilles

---

17 Chemisch wird der Vorgang durch die Gleichung $C_{12}H_{22}O_{11} + H_2O = 2\,C_6H_{12}O_6$ dargestellt, wo die auf der rechten Seite entstehenden $C_6H_{12}O_6$ gleiche Teile Dextrose und Lävulose bedeuten. Hierbei verschwindet allerdings neben dem Rohrzucker auch noch Wasser, doch ist die Änderung seiner Menge, da man meist in verdünnten Lösungen arbeitet, so gering, dass sie nicht messbar infrage kommt..

ausdrücklich nachgewiesen haben, unter den gleichen Umständen die entgegengesetzte Reaktion, nämlich die Bildung von Säure und Alkohol bewirken, sodass man statt mit einem Vorgang mit zwei entgegengesetzten rechnen muss. Von den beiden neuen Problemen, die hiermit auftraten, wurde nur das eine grundsätzlich richtig gelöst. Berthelot nahm an, dass wenn zwei verschiedene Stoffe gleichzeitig ihre Konzentration durch den Vorgang ändern, für die Geschwindigkeit sowohl die eine wie die andere Konzentration maßgebend ist, und er setzte daher die Geschwindigkeit proportional dem Produkt beider Konzentrationen. Dies ist vollkommen richtig, und die Erweiterung liegt nahe, dass wenn irgendeine Anzahl verschiedener Stoffe sich derart an einer Reaktion beteiligen, das Produkt aller veränderlichen Konzentrationen die Geschwindigkeit bestimmt. Auch dies hat sich als zutreffend erwiesen. Dagegen gelang es noch nicht, den Umstand, dass zwei entgegengesetzte Reaktionen gleichzeitig möglich sind, (und vermutlich auch stattfinden) in zulänglicher Weise zu formulieren.

Der Schwerpunkt der eben genannten Arbeiten liegt ganz vorwiegend im experimentellen Teil, der ein sehr reichliches und mannigfaltiges Zahlenmaterial enthält. So sind denn auch diese Forschungen für die Zukunft insofern wertvoll geworden, als die späteren Theoretiker aus ihr die Unterlagen für ihre Rechnungen entnommen haben.

Von diesen will ich drei nennen, die alle voneinander unabhängig gearbeitet haben und zu gleichen Resultaten gekommen sind. Es sind die Engländer Harcourt und Esson, die Norweger Guldberg und Waage und der Holländer J. H. van 't Hoff.

Die Arbeiten von Harcourt und Esson sind 1866 veröffentlicht worden und zeigen einen hohen Grad von Selbstständigkeit. Sie beziehen sich auf Reaktionen aus dem anorganischen Gebiet: Oxidation von Jodwasserstoff durch Wasserstoffperoxid und von Oxalsäure durch Kaliumpermanganat. Die recht verwickelten Verhältnisse wurden hierbei in mustergültiger Weise klargelegt. Der grundsätzliche Fortschritt, der in dieser Arbeit, wie in denen der genannten anderen Forscher enthalten ist, besteht in der Erkenntnis, dass wenn zwischen den vorhandenen Stoffen mehrere verschiedene Reaktionen möglich sind, dann eine jede Reaktion so verläuft, als fände sie allein nach Maßgabe der jeweils vorhandenen

Konzentrationen der beteiligten Stoffe statt. Da unter solchen Bedingungen die verschiedenen Konzentrationen von mehreren Vorgängen gleichzeitig abhängen, so werden hierdurch die rechnerischen Verhältnisse zwar ziemlich verwickelt; der Grundsatz selbst bleibt aber stets derselbe und spricht in der Tat die einfachste Annahme aus, die man unter den vorhandenen Bedingungen machen kann.

Guldberg und Waage entwickelten ihre Theorie der Reaktionsgeschwindigkeiten im unmittelbaren Zusammenhange mit dem von ihnen aufgestellten und experimentell belegten Gesetz der chemischen Massenwirkung beim Gleichgewicht (S. 186). In ihrer Arbeit kam dieser wichtige Zusammenhang zwischen beiden Gebieten zuerst klar zutage: Ein chemisches Gleichgewicht kann man als das Ergebnis zweier entgegengesetzter Reaktionsverläufe auffassen, und wenn sich die Konzentrationen der beteiligten Stoffe so eingestellt haben, dass durch die eine Reaktion ebenso viel von den Produkten erzeugt, wie durch die entgegengesetzte Reaktion verbraucht wird, so findet keine Veränderung der Konzentrationen mehr statt und es ist ein von der Zeit unabhängiger Zustand, eben das Gleichgewicht erreicht. Das chemische Gleichgewicht ist also ein dynamisches, kein statisches. Dies ist eine Auffassung, die sich seitdem stets bewährt hat. Sie ist von Guldberg und Waage allerdings nicht zum ersten Male ausgesprochen, wohl aber zum ersten Male zu einem richtigen Ansatz in der chemischen Kinetik verwertet worden.

Der gleiche Gesichtspunkt kommt in der etwas später erschienenen entsprechenden Arbeit von van ' t Hoff besonders deutlich zum Ausdruck. Während noch Guldberg und Waage sowohl die Reaktionsgeschwindigkeit wie auch das Gleichgewicht als durch chemische „Kräfte" veranlasst darstellen, von denen beide Erscheinungen in übereinstimmender Weise abhängen, fasst van 't Hoff hypothesenfreier und sachgemäßer das Gleichgewicht als eine unmittelbare Folge der vorhandenen entgegengesetzt gerichteten Reaktionsgeschwindigkeiten auf.

Damit waren zunächst die theoretischen Grundlagen der chemischen Kinetik gelegt. Wie gewöhnlich in derartigen Fällen wurden die Beispiele, an denen sich diese Grundlagen am deutlichsten in die Erscheinung bringen, erst später gefunden. Sie schienen erst nur spärlich aufzutreten, doch hat insbesondere die

Entwicklung der physikalisch-chemischen Messmethoden, durch welche man auf sehr verschiedenartige Weise Einblicke in den Zustand chemischer Gebilde erlangen kann, ohne dass man in deren Bestand auf irgendeine Weise einzugreifen braucht, bald ein reichliches Material ergeben. Da außerdem die Untersuchungen sich meist auf Fälle richteten, in denen die Reaktionsgeschwindigkeit so gering ist, dass die zum Eintreten messbaren Veränderungen Stunden, ja Tage erforderlich sind, so gelingt es nicht selten, mittelst sehr schnell ausführbarer chemischer Analysen hinreichend genaue Bestimmungen zu machen, obwohl man die vorhandenen Bedingungen ändert. Beispielsweise gewinnt man die erforderlichen Daten über die Esterbildung einfach, indem man den Säuregehalt der Lösungen mit Alkali titriert. Allerdings geht die Esterbildung (bezw. -zersetzung) auch während der Titration vor sich, und das zum Schluss anwesende überschüssige Alkali verseift den vorhandenen Ester, indem es sich neutralisiert. Beide Vorgänge erfolgen aber so langsam, dass sie in keiner Weise die Bestimmung verhindern oder auch nur erheblich erschweren.

Erinnern wir uns aus dem letzten Kapitel des Umstandes, dass das Massenwirkungsgesetz der chemischen Gleichgewichte nicht nur ein Ergebnis der unmittelbaren Beobachtung ist, sondern auch in allgemeiner Weise auf Grundlage des sichersten Wissens, das wir besitzen, aus den beiden Hauptsätzen der Energetik mittelst der Gas- und Lösungsgesetze abgeleitet werden kann, so werden wir uns mit einem gewissen Eifer fragen, ob Ähnliches auch für die Gesetze der chemischen Kinetik gilt. Leider muss die Antwort darauf wesentlich verneinend lauten. Zwar die allgemeine Form des Massenwirkungsgesetzes der Kinetik steht allerdings mit dem der Statik insofern im Zusammenhang, als jeder statische Zustand als ein Ergebnis gleich schneller entgegengesetzter Reaktionen aufgefasst werden kann, und insofern ein übereinstimmendes Gesetz die Geschwindigkeiten und die Gleichgewichte bei verschiedenen Konzentrationen regeln muss. Aber ein jedes dynamische Gleichgewicht wird durch ein Verhältnis zweier entgegengesetzter Reaktionen bestimmt, d. h., es könnte die eine von den beiden Reaktionsgeschwindigkeiten jeden beliebigen Wert haben und man kann dennoch die andere so bestimmen, dass das vorgeschriebene Verhältnis zwischen beiden besteht. Somit werden auch die beiden Hauptsätze der Energetik nur derartige Verhältnisse regeln können, nicht aber die Einzelwerte der Geschwindigkeiten; in Bezug auf letztere besteht eine zunächst unbegrenzte Freiheit.

Einige Einschränkungen werden wir indessen noch aussprechen können, die mit jenen Verhältniswerten im Zusammenhange stehen. Wir werden beispielsweise fordern müssen, das, wenn durch irgendeinen Umstand der Absolutwert der einen Geschwindigkeit eine Beeinflussung erfährt, die gleiche Beeinflussung auch für die entgegengesetzte Reaktion unter den Bedingungen des Gleichgewichts bestehen muss. Wenn beispielsweise die Temperatur auf die eine Reaktion ihren eben angegebenen sehr großen Einfluss ausübt, so muss erwartet werden, dass auch die entgegengesetzte Reaktion in entsprechender Weise beeinflusst wird. Der Einfluss der Temperatur auf das Gleichgewicht ist nämlich meist nicht sehr groß, wenigstens unvergleichbar geringer, als der auf den Absolutwert der Geschwindigkeit. Außerdem ist er energetisch berechenbar, indem das Gleichgewicht sich mit steigender Temperatur in ganz bestimmter Weise zugunsten derjenigen Reaktion verschiebt, welche unter Wärmeverbrauch erfolgt. Wenn also diese auf das Gleichgewicht bezüglichen Daten bekannt, bezw. aus anderen energetisch abgeleitet sind, so lässt sich stets aus der einen Geschwindigkeit die andere berechnen. Weiter geht aber die Berechenbarkeit nicht und somit besteht hier ein Punkt, wo sich ganz andere Einflüsse geltend machen können, als die, welche das Gleichgewicht und seine Änderungen bestimmen.

Diesen Umstand muss man im Auge haben, wenn man die absoluten Werte der Reaktionsgeschwindigkeiten untersucht. Handelt es sich um einen Vorgang, der praktisch gesprochen überhaupt nur in einer Richtung erfolgt, so fällt auch die Möglichkeit und damit die Notwendigkeit fort, die Geschwindigkeit der entgegengesetzten Reaktion irgendwie in Betracht zu ziehen und damit verschwindet jene energetische Festlegung des fraglichen Wertes. So wird es uns nicht wundern dürfen, wenn wir finden, dass Umstände, welche keine irgendwie in Betracht kommende Arbeitsleistung bedingen, dennoch die Reaktionsgeschwindigkeit um enorme Beträge ändern können. Gerade diese außer Verhältnis mit etwaigen Arbeitsleistungen stehenden Umstände, beispielsweise die Anwesenheit geringer Spuren reaktionsfremder Stoffe, haben von jeher das Erstaunen derjenigen erregt, denen zufällig solche Beeinflussungen zu Gesicht kamen und die entsprechenden Erscheinungen sind lange als wunderbar und mit dem regulär zu Erwartenden in Widerspruch angesehen worden, bis die eben dargelegte allgemeine Auffassung ihnen das Unverständliche nahm und den Weg zu ihrer Erklärung ebnete.

Es handelt sich hier um die sogenannten katalytischen Vorgänge. Noch Ende des 19. Jahrhunderts setzte sich jeder Chemiker, der das Wort katalytisch zu benutzen wagte, dem Vorwurfe der Unwissenschaftlichkeit aus, der um so bereitwilliger erhoben wurde, je weniger der betreffende Tadler selbst von der Sache verstand. Jetzt ist dies wesentlich anders und das lange verpönt gewesene Wort wird regelmäßig angewendet, wie irgendein anderer wissenschaftlicher Terminus, der seine klare Definition und seinen regelmäßigen Inhalt erhalten hat.

Die Geschichte dieser Angelegenheit beginnt ziemlich früh: bereits im Anfange des neunzehnten Jahrhunderts. Damals teilte der Apotheker Kirchhoff in St. Petersburg mit, dass durch Kochen mit verdünnten Säuren Stärke erst in „Gummi" (Dextrin) und dann in Zucker übergeht. Abgesehen von dem technischen Interesse, welches diese Entdeckung erregte, waren auch derartige Erscheinungen ganz unbekannt. Denn Kirchhoff hatte gleichfalls mitgeteilt, dass die angewandte Säure hierbei gar keine Veränderung erleidet; man kann sie unvermindert aus der zuckerhaltigen Flüssigkeit wieder gewinnen. Ferner entwickelt sich auch kein Gas bei der Reaktion und es wird kein Sauerstoff aufgenommen, denn man kann die Umwandlung bei offenen wie geschlossenen Gefäßen durchführen. Endlich ist auch das Gewicht des entstehenden Zuckers nicht geringer, als das der angewendeten Stärke, man bekommt eher etwas mehr, doch lässt sich dies bei der sirupartigen Beschaffenheit des Zuckers nicht gut feststellen.

Die Zweifel, welche anfangs bezüglich der Richtigkeit dieser Meldung auftauchten, wurden bald zerstreut, denn die Versuche wurden vielfach wiederholt und bestätigt. Auch wurde gefunden, dass es zwar nicht unbedingt auf die Natur der Säure ankommt, denn man erhält beispielsweise Zucker ebenso gut mit Salzsäure wie mit Schwefelsäure, aber die Natur der Säure macht sich doch unter Umständen geltend, denn Phosphorsäure wirkte viel schwächer und mit Essigsäure hat man überhaupt keine Zuckerbildung erreicht. Anderseits wird Stärke bereits bei langem Kochen mit reinem Wasser allmählich verwandelt, doch nur in „Gummi".

Es blieb der Wissenschaft damals nichts übrig, als diese Tatsachen zu registrieren, ohne einen Versuch zu ihrer Deutung zu machen. Die Industrie bemächtigte sich bald dieser wissenschaftlich so geheimnisvollen Entdeckung und verwertete sie, lange bevor die Erklärung gefunden wurde.

Etwa ein Jahrzehnt später wurde auf ganz anderem Gebiet eine Reihe von Tatsachen entdeckt und beschrieben, die mit der eben erwähnten zunächst nichts, als ihre Unverständlichkeit gemein zu haben schien. Der französische Chemiker Thenard hatte bei der Einwirkung verschiedener Säuren auf Bariumperoxid Lösungen erhalten, die sehr merkwürdige Eigenschaften aufwiesen. Salze des Bariumperoxids konnten es nicht sein, denn man konnte mit Schwefelsäure alles Barium aus der Lösung ausfällen, dass nur die angewendeten Säuren zurückblieben, doch blieben auch jene Eigenschaften bestehen. Er glaubte daher, dass es sich um Verbindungen der verschiedenen Säuren mit dem überschüssigen Sauerstoff des Bariumperoxids handelte und beschrieb seine Erfahrungen zunächst in der Auffassung, dass er eine ganze Reihe neuer Säuren entdeckt habe, die alle von den gewöhnlichen sich durch einen Mehrgehalt von Sauerstoff unterschieden, im Übrigen aber mit ihnen in den meisten chemischen Reaktionen übereinstimmten. Schließlich überzeugte er sich, dass die neuen Eigentümlichkeiten auch bestehen blieben, wenn er aus den Lösungen die freien Säuren entfernte, und so kam er zu der Entdeckung des Wasserstoffperoxids, das sich bei der Einwirkung von Säuren auf Bariumperoxid bildet.

An und für sich ist es ja nicht besonders wunderbar, dass Wasserstoff außer dem Wasser noch eine andere Verbindung mit dem Sauerstoff zu bilden vermag. Das Wunderbare war, dass die neue Verbindung für sich in ihrer wässerigen Lösung ziemlich beständig verhielt, ihren Sauerstoff aber unter stürmischem Aufbrausen, das sich bis zur Explosion steigern konnte, verlor, wenn man gewisse Stoffe in die Lösung brachte, die ihrerseits durchaus nicht sauerstoffbedürftig waren und überhaupt dabei gar keine Veränderung erfuhren. Solche Stoffe waren beispielsweise Platinschwamm oder Braunstein d. h. Manganperoxid. Diese waren aber keineswegs die einzigen, welche die merkwürdige Wirkung ausübten; frisch hergestelltes Fibrin aus Blut war ganz ebenso tätig, das Wasserstoffperoxid zu zersetzen, ohne selbst hierbei eine Änderung zu erfahren; der Sauerstoff entwickelte sich einfach in Gasform und Wasser blieb zurück.

Auch diese Tatsachen wurden registriert, ohne dass die Wissenschaft ein aufklärendes Wort dazu zu sagen wusste.

Um dieselbe Zeit lebte in Jena ein Chemiker namens Döbereiner, der ein eifriger Experimentator war und mancherlei interessante Versuche erfunden und beschrieben hat. Dieser beobachtete, dass Platinschwamm, dem man in den Strahl des in die Luft ausströmenden Wasserstoffgases hält, glühend wird und bei geeigneter Anordnung den Strahl entzündet. Damals gab es keine Zündhölzchen. Man kann sich zwar jetzt einen solchen Zustand kaum vorstellen, doch war es so; wollte man Feuer machen, so musste man Stahl, Stein, Zunder und Schwefelfaden brauchen, wenn man sich nicht eines der neu erfundenen Fixfeuerzeuge bedienen wollte, die meist nicht gingen oder einem durch unerwartete Explosionen die Finger verbrannten. Diese reinliche Art, Feuer zu bekommen, gefiel dem praktischen Professor außerordentlich und so konstruierte er einen kleinen selbstregulierenden Wasserstoffentwickler, auf dem nebst einem Hahn eine Pille von Platinschwamm so angeordnet war, dass beim Öffnen des Hahns die Schutzkappe auf der Platinpille abgehoben und der Wasserstoffstrahl entzündet wurde. Diese Erfindung hat in nahezu unveränderter Gestalt ein Jahrhundert überdauert. Ja, in manchen modernen selbsttätigen Gasanzündern hat sie eine Wiederauferstehung gefeiert, durch welche die ohnedies schon viel zu großen technischen Ansprüche auf das spärlich vorhandene Platinmetall eine weitere Steigerung erfahren haben.

Die bisher beschriebenen Erscheinungen sind verschiedenartig genug, sodass es kein Wunder ist, dass man sie nicht als Ausdrucksweisen eines gemeinsamen Prinzipes erkannte. Und als dies später geschah, war der Anlass dazu eine Untersuchung auf einem scheinbar noch entlegeneren Gebiete.

Aus der Schilderung der Entwicklung des Konstitutionsproblems wird noch in Erinnerung sein, dass die Bildung des Äthers aus Alkohol unter dem entwässernden Einfluss der Schwefelsäure eine sehr wichtige Rolle gespielt hat. Die gleiche Reaktion gab auch auf dem jetzt zur Besprechung stehenden Gebiet Anlass zu einem bedeutsamen Fortschritt. Der Vorgang vollzieht sich bekanntlich so, dass man Alkohol mit Schwefelsäure mischt und destilliert; es geht dann ein Gemenge von Äther und Wasser über. Während der

Destillation kann man nun Alkohol in dem Maße nachfließen lassen, als die umgewandelten Flüssigkeiten abdestillieren und die gleiche Menge Schwefelsäure kann benutzt werden, um fast unbegrenzte Menge Alkohol in Äther und Wasser zu verwandeln.

Die genaueren Einzelheiten dieses merkwürdigen Prozesses wurden im Jahre von Eilhard Mitscherlich (1794 bis 1863) studiert, der die eben angegebenen experimentellen Verhältnisse klarstellte.

Hierdurch wurde bewiesen, dass nicht etwa eine einfache wasserentziehende Wirkung der Schwefelsäure vorliegt, denn andere Wasser entziehende Stoffe bewirken die Ätherbildung nicht, und außerdem lässt die Schwefelsäure unter den Versuchsbedingungen gerade soviel Wasser abdestillieren, als sich bildet. Wenn sie also das Wasser nicht festhalten kann, so kann sie es auch nicht entziehen. Ferner besteht durchaus kein festes Verhältnis zwischen der Menge der Schwefelsäure und der des umgewandelten Alkohols. Mitscherlich fasst die Ergebnisse seiner von sehr großer Unabhängigkeit des Geistes und kritischem Scharfsinn zeugenden Arbeit dahin zusammen, dass hier ein Fall vorliege, wo ein Stoff durch seine Anwesenheit chemische Wirkungen bewirkt, ohne selbst dauernd für die Ergebnisse dieser chemischen Wirkung in Anspruch genommen zu werden. Er bezeichnete, ohne damit irgendwelche theoretischen Anschauungen ausdrücken zu wollen, Wirkungen solcher Art, deren es noch mehrere gebe, als Wirkungen durch den Kontakt.

Diese Arbeit gab Berzelius den Anlass, in seinem Jahresbericht wieder einmal eine jener genialen Zusammenfassungen auszuführen, durch welche zerstreute Einzeltatsachen unter einen gemeinsamen Gesichtspunkt gebracht und neue Begriffe in der Wissenschaft heimisch gemacht wurden. Er wies auf die vorstehend angeführten Arbeiten von Kirchhoff, Thenard, Döbereiner u. a. hin, berichtete über die eingehende Studie von Mitscherlich (und auf den er sehr große Stücke hielt) und stellte als zusammenfassenden Begriff den der katalytischen Kraft auf, welche er folgendermaßen definierte: Die katalytische Kraft scheint eigentlich darin zu bestehen, dass Körper durch ihre bloße Gegenwart und nicht durch ihre Verwandtschaft die bei dieser Temperatur schlummernden Verwandtschaften zu erwecken vermögen, sodass zufolge derselben in einem zusammengesetzten Körper die Elemente sich zu solchen

Abb. 2.8: Testlabor für katalytische Prozesse bei Druckverhältnissen von 1 bis 100 atm (1926). CC0

anderen Verhältnissen ordnen, durch welche eine größere elektrochemische Neutralisierung hervorgebracht wird.

Auf den ersten Blick sieht diese Definition recht hypothetisch aus mit ihrer Bezugnahme auf den inzwischen als allgemeines Verwandtschaftsprinzip verlassenen elektrochemischen Dualismus. Doch erweist sich dieser bei näherem Hinsehen als eine bloße Ausdrucksform, welche den grundsätzlichen Inhalt jener Definition nicht stört. Dieser besagt, dass es chemische Zustände gibt, welche keine Gleichgewichtszustände sind, aber trotzdem sich in der Zeit nicht ändern; das ist der Sinn des Ausdruckes „schlummernde Verwandtschaften". In solchen Gebilden wird durch die Anwesenheit katalytisch wirkender Stoffe der chemische Vorgang zum Geschehen gebracht; dies Geschehen muss, wie alle chemischen Vorgänge, zu größerer Befriedigung der Verwandtschaften, d. h. zu einer beständigeren Gleichgewichtslage führen. Hierin ist also der wichtige Satz enthalten, dass durch Katalyse keinerlei sonst unmögliche chemische Vorgänge zuwege gebracht, sondern nur die grundsätzlich möglichen, aber aus irgendwelchen Ursachen nicht stattfindenden Vorgänge ausgelöst werden.

Insbesondere verwahrt sich Berzelius dagegen, dass er durch den Ausdruck katalytische Kraft eine neue unbekannte Qualität in die Wissenschaft einführen wollte. Es handele sich für ihn nur um einen zusammenfassenden Namen für tatsächliche Erscheinungen von noch unaufgeklärter Beschaffenheit. Ja, er warnt ausdrücklich davor, dass man durch voreilige, auf hypothetische Anschauungen gestützte Theorien nicht die Forschung von der experimentellen Ausarbeitung dieser Probleme aufhalten möchte. Wie berechtigt und gleichzeitig, wie vergeblich die Warnung gewesen ist, hat die Folgezeit nur zu deutlich erwiesen.

Wir kommen hier zu einem recht unerfreulichen Kapitel in der Geschichte unserer Wissenschaft. Es ist leider nicht möglich, es zu übergehen, wie so viele andere Dinge, in denen sich die menschliche Unvollkommenheit nicht nur als Kurzsichtigkeit, sondern auch als Übelwollen im Kleid der Wissenschaft betätigt, denn die hier geschehenen Missgriffe haben einen so großen Einfluss gehabt, dass die Entwicklung der Frage über Gebühr hintangehalten worden ist. Man braucht sich nur des Zustandes zu erinnern, der noch gegen Ende des 19. Jahrhunderts bezüglich des Namens katalytisch herrschte: jeder, der ihn gebrauchte, setzte sich dem Verdacht wissenschaftlichen Leichtsinnes und der Gefahr aus, von den unzulänglichsten Fachgenossen darüber belehrt zu werden, dass der Name Katalyse durchaus keine Erklärung der fraglichen Erscheinungen wäre. Als wenn Berzelius nicht die Warnung gegen ein derartiges Missverständnis förmlich an die Spitze aller seiner Erörterungen über den Begriff Katalyse gesetzt hätte.

Der Führer im Kampf gegen den durch Berzelius bewirkten Fortschritt war niemand anders als Liebig. Liebig hat sich, wie dies bei einem jeden Reformator unvermeidlich ist, während eines großen Teiles seines Lebens im Kampf gegen die retardierenden Tendenzen seiner Zeitgenossen befunden, und er hat bei mancherlei Irrtümern im einzelnen doch in der Hauptsache fast immer recht gehabt. Auch hat er fast immer daran recht getan, dass er mit der ganzen Schärfe und Energie seines Geistes den Kampf aufnahm, wo er ihn für nötig hielt, denn ohne solche überschüssige Energiebetätigung lässt sich die träge Masse nicht in Bewegung setzen. Hier aber hat er eine unglückliche Hand gehabt, nicht nur, insofern er das Rechte verfehlte, als vielmehr noch dadurch, dass er einem populären Irrtum die Stütze seiner mächtigen Persönlichkeit lieh. Irrtümer der großen Männer verbreiten und betätigen sich viel schneller und leichter, als ihre richtigen neuen Gedanken, weil sie den Tribut darstellen, den sie dem Denken ihrer Zeit zahlen. Deshalb stehen solche Irrtümer den Denkwegen der Zeitgenossen nicht entgegen, wie jene neuen Gedanken und haben den stets vorhandenen Trägheitswiderstand nicht zu überwinden, welcher den erheblichen Fortschritten der gleichen Persönlichkeiten entgegensteht.

Den Anlass für Liebig, Berzelius auf dem Gebiete der Katalyse entgegenzutreten, war der Gegensatz, der sich zwischen diesen beiden großen Männern in Bezug auf die Frage der Konstitution der organischen Verbindungen entwickelt hatte. Nachdem für Berzelius die Anschauungsformen des elektrochemischen Dualismus ein unabscheidbarer Bestandteil der Wissenschaft geworden waren, hatte er Liebig und dessen reformatorische Gedanken oft genug ungerecht in seinen Jahresberichten beurteilt. Dies hatte außerdem eine Voreingenommenheit gegen Liebigs weitere Bestrebungen, insbesondere auf chemisch-physiologischem Gebiete zur Folge gehabt, die Berzelius verhinderte, diesen grundlegenden Forschungen volle Gerechtigkeit widerfahren zu lassen. Hierzu kam ein äußerst gespanntes Verhältnis zwischen Liebig und Mitscherlich, das bei den nahen Beziehungen des letzteren zu Berzelius gleichfalls zur Schärfung des Gegensatzes beitrug.

Alle diese Umstände mögen erklären, dass Liebig sich gegen die von Berzelius eingeführte Begriffsbildung aussprach und trotz Berzelius' ausdrücklichen Warnungen gerade das Gegenteil davon tat, was dieser aus reifer Kenntnis der Entwicklungsgesetze der Wissenschaft für notwendig erklärt hatte. Er verwarf den von Berzelius eingeführten Namen, eben weil er (wie dies Berzelius beabsichtigt hatte) keine Erklärung der Erscheinungen enthielt oder versprach, und stellte seinerseits eine Erklärung auf, welche gerade mit dem von Berzelius befürchteten Fehler, die weitere Forschung zu hemmen, im höchsten Grade behaftet war. Es war dies die unfruchtbare Hypothese der molekularen Stöße.

Liebig sprach nämlich die Ansicht aus, dass die katalytischen Vorgänge in nichts anderem beständen, als in der Übertragung von Bewegungen seitens des Katalysators auf den katalysierten Stoff.

Diese Ansicht entstand aus seiner Vorstellung von der Wirkungsweise der Hefe, über welche er eben in einen Streit mit Pasteur geraten war. Während dieser die organisierte Natur der Hefe verfocht, und die Umwandlung des Zuckers in Alkohol und

Kohlensäure für ein Ergebnis der unmittelbaren Lebenstätigkeit der Hefezelle ansah, betrachtete Liebig die Sprosspilznatur der Hefe als unwesentlich (ebenso unwesentlich, nach seinem eigenen Vergleich, wie die Pflanzen, die auf einem vermodernden Baumstamm wachsen, für dessen Vermoderung sind) und erklärte die Wirkung der Hefe, die Berzelius den katalytischen angereiht hatte, für einen Bewegungsanstoß, der aus der im Zersetzungszustand befindlichen organischen Substanz der Hefe auf den Zucker übertragen würde.

Es ist ganz lehrreich, hier unsere Geschichtserzählung einen Augenblick zu unterbrechen und die weitere Entwicklung dieser Angelegenheit ins Auge zu fassen. Bekanntlich hat damals Pasteur den Sieg gegen Liebig gewonnen, insbesondere durch den Versuch von Lüdersdorff, der Hefe auf einem Reibstein so lange zerrieb, bis alle Zellen zertrümmert waren. Der entstandene Brei rief keine Gärung hervor, und daraus wurde geschlossen, dass das Leben der Zelle im Sinne Pasteurs für die Gärung notwendig sei.

Dass auch die lebende Zelle ihre chemischen Wirkungen schließlich auf chemischem Wege ausführen muss, blieb damals unerörtert; vielmehr beruhigte man sich bei dem Gedankengang, dass das Leben eine so geheimnisvolle Erscheinung ist, dass auch das Geheimnis der Zuckergärung ganz wohl in die Gesellschaft hineinpasst. Diese Wendung ist offenbar von allen möglichen die unwissenschaftlichste, weil sie die weitere Forschung einfach abschneidet. Vielmehr hätte man umgekehrt sagen sollen, dass wenn von dem Geheimnis des Lebens einiges entschleiert werden könnte, dies auf dem Wege der Erforschung der katalytischen Vorgänge in sehr wirksamer Weise geschehen könnte.

Indessen war Pasteur durch seinen glänzend gelungenen Nachweis der notwendigen Anwesenheit von Lebewesen für die Erscheinungen der Fäulnis, Gärung usw. so sehr von diesem Ziel seines Beweisthemas erfüllt, dass er die ganze Angelegenheit unwillkürlich als wissenschaftlich erledigt ansah, wenn er in jedem bestimmten Fall die Anwesenheit und Notwendigkeit von Lebewesen nachgewiesen hatte. Obwohl auch er bereits Fälle kannte, in denen organische Katalysatoren oder Enzyme (ursprünglich Fermente genannt) vom Organismus losgelöst und unabhängig von ihm zu gleicher Wirkung gebracht werden konnten (beispielsweise die Diastase der keimenden Gerste, die auch im Reagensglas Stärke verzuckert), so berücksichtigte er sie doch nur insofern, als er hier „ungeformte" Enzyme annahm und von ihnen die an Lebewesen gebundenen und nur während des Lebens tätigen „geformten" Enzyme unterschied.

Bekanntlich hat sich inzwischen die naturgemäßere Ansicht wieder durchführen lassen, dass es sich bei diesem Unterschied nur um das technische Problem handelt, das Enzym aus dem Organismus herauszuziehen, ohne es dabei zu zerstören. Haben diese Stoffe eine große Beständigkeit, so macht dies keine Schwierigkeit, und sie sind demgemäß bereits früh als ungeformte Fermente (=Enzyme) bekannt geworden. Macht dies dagegen Schwierigkeit, so kann die vom Leben unabhängige Wirkung dieser Enzyme erst nachgewiesen werden, wenn ein Weg zum unveränderten Ausziehen gefunden worden ist. Der oben angeführte Versuch von Lüdersdorff hätte den umgekehrten Erfolg ergeben, wenn nicht das Zerreiben der Hefe so lange gedauert hätte, dass inzwischen das Enzym durch die Berührung mit der Luft oder andere Ursachen vernichtet worden war. Nachdem in neuerer Zeit Buchner das Ausziehen des Enzyms vorsichtiger und schneller hat bewirken können, ist auch das Hefeenzym als ungeformtes nachgewiesen und Pasteur wieder ins Unrecht gesetzt worden.

Allerdings hat Liebig hierdurch mit seiner Anstoß-Hypothese nicht recht erhalten, sondern es hat sich nur ergeben, dass die organischen Katalysatoren, die Fermente oder wie man sie jetzt nennt, die Enzyme, durchaus ähnlich wirken, wie entsprechende anorganische Katalysatoren. Die Theorie solcher Wirkungen ist dadurch allerdings noch nicht gegeben, wir gewinnen aber den wertvollen Hinweis, dass es sich um einen sehr allgemeinen Vorgang handelt und dass eine sachgemäße Theorie daher gleichfalls einen solchen allgemeinen Charakter tragen muss.

In der Polemik, welche sich zwischen Liebig und Berzelius in der Frage entspann, blieb Liebig zunächst der Sieger, wenn man nach der Aufnahme seiner Anschauung durch die Zeitgenossen und Nachfolger urteilen darf. Immer wieder wurde der gleiche Gedanke von den verschiedensten Seiten vorgetragen, und zwar schien jeder, der ihn vorbrachte, unter dem Eindruck zu stehen, als habe er selbst eine „diesbezügliche" hervorragende Entdeckung gemacht. Noch aus dem Jahre 1894 kann ich folgende „Theorie" eines namhaften Chemikers verzeichnen, der sich insbesondere eifrig und erfolgreich mit physiologischen Fragen beschäftigt hatte: „Katalyse ist ein Bewegungsvorgang der Atome in den Molekülen labiler Körper, welcher unter dem Hinzutritt einer von einem anderen Körper ausgehenden Kraft erfolgt und unter Verlust von Energie zur Bildung stabilerer Körper führt."

Der geringste Fehler dieser Auffassung ist noch, dass man die angenommenen Bewegungen nicht nachweisen oder messen kann. Auch die Atome kann man nicht nachweisen, und dennoch hat sich die Atomhypothese lange Zeit als ein sehr nützliches wissenschaftliches Werkzeug erwiesen. Der große, ja fundamentale Fehler liegt darin, dass man keinerlei mehr oder weniger wahrscheinliche experimentelle Schlüsse aus der Ansicht von den molekularen Stößen ziehen kann, deren Richtigkeit dann an der Erfahrung zu prüfen wäre. So mangelhaft die Abbildung einer vorhandenen Wirklichkeit durch ein hypothetisches Bild sein mag, sie muss jedenfalls die Bedingung erfüllen, dass das Bild wenigstens vermutungsweise Auskunft über Verhältnisse gibt, die man noch nicht kennt, die man aber experimentell prüfen kann. Das Bild muss mit anderen Worten das Abgebildete mit irgendwelchen anderen Tatsachen verbinden und damit Anlass geben, nachzusehen, ob diese vermutete Beziehung wirklich besteht. Beschränkt sich das Bild auf die darzustellende Tatsache allein, so ist es ein leerer Name, der keinerlei Folgen hat.

Gerade von dieser Beschaffenheit ist nun die mechanische Theorie der Katalyse. Man kann freilich Bewegungen und Anstöße beliebig annehmen, aber wie kann man erkennen, ob ein als Katalysator zu prüfenden Stoff gerade solche Bewegungen macht, welche einen anderen, vorgelegten Stoff zu chemischer Reaktion veranlassen? Hierauf gibt keiner von den vielen Vertretern der mechanischen Hypothese irgendeine Auskunft. Ebenso wenig gehen von der Hypothese bestimmte Fragen über die möglichen Gesetze der Wirkung aus, und das ganze Problem bleibt mit der Hypothese ebenso stehen, wie es vor der Hypothese stand.

Dieser Mangel an befruchtender Wirkung macht sich nun auch auf das Deutlichste in der geschichtlichen Entwicklung der ganzen Frage geltend. Die Chemie ist voll von Katalysen. Schon Berzelius hob hervor, dass insbesondere die lebenden Organismen überall katalytische Wirkungen zu Hilfe nehmen, um ihre Bedürfnisse der Zeit und dem Raume nach zu befriedigen, und der große Physiologe Carl Ludwig (1816 – 1895) sah in den katalytischen Erscheinungen den Hauptteil der physiologischen Chemie. Ebenso hat sich herausgestellt, dass die präparative Chemie, die anorganische wie die organische, überall von katalytischen Hilfsmitteln Anwendung macht. Man braucht sich nur zu erinnern, dass Schwefelsäure nach dem alten wie dem neuen Verfahren mittelst Katalyse hergestellt wird; dort ist Stickstoffdioxid der Katalysator, hier Platin. In der organischen Chemie sei aus den zahllosen Katalysen nur die Wirkung des Chloraluminiums in der Reaktion von Friedel und Crafts genannt, welche seinerzeit von berufener Seite mit dem Tischlein-deck-dich des Märchens verglichen worden ist, so erleichtert sie den Zugang zu allerlei schwierig zu erlangenden Stoffen. Dass die alten chemischen Industrien des Haushalts, insbesondere Backen und Brauen, gleichfalls auf katalytischen Reaktionen beruhen, ist aus der Geschichte des Gärungsproblems bereits teilweise anschaulich geworden. Kurz, wohin wir sehen, treffen wir katalytische Vorgänge an.

Und wenn wir mit dieser Häufigkeit und Wichtigkeit solcher Tatsachen die Aufmerksamkeit vergleichen, welche die Wissenschaft der grundsätzlichen Aufklärung des Problems zugewendet hat, so erstaunen wir über den andauernden Mangel jedes Versuches eines experimentellen Eindringens in die etwaigen Gesetze der Katalyse. Während weitaus geringere Dinge das eingehendste Studium erfahren haben, hat sich die Wissenschaft von der Katalyse wie von einem verrufenen Orte ferngehalten; alles, was von Zeit zu Zeit geschah, war eine Aufwärmung jener mechanistischen Hypothese. So bestand die ganze Lehre in dieser Sache aus unzusammenhängenden Tatsachen, die nicht einmal gesammelt und zusammengestellt wurden; nach einem Kapitel über Katalyse suchte man in den Lehrbüchern vergebens. Dazu kommt noch, dass die erste Reaktion, an welcher das Grundgesetz der chemischen Dynamik begründet wurde, die Inversion des Rohrzuckers durch Säuren, gleichfalls eine katalytische in reinster Form ist; hier lag also der Zugang zu dem Gebiet seit Mitte des 19. Jahrhunderts offen; doch niemand betrat es.

Dies ist der Zustand, welchen die mechanistische Hypothese hervorgerufen hatte. Heute ist es anders. Das Wort Katalyse hat seinen üblen Klang verloren; es findet sich häufig in der wissenschaftlichen wie technischen Literatur. Monografien und zusammenstellende Arbeiten haben sich auf dem literarischen Markt eingestellt und unsere Kenntnisse über Katalyse und Enzyme sind in wohlgeordneten, wenn auch recht dickleibigen Handbüchern zu finden. Wodurch ist diese Wendung eingetreten?

Sie ist eingetreten durch eine sachgemäße Begriffsbildung. Die Erkenntnis, dass es sich bei der Katalyse um ein Problem der chemischen Kinetik handelt, hat den ganzen Umschwung bewirkt. Ich weiß kein Beispiel in der Geschichte der Wissenschaft, wo die Ausführung der Begriffsbildung allein, ohne irgendwelche erhebliche Vermehrung des tatsächlichen Materials, ihre entscheidende und fördernde Wirkung auf die Fortentwicklung der Wissenschaft so glänzend offenbart hätte, wie in diesem Beispiel.

Wie schon Berzelius gesehen hatte, und wie das später auch mehr oder weniger klar begriffen worden ist, kann durch Katalyse kein Vorgang erzwungen werden, welcher den Energiegesetzen widerspricht; es kann weder rohe noch freie Energie geschaffen werden, und die außerordentlich kleinen Mengen fremder Stoffe, welche oft ausreichend sind, um die erheblichsten katalytischen Wirkungen hervorzurufen, schließen irgendwelche erhebliche Energiezufuhren durch den Katalysator aus, zumal man diesen meist am Schluss der Reaktion unverändert wiederfindet. Welche Freiheit besteht denn noch, über die durch den Katalysator verfügt wird? Die Antwort findet sich bereits in unseren früheren Erörterungen (S. 218). Das Zeitmaß oder die Geschwindigkeit der chemischen Reaktionen ist energetisch nicht festgelegt; hier haben also andere Ursachen ihr Betätigungsgebiet und hier ist auch das Gebiet der Katalyse. Es sind mit anderen Worten nur solche Vorgänge, die ohnedies möglich wären, welche überhaupt katalytisch beeinflusst werden können. Und diese Beeinflussung kann sich nicht etwa auf das Gleichgewicht beziehen, denn dieses ist ja energetisch bestimmt, sondern sie kann sich nur auf die Geschwindigkeit beziehen, mit welcher das Gleichgewicht erreicht wird. Somit ist ein Katalysator ein Stoff, welcher die Geschwindigkeit einer chemischen Reaktion ändert, ohne seinerseits in den Endprodukten dieser Reaktion zu erscheinen.

Prüfen wir diese Definition in dem Sinne von Berzelius, so finden wir sie seinen Ansprüchen genügend, denn sie sagt über etwaige Ursachen der Geschwindigkeitsänderung nichts aus und lässt das ganze Feld der eingehenderen Experimentalforschung frei. Anderseits entspricht sie auch den Forderungen, die ich oben an eine fruchtbare Theorie stellen musste: Sie gibt zu bestimmten Fragen und Experimenten Veranlassung. Denn wenn es sich um die Änderung einer Reaktionsgeschwindigkeit handelt, so entstehen sofort zahllose Fragen nach den Gesetzen dieser Änderung. Die Reaktionsgeschwindigkeit ist eine messbare Größe, und alles, was sie beeinflusst, ist an der Änderung ihres Zahlenwertes gleichfalls messbar. Was vorher ein unzugängliches Geheimnis schien, wird eine übersichtliche Aufgabe für stetige Arbeit, und wenn wir die Gesetze einer Erscheinung kennen, so ist uns damit alles bekannt, was wir über sie fragen können, d. h., wir kennen auch ihr Wesen.

Welche unerwarteten Zusammenhänge sich hier der unbefangenen Forschung offenbaren, wird gerade an dem klassischen Problem der Zuckerinversion ersichtlich. Wir haben gesehen, wie an ihm zum ersten Male das allgemeine Gesetz der chemischen Dynamik entwickelt und experimentell belegt wurde; an ihm ist auch die erste Anwendung der messenden Erforschung der Katalyse entstanden. Bereits Biot hatte gelegentlich bemerkt, dass die Untersuchung der verschiedenen Geschwindigkeiten, mit denen verschiedene Säuren den Zucker invertieren, zu interessanten Ergebnissen führen könnte. Solche Messungen sind in einigem Umfang auch später ausgeführt worden, ohne dass es indessen gelang, einen Zusammenhang zwischen den hier beobachteten Konstanten und anderen Eigenschaften der Säuren zu ermitteln. Erst als die Affinitätsgrößen der Säuren auf verschiedene Weise gemessen wurden und sich als unabhängig von der besonderen Reaktion, die zu ihrer Messung diente, herausstellten, da fand sich auch, dass die Geschwindigkeit der Zuckerinversion diesen Affinitätsgrößen oder Stärken der Säuren proportional ist. Und als später die Deutung dieser Zahlen als der Konzentration des freien Wasserstoffions proportional aufgrund der Theorie von der elektrolytischen Dissoziation gegeben wurde, lag auch gleichzeitig die Deutung dieses Ergebnisses offen: Die katalytische Wirkung der Säuren gegenüber dem Rohrzucker ist nichts als eine Wirkung des Wasserstoffions, und diese katalytische Wirkung ist proportional der Konzentration desselben. So war nicht nur ein interessantes Gesetz für die Katalyse gefunden, sondern diese diente sogar dazu, eine der brauchbarsten Methoden zur Messung der Stärke der Säuren abzugeben, und somit Erhebliches zur Lösung eines der ältesten Probleme der Chemie beizutragen.

Zwei weitere Fragen von allgemeiner Beschaffenheit drängen sich hier auf: Ist es möglich, alle die vielen Vorgänge, die uns erst durch die Katalyse sichtbar werden, auch als ohne Katalysator stattfindend anzusehen? Und zweitens: Wenn ein Stoff durch seine Gegenwart eine Reaktion beschleunigt, wird die Reaktion dann nur in Bezug auf ihr Zeitmaß geändert, oder treten auch sachliche Änderungen der Reaktionsart, etwa durch Auftreten besonderer Zwischenstufen, ein? Beide Fragen können insofern befriedigend beantwortet werden, als kein grundsätzliches Rätsel nachbleibt, wenn auch natürlich die denkbaren und möglichen Auffassungen in jedem einzelnen Fall erst an der Erfahrung geprüft und mit zahlenmäßigem Inhalt versehen werden müssen.

Was die erste Frage anlangt, so sieht ihre Beantwortung auf den ersten Blick einigermaßen bedenklich aus. Es scheint uns eine schwierige Annahme, dass z. B. eine Zuckerlösung von selbst in Alkohol und Kohlensäure zerfällt, sei es in noch so kleinem Maßstab. Und dennoch stehe ich keinen Augenblick an zu sagen: Wir können auch in jeder Zuckerlösung unter passenden Umständen ohne Mitwirkung des Hefeenzyms Alkohol nachweisen. Zu dieser Überzeugung gibt vor allen Dingen die Auffassung Grund, zu der man aus allgemeinen energetischen Betrachtungen gelangt, dass nämlich jede Reaktion in einem homogenen Gebilde, die möglich ist, auch wirklich stattfindet, wenn auch meist mit unmessbar kleiner Geschwindigkeit. Um ein Beispiel zu geben, mit welchen Geschwindigkeiten man wissenschaftlich rechnen darf und muss, betrachten wir die Zuckerinversion. Diese erfolgt um so langsamer, je verdünnter die Säure ist, oder allgemeiner, je kleiner die Konzentration des Wasserstoffions in der Lösung ist. Ferner nimmt die Geschwindigkeit mit steigender Temperatur sehr schnell zu; sie verdoppelt sich in runder Zahl für je zehn Grad. Für gewisse Zwecke sind Reaktionen gemessen worden, bei denen eine messbare Inversion erst in 24 Stunden eintrat, wenn die Flüssigkeit bei 100° gehalten wurde. Wenn man dieselbe Flüssigkeit bei 0° aufbewahrt, so ist ihre Geschwindigkeit 2^{10}-mal geringer. Man könnte also eine messbare Reaktion erst nach 1024 Tagen, d. h. im dritten Jahre nach dem Ansetzen beobachten. Dass wir in den meisten Fällen keine Ahnung davon haben, was aus einem gegebenen Stoff oder Stoffgemisch nach zwei oder drei Jahren geworden sein wird, braucht keinem Chemiker erst ausführlich dargelegt zu werden. Meist wissen wir nur, was nach Stunden daraus wird; die Ausdehnung der Beobachtung über Tage ist bereits ungewöhnlich und einige Wochen pflegen die praktische Grenze unserer Kenntnis zu bilden.

Somit steht keine grundsätzliche Schwierigkeit der Auffassung entgegen, dass die möglichen Reaktionen in der Tat auch alle wirkliche sind. Zwar ist gelegentlich behauptet worden, dass in gewissen Fällen das Gebiet der langsam verlaufenden Reaktionen von einem Gebiet, wo die Reaktion absolut zum Stillstand kommt, durch eine scharfe Grenze getrennt sei und wir besitzen auch mathematisch sauber ausgearbeitete Theorien, welche die Konsequenzen dieser Voraussetzung darstellen. Indessen hat die Nachprüfung der experimentellen Beispiele, durch welche jene Behauptung gestützt werden sollte, deren Unhaltbarkeit nachgewiesen und einen vollkommen stetigen Verlauf der langsamen Vorgänge nach der Seite der zunehmenden Langsamkeit bestätigt. Wir können allgemein aussprechen, dass bezüglich der Zeit noch nirgendwo das kleinste Anzeichen von wesentlicher Unstetigkeit beobachtet worden ist.

Somit ist die Annahme, dass alle Reaktionen, welche katalytisch betätigt werden, sich als Beschleunigungen solcher Reaktionen darstellen lassen, welche auch für sich erfolgen, nur mit anderer Geschwindigkeit, überall durchführbar und stößt nirgends auf eine grundsätzliche Schwierigkeit. Von solchen Fällen, wo man die Geschwindigkeit der nicht katalysierten Reaktion noch bequem messen kann, durch andere, wo sie nur eben nachweisbar ist (Zucker wird z. B. auf die Dauer auch von reinem Wasser invertiert), bis zu solchen endlich, wo wir diesen Nachweis noch nicht führen können, gibt es vollkommen stetige Übergänge und keinerlei Anzeichen einer wesentlichen Grenze. So dürfen wir die erste Frage als befriedigend erledigt ansehen.

Die Tatsache, dass je nach der Beschaffenheit des Katalysators dieselben Stoffe verschiedene Produkte geben können, braucht uns keine Sorgen zu machen. Wenn man z. B. Chlor auf Benzol einwirken lässt, so erhält man, je nachdem man Jod oder Zinnchlorid als Katalysator anwendet, das Additionsprodukt Benzolhexachlorid oder das Substitutionsprodukt Chlorbenzol. Hier müssen wir die Annahme machen, dass ohne Katalysator beide Reaktionen vor sich gehen, und die beiden genannten Katalysatoren dadurch verschieden sind, dass in einem Fall die eine, im anderen die andere Reaktion vorwiegend beschleunigt wird. Dass eine solche Annahme wirklich statthaft ist, wird dadurch belegt, dass Gemenge der beiden Katalysatoren die beiden Produkte in vergleichbaren Mengen nebeneinander entstehen lassen. Diese Einsicht, dass je nach der Natur des Katalysators von den zahlreichen möglichen Vorgängen, die insbesondere in einem etwas verwickelteren Gebilde stattfinden können, der eine oder andere so in den Vordergrund geschoben werden kann, dass er praktisch ausschließlich verläuft, ist namentlich für das Begreifen der physiologischen Prozesse wertvoll, die uns zeigen, dass aus derselben Blutflüssigkeit je nach den Organen, die durchströmt werden, die mannigfaltigsten Produkte entstehen können. Schon Berzelius hat darauf hingewiesen, wie wenig diese Tatsache mit unseren Erfahrungen über die chemischen Vorgänge im Laboratorium im Einklange erscheint; durch die genauere Kenntnis der katalytischen Vorgänge wird das Rätsel in ein Problem verwandelt, für dessen Lösung die Wege gewiesen sind.

Die zweite Frage ist die nach der näheren Beschaffenheit der katalytischen Reaktionen oder nach ihrem „Mechanismus", wie man sich bildlich auszudrücken pflegt. Wenn auch die Hauptsätze der Energetik keinen ausreichenden Bestimmungsgrund für die Geschwindigkeit einer gegebenen Reaktion enthalten, so muss doch der Wert dieser Geschwindigkeit seinerseits einen ausreichenden Grund haben, d. h. es müssen sich Beziehungen zwischen dieser Geschwindigkeit und anderen Eigenschaften des Gebildes nachweisen lassen, und diese Eigenschaften müssen irgendwie vom Katalysator beeinflusst werden, damit die Geschwindigkeit beeinflusst wird.

Nun gehört die chemische Reaktionsgeschwindigkeit zu einer ausgedehnten Gruppe von Erscheinungen, die man allgemein als Dissipationserscheinungen bezeichnet. Sie bestehen darin, dass irgendein Vorrat von freier Energie sich in andere Formen umwandelt, und dabei seine weitere Umwandlungsfähigkeit mehr oder weniger einbüßt. Das reinste Beispiel für derartige Vorgänge ist die Wärmeleitung. Haben wir eine Wärmemenge, die sich auf höherer (oder auch niederer) Temperatur befindet, als die Umgebung, so setzt ein Vorgang ein, durch welche diese unterschiedene Wärme auf die mittlere Temperatur absinkt und dadurch für weitere Umwandlungen unbrauchbar wird. Ist dann die Temperatur ausgeglichen, so kann nur durch Aufwand von anderweitiger freier Energie wieder der frühere Zustand hergestellt werden; in sich selbst ist das Gebilde unfähig dazu, weil niemals eine Wärmemenge freiwillig von niederer zu höherer Temperatur geht.

Wenn nun auch dies Ergebnis notwendig und der Ausgleich der Temperatur ein Zustand ist, der jedenfalls früher oder später erreicht wird, so ist doch die Zeit, welche für dies Endergebnis erforderlich ist, außerordentlich verschieden. Je nachdem der höher erwärmte Körper durch gute oder schlechte Wärmeleiter mit seiner Umgebung verbunden ist, tritt der Ausgleich schnell oder langsam ein; auch hängt er von der geometrischen Form des Gebildes usw. ab. Sei etwa der warme Körper von seiner Umgebung durch einen leeren Raum getrennt, so wird der Wärmeausgleich sehr langsam erfolgen. Ein Stück Kupfer, das man zwischen beide einschaltet, bewirkt eine sehr bedeutende Beschleunigung des Ausgleiches und wirkt somit ganz wie ein Katalysator. Selbst wenn man die Kupfermasse gar nicht mit beiden Gebieten gleichzeitig in Berührung bringt, sondern zwischen ihnen hin und her pendeln lässt, wird sie einen beschleunigten Wärmetransport bewirken, wobei sie, wieder ganz wie ein Katalysator, zum Schluss sich in demselben Zustande befindet, wie am Anfang.

Ähnliche aber verwickeltere Beispiele finden sich in allen Gebieten der Physik. Zwei elektrisch geladene Körper von verschiedenem Potenzial können sich gleichfalls durch einen Leiter ausgleichen, wobei je nach der Natur, Gestalt, Temperatur usw. des Leiters alle beliebigen Geschwindigkeiten, von null bis zur Lichtgeschwindigkeit, erzielt werden können. Diese Fälle sind dadurch gekennzeichnet, dass ein Teil der vorhandenen freien Energien bei solchen Ausgleichsvorgängen in Wärme überzugehen pflegt, welche ihrerseits durch Leitung einen nicht wieder herstellbaren Ausgleich erfährt. Hierdurch wird auch der Gesamtvorgang nicht umkehrbar, und diese Eigenschaft der Nichtumkehrbarkeit haftet allen natürlichen Geschehnissen an.

Solche dissipative Vorgänge sind auch alle chemischen Reaktionen. Auch für sie ist energetisch zwar der Endzustand eindeutig gegeben, wenn das Gebilde vollständig definiert ist, nicht aber der Weg, auf welchem dieser Endzustand erreicht wird, und noch weniger die Geschwindigkeit, mit welcher das Gebilde sich ihm nähert. Hier treten Gesetze in Kraft, die von den beiden Hauptsätzen der Energetik unabhängig sind. Eine sehr allgemeine

Theorie eines dieser Geschehnisse ist von J. Fourier (1768 bis 1830) in seiner Theorie der Wärmeleitung entwickelt worden; später hat sich durch G. S. Ohm und A. Fick herausgestellt, dass die gleiche Theorie auf die Vorgänge der Elektrizitätsleitung und der Diffusion Anwendung findet. Auf chemische Vorgänge lässt sie sich allerdings nicht unmittelbar anwenden, weil sie unter der Voraussetzung eines räumlichen Vorgangs beim Ausgleich entwickelt worden ist, und der chemische Hauptfall, die Reaktion in homogener Lösung, ohne jede räumliche Änderung erfolgt oder wenigstens erfolgen kann. Doch kann man immerhin die vorher skizzierte allgemeine Theorie der chemischen Reaktionsgeschwindigkeit als einen ins Chemische übersetzten Fall der Fourierschen Theorie auffassen, ja insofern als den einfachsten und typischsten Fall der Dissipationserscheinungen, als hier die räumliche Veränderlichkeit ausgeschlossen werden kann und nur eine zeitliche vorhanden ist.

Die Mannigfaltigkeit der Faktoren, von denen beispielsweise die Leitung der Wärme und gar der Elektrizität abhängig ist, gibt eine brauchbare Analogie für die sicher noch weit größere Mannigfaltigkeit der Faktoren, welche die chemische Reaktionsgeschwindigkeit beeinflussen. Jeder dieser Faktoren, soweit er von den reagierenden Stoffen trennbar ist, kann als katalytischer Faktor angesehen werden. Indessen ist es üblich geworden, beispielsweise die Beschleunigung durch Temperaturerhöhung nicht katalytisch zu nennen, sondern diesen Namen ausschließlich für solche Fälle vorzubehalten, wo die Beeinflussung von der Anwesenheit wägbaren Stoffes abhängig sich erweist.

So werden wir recht haben, wenn wir schließen, dass voraussichtlich eine einzige Theorie der katalytischen Geschwindigkeitsbeeinflussungen nicht ausreichen wird, um alle dazu gehörigen Fälle wissenschaftlich zu beschreiben. Die Aufgabe besteht somit darin, die einzelnen Katalysen ihrer Gesetzmäßigkeit nach zu untersuchen, und die allgemeinen Beziehungen zwischen den Sonderfällen auszusprechen.

Ein anscheinend sehr häufiger Grund für die katalytische Beschleunigung ist das Auftreten von Zwischenreaktionen. Beispielsweise wandelt sich die glasartige arsenige Säure sehr langsam in eine porzellanartige, kristallinische Form um. Bringt man ein wenig Wasser dazu, so erfolgt diese Umwandlung sehr viel schneller. Der Einfluss des Wassers beruht sehr wahrscheinlich darauf, dass sich in diesem die arsenige Säure auflöst. Nun ist es ein allgemeines Gesetz, dass die unbeständigen Formen sich reichlicher lösen als die beständigen; hat sich somit das Wasser in Bezug auf die glasartige Säure gesättigt, so ist es in Bezug auf die porzellanartige übersättigt und muss arsenige Säure in dieser Form auf den vorhandenen Kristallen ausscheiden. Hierdurch wird die Lösung ungesättigt in Bezug auf die glasartige Form, es müssen von dieser neue Mengen in Lösung gehen und die Reihenfolge der Reaktionen beginnt von Neuem. Das Wasser dient also hier als Beschleuniger, indem es abwechselnd die arsenige Säure als Glas auflöst und als Porzellan wieder ausscheidet.

Man kann sich natürlich fragen, ob denn nicht auch die unbeständige glasartige Form unmittelbar, insbesondere in Berührung mit der porzellanartigen, in diese übergehen kann. Dies ist allerdings der Fall, es erfolgt aber äußerst langsam, während die Auflösung und Ausscheidung verhältnismäßig schnelle Vorgänge sind. Wenn also (was keineswegs immer der Fall ist) in summa die Vorgänge über die Zwischenreaktionen schneller erfolgen, als auf direktem Wege, dann wirkt ein solcher Zwischenstoff als Beschleuniger und es liegt ein Fall von Katalyse vor. Brauchen im Gegenteil die Zwischenreaktionen mehr Zeit, als der unmittelbare Vorgang, so betätigt sich der betreffende Stoff eben nicht als Katalysator. Da aus allgemeinen Gründen erwartet werden darf, dass die Zahl der Fälle, wo die unmittelbaren Reaktionen die schnelleren sind, im Allgemeinen größer sein wird als die der umgekehrten Fälle, so ist es begreiflich, weshalb katalytische Beschleunigungen zwar keine Seltenheiten sind, ja viel häufiger vorkommen, als man anzunehmen geneigt war, aber doch wie Ausnahmefälle erscheinen, zu deren Zustandekommen besondere Bedingungen eintreten müssen.

Der Gedanke, katalytische Vorgänge durch Zwischenreaktionen zu erklären, ist viel älter als der Begriff der Katalyse selbst, denn er stellt die erste sachgemäße Theorie der Schwefelsäurebildung dar und ist vor zweihundert Jahren aufgestellt worden. Wie bekannt, gewann man die Schwefelsäure früher durch Destillation von Eisenvitriol bei hoher Temperatur. Zwar war bekannt, dass schweflige Säure, wie man sie durch Verbrennen von Schwefel erhält, sich langsam in wässeriger Lösung in Schwefelsäure verwandelt, doch geht dies so langsam vor sich, dass eine technische

Darstellungsweise nicht darauf begründet werden konnte. Die Geschichte hat uns den Namen des Mannes nicht aufbewahrt, welcher auf den Gedanken kam, durch Zusatz von Salpeter zum verbrennenden Schwefel den fehlenden Sauerstoff nachzuliefern; auch würde man ihn von vornherein nicht für besonders weise angesehen haben, da die Schwefelsäure durch diesen teuren Sauerstoff auch ihrerseits viel zu teuer gemacht werden würde. Immerhin, der Versuch wurde ausgeführt, und das Ergebnis war, dass man sehr viel mehr und schneller Schwefelsäure erhielt. Es stellt sich weiter heraus, dass man mit viel weniger Salpeter ausreichte, als dem fehlenden Sauerstoff entsprach, denn schon mit wenigen Prozenten davon trat die Wirkung ein. So entwickelte sich bald eine Schwefelsäureindustrie aufgrund einer unverstandenen Reaktion, und Clément (gest. 1841) und C. B. Desormes (1777 bis 1882) unternahmen 1806, dies Rätsel aufzuklären, was sie in einer meisterhaften Arbeit auch ausführten.

Das Ergebnis ihrer Untersuchung war, dass die Salpetersäure, oder vielmehr ein niederes Oxid des Stickstoffs den Sauerstoff auf die schweflige Säure überträgt, indem es sich abwechselnd auf Kosten des Luftsauerstoffs höher oxidiert und wieder von der schwefligen Säure auf die niedere Stufe reduziert wird. Der Apparat, in welchem sie dies durch Einleiten von Schwefeldioxid, Wasserdampf und Stickstoffoxid in einem großen Glasballon zur Anschauung brachten, ist noch bis auf den heutigen Tag für den Unterricht im Gebrauch, und ebenso ihre Theorie. Hier liegt also die Beschleunigung ganz wie in dem Falle der arsenigen Säure darin, dass einerseits die Oxidation des Stickoxids zu Stickstoffdioxid durch den Luftsauerstoff, anderseits die Oxidation der schwefligen Säure durch Stickstoffperoxid sehr viel schneller vor sich gehen als die unmittelbare Oxidation der schwefligen Säure durch den Luftsauerstoff. Demnach bildet sich aus schwefliger Säure und Sauerstoff in Gegenwart geringer Mengen von Stickoxiden die Schwefelsäure so schnell, weil die Letzteren den Sauerstoff an die schweflige Säure übertragen.

Diese Theorie wurde bald angenommen und hat sich bis heute erhalten, indem die inzwischen erhobenen Zweifel sich nicht auf die Theorie selbst bezogen, sondern auf die Natur der möglichen Zwischenprodukte, auf welche wir hier nicht einzugehen haben. Merkwürdigerweise unterließ Berzelius in seiner Erörterung der bereits bekannten katalytischen Vorgänge, diesen klassischen Fall zu erwähnen, und erst verhältnismäßig spät wurde man gewahr, welch ein vorzügliches Beispiel zum Verständnis solcher Vorgänge man hier besaß.

Es kann deshalb nicht wundernehmen, dass dies Hilfsmittel zunächst missbraucht wurde, indem man es auf alle anderen Fälle der Katalyse ohne experimentelle Kritik ausdehnte. Offenbar bedingt eine Zwischenreaktion nur dann eine Beschleunigung des Hauptvorganges, wenn alle ihre Teile schneller verlaufen als es der Hauptvorgang tut. Durch den Umstand aber, dass in einem Fall durch eine Zwischenreaktion ein katalytischer Vorgang zulänglich erklärt worden war, entstand die Vorstellung, als genüge in allen anderen Fällen der Nachweis, oder sogar nur die Annahme einer Zwischenreaktion, um eine Katalyse zu erklären. Und eine Zwischenreaktion erachtete man als nachgewiesen, wenn es gelang, das angenommene Zwischenprodukt irgendwie in dem Reaktionsgemisch aufzufinden. Ob dieser Stoff wirklich ein Zwischenstoff war, oder nur das Produkt einer zufälligen Nebenreaktion, blieb schon deshalb unerörtert, weil es kein Mittel gab, diese beiden Fälle zu unterscheiden.

Auch hier hat erst die Entwicklung der chemischen Kinetik die nötigen Hilfsmittel gebracht, und auf deren Grundlage ist in einigen für die Demonstration besonders geeigneten Fällen durch genaue Messungen aller in Betracht kommenden Geschwindigkeiten nachgewiesen worden, dass wirkliche katalytische Reaktionsbeschleunigungen durch Zwischenreaktionen zahlenmäßig erklärt werden können. Damit ist grundsätzlich die Zulässigkeit derartiger Erklärungen nachgewiesen worden; ob eine solche aber in einem gegebenen Fall wirklich die richtige ist, muss jedes Mal wieder durch entsprechende kinetische Untersuchungen bewiesen werden.

In einzelnen Fällen hat sich gezeigt, dass die bisher angenommenen Zwischenprodukte nicht die ihnen zugeschriebene Rolle spielen können, denn als man diese Stoffe dem Reaktionsgemisch anstelle des eigentlichen Katalysators zusetzte, blieb die erwartete Wirkung aus.

Was schließlich die Untersuchungen auch ergeben werden, und wie sich das Urteil gestalten mag: Wir sehen die Wege vor uns, die wir gehen müssen, um zum Ziel zu gelangen.

3. Die Biochemie des lebenden Organismus

Da die lebenden Organismen, sowohl pflanzlicher wie tierischer Natur, aus Zellen bestehen, so ist die Chemie der Zelle auch die Grundlage für die Chemie des gesamten lebenden Organismus. Die Stoffe, die in der lebenden Zelle vorkommen, sind teils solche, die als Baumaterial der Leibessubstanz einen dauernden Bestandteil des Zellorganismus bilden, teils solche, die als Nahrung oder als Energielieferanten von der Zelle aufgenommen und in veränderter Form wieder abgeschieden werden. Daneben sind noch diejenigen chemischen Reaktionen zu berücksichtigen, welche den Wachstumsvorgängen dienen, also einer Neubildung von Zellsubstanz entsprechen für die Zeit, in welcher die Zellsubstanz eine Vermehrung erfährt. Zu den Stoffen, die man als das Baumaterial der Zelle ansprechen kann, gehören zunächst die Eiweißstoffe, welche einen großen Teil der festen Zellsubstanz ausmachen. Oft enthält die Zelle auch Stoffe holzartiger Natur, Zellulosestoffe und als nie fehlenden Bestandteil das Wasser, in dem anorganische und organische Stoffe gelöst sind. Je nach der Gattung, zu der die Zellen als selbstständiger Organismus zusammengetreten sind, ist der chemische Aufbau von diesem Grundschema abweichend. So enthalten viele Pflanzen Zellen, die ungemein stärkehaltig sind, und solche, die den grünen Blattfarbstoff, das Chlorophyll zu bilden vermögen. In den Tierarten weichen die Zellarten der einzelnen Organe erheblich voneinander ab. Die Zellen des Blutes, die roten Blutkörperchen, enthalten den Blutfarbstoff. Das Hämoglobin, der für die Tiere eine ebenso bedeutsame Funktion besitzt, wie sie das Chlorophyll für die Pflanzen ausübt. Wie der dauernde Bestand der Zelle mit der Natur des Organismus wechselt, so schwankt auch der vorübergehende durch den Stoffwechsel bedingte Bestand an Stoffen von Art zu Art, sodass es unmöglich ist, sämtliche Substanzen, die dauernd oder vorübergehend einer Zelle angehören, chemisch zu betrachten. Nur die Wichtigsten sollen kurz besprochen werden.

Außer dem Wasser, das den Hauptbestandteil der anorganischen Verbindungen des lebenden Organismus ausmacht, kommen noch zahlreiche Mineralstoffe dauernd in ihm vor, die zum Teil das

Material des Organismus mitbilden zum Teil als Produkte des Stoffwechsels ununterbrochen in ihm vorhanden sind. Die wasserärmsten Organe des lebenden Organismus sind der Zahnschmelz, das Fettgewebe und die Knochen. Von freien Säuren kommen nur die im Magen vorhandene Salzsäure und die in der Exspirationsluft enthaltene Kohlensäure in Betracht. Freie Basen findet man im Organismus nicht. Den wesentlichsten Bestandteil der weiteren Mineralstoffe bilden die Salze. Das wichtigste, in allen Körperflüssigkeiten vorkommende Salz ist das Chlornatrium oder Kochsalz. Ein erwachsener Mensch nimmt täglich etwa 15—17 g Kochsalz ein und scheidet eine gleiche Menge wieder aus. Trotzdem ist das Kochsalz für die Lebensprozesse unumgänglich notwendig, wahrscheinlich, weil es durch die Regulierung des osmotischen Druckes den Flüssigkeitstransport durch die Zellmembran und Gewebsmembran reguliert und sich an der Salzsäurebildung im Magensaft beteiligt. Chlorkalium findet sich in allen Zellen und in den roten Blutkörperchen, während im Blutserum und in der Lymphe Soda, im Pankreassaft, Galle und Blut doppeltkohlensaures Natrium vorhanden ist. Etwa 10% der anorganischen Bestandteile des Knochens besteht aus Kalziumkarbonat, das auch in den Zähnen und als saures kohlensaures Kalzium in Blut und Lymphe enthalten ist« Den Hauptbestandteil der Knochenasche bildet das Kalziumphosphat mit etwa 85%, Magnesiumphosphat ist in geringerer Menge in ihr enthalten. In den Muskeln ist das vorwiegende Salz das sekundäre Kaliumphosphat. Außerdem finden sich in Knochen und Zähnen noch geringe Mengen Fluorkalzium. Ferner enthält der tierische Organismus Spuren von Jod und Arsen. Andere anorganische Substanzen, wie Eisen, Schwefel und Phosphor, befinden sich innerhalb des Organismus in Verbindung mit organischer Substanz oder als Bestandteile organischer Substanz; sie gehören deshalb zu den organischen Verbindungen des Organismus.

Bei der Untersuchung der Pflanzenasche ergibt sich, dass außer Schwefel und Phosphor, — Elementen, die aus den organischen Stoffen der Pflanzenzelle stammen — noch die Metalle Kalium, Magnesium und Eisen und meist auch Kalzium für die Entwicklung der Pflanzen notwendig sind. Die Metalle sind teils als Salze, teils in organischer Bindung in den lebenden pflanzen vorhanden. Häufig findet man auch in der Asche andere Stoffe, Natrium, Kieselsäure und Chlor. Die quantitative Verteilung der Stoffe ist in den verschiedenen Pflanzen eine ungemein wechselnde.

Die für den lebenden Organismus wichtigsten organischen Substanzen sind für Pflanzen und Tiere die gleichen, und zwar die Kohlenhydrate, die Fette und die Eiweißkörper. Da dieselben auf ihrem Wege durch den Organismus die mannigfachsten Veränderungen erleiden, so sind auch die durch die Zersetzung, den Abbau und erneuten Aufbau entstehenden Verbindungen von wesentlichem Interesse.

Die Reaktionen, die sich im lebenden Organismus abspielen, unterscheiden sich ihrer Art nach wesentlich von den künstlich ausführbaren. Sie sind einerseits meist viel komplizierter, andrerseits spielen sie sich bei verhältnismäßig niedriger Temperatur, nämlich der des lebenden Organismus, mit einer Geschwindigkeit und in einer Weise ab, die wir, wenn überhaupt, meist nur durch äußerst heftige chemische Einflüsse herbeiführen können. Ferner aber unterliegen sie einer regulierenden Kraft, die in dem lebenden Organismus selbst ihren Sitz hat und normalerweise die Reaktion so lenkt und leitet, dass der höchsten Aufgabe des lebenden Organismus, seiner Lebenserhaltung, durch sie gedient ist. Sie unterliegen also scheinbar einem zweckmäßigen Willen. Diese Erscheinung gab zuerst die Veranlassung, alle in einem lebenden Organismus sich abspielenden Reaktionen abseits der gewöhnlichen physikalischen und chemischen Vorgänge zu stellen, ihre Abhängigkeit von den physikalischen Gesetzen zu bestreiten und eine in dem Organismus sitzende Lebenskraft für seine Reaktionen verantwortlich zu machen.

Eine solche Auffassung würde eine naturwissenschaftliche Erkenntnis aller dieser Vorgänge unmöglich machen; denn indem sie außerhalb der chemischen Gesetze gestellt werden, erkennt man an, dass die naturwissenschaftliche Betrachtung eben nicht imstande ist, die erforderliche Aufklärung zu geben. Obgleich wir noch weit von der Letzteren entfernt sind, so zeigt doch eine geeignete Problemstellung, dass man nach und nach die Prozesse des lebenden Organismus unter die naturwissenschaftlichen Gesetze bringen kann.

Diese Problemstellung lautet folgendermaßen:

Welche Hilfsmittel besitzt der Organismus, um Reaktionen zum Ablauf zu bringen und ihren Ablauf zu regulieren? *Von welchen physikalischen und chemischen Faktoren ist die Tätigkeit dieser Hilfsmittel abhängig?*

Um der angeregten Frage näherzukommen, wollen wir einige in dem lebenden Organismus sich abspielende Vorgänge etwas genauer betrachten, und zwar zunächst den Vorgang der Verdauung im Magen. Die Fähigkeit der Selbstregulierung eines lebenden Organismus zeigt sich darin, dass die chemischen Prozesse, die sich in ihm abspielen, sich in der Geschwindigkeit ihres Ablaufs und in ihrem Umfang den Lebensbedingungen des Organismus gerade anpassen. Wir wissen, dass ein Teil der Kohlenhydrate zur Erhaltung der Körpertemperatur, zur Ausführung der willkürlichen und unwillkürlichen Bewegung im Organismus verbrannt wird. Wir sehen, dass ein anderer Teil der Kohlenhydrate trotz der Gegenwart der gleichen Oxidationsmittel nicht verbrannt, sondern aufgespeichert und nur als Reservematerial abgelagert wird. Eiweißstoffe werden im Magen und im Darm verdaut und resorbiert. Gleichzeitig aber bleibt das Eiweiß der lebenden Zelle selbst gegen die verdauenden und oxidierenden Einflüsse geschützt.

Der Sauerstoff zirkuliert im Blut, begabt mit starken Oxidationseigenschaften. Und doch finden wir die leicht oxidablen Gewebe, die vom sauerstoffhaltigen Blute umspült werden unempfindlich gegen diesen Sauerstoff. Um in diese verwickelten Verhältnisse einen Einblick zu gewinnen, gibt es nur den wissenschaftlichen Weg, zunächst nach einfacheren Fällen zu suchen, welche die gleiche Eigenschaft der Regulierung chemischer Prozesse bieten. Wir können die Frage, die uns hier beschäftigt, dahin präzisieren, dass die Geschwindigkeit, mit der eine Reaktion abläuft, innerhalb weiter Grenzen regulierbar ist. Eine unendlich kleine Reaktionsgeschwindigkeit ist praktisch gleichbedeutend mit einem Stillstand des chemischen Geschehens. Von diesem Nullpunkt aus sind alle Abstufungen in der Geschwindigkeit bis zum explosionsartigen Verlauf denkbar. Können wir bei einfachen Reaktionen diese Reaktionsgeschwindigkeit beeinflussen, und wenn ja, mit welchen Mitteln geschieht es?

Man weiß schon lange, dass bestimmte Reaktionen nur in Gegenwart eines sich anscheinend an der Reaktion nicht beteiligenden Stoffes eintreten; und zwar genügt merkwürdigerweise oft eine Spur dieses die Reaktion bedingenden Stoffes, um große Umsetzungen bei den reagierenden Bestandteilen zu erzielen. So bleibt das metallische Eisen an vollkommen trockener Luft trotz der Gegenwart des Sauerstoffs unoxidiert, solange man es auch dem Einfluss des Sauerstoffs aussetzen mag. Die geringste Spur Wasser aber genügt, um das Rosten des Eisens herbeizuführen, und zwar hält dieser Oxidationsprozess so lange an, als Eisen und Sauerstoff vorhanden sind, während die geringe Spur Wasser, die erst die Reaktion ermöglicht, der Menge und Zusammensetzung nach unverändert bleibt und sich anscheinend an der Reaktion überhaupt nicht beteiligt. Ein anderes Beispiel ist das folgende: Wenn Schwefel an der Luft verbrennt, so bildet sich die schweflige Säure SO_2, die niedrigste Oxidationsstufe des Schwefels. Durch weiteren Sauerstoff gelangt man zu der Verbindung SO_3, die mit Wasser die Schwefelsäure liefert und deshalb als Schwefelsäureanhydrid bezeichnet wird. Es gelingt nun nicht, dieses Schwefelsäureanhydrid aus der schwefligen Säure und Sauerstoff zu erzeugen, selbst wenn man die beiden Gase — SO_2 ist gleichfalls ein Gas — bei höherer Temperatur lange Zeit zusammenhält.

Setzt man aber dem Gasgemisch eine Spur metallischen Platins zu, so vollzieht sich die Umsetzung zu Schwefelsäureanhydrid bei $300-400^\circ$ mit großer Geschwindigkeit, sodass auf diese Tatsache eine ganze Industrie der Schwefelsäurefabrikation aufgebaut werden konnte.

Bereits in der ersten Hälfte des vorletzten Jahrhunderts hat der berühmte schwedische Forscher Berzelius (1749-1848) solche Erscheinungen beobachtet und sie als Kontakt-(Berührungs-)Erscheinungen beschrieben, in der Annahme, dass das Wesentliche für die Auslösung der Reaktion in der Berührung der reagierenden Stoffe mit dem Stoff besteht, welcher an der Reaktion selbst nicht teilnimmt. Ohne auf die Ursache dieser Wirkungen hier einzugehen, kann man allgemein sagen, dass durch das Vorhandensein der Kontakt-Substanzen die Reaktion ausgelöst wird. Und man nennt deshalb diese Substanzen wie schon im letzten Kapitel besprochen, Katalysatoren, d. h. Auslöser. Die Reaktion selbst, die sich unter dem Einfluss der Katalysatoren abspielt, bezeichnet man als katalytische Reaktion. Man kann also das Wesen der Katalysatoren aus den beobachteten Erscheinungen wie bereits erwähnt folgenderweise definieren: Katalysatoren sind Stoffe, die, ohne anscheinend an der Reaktion teilzunehmen, die Geschwindigkeit ganz maßgebend beeinflussen.

Im weiteren Verlauf der wissenschaftlichen Untersuchung dieser Fragen lernte man Katalysatoren kennen, welche Reaktionen auch zu hemmen und zu verlangsamen vermögen. Es genügen daher auch die einfachen Hilfsmittel des Laboratoriums, nur im gewissen Sinne Reaktionen zu regulieren. Es ist, um tiefer in das Problem der Katalyse einzudringen, erforderlich, die Gesetze und Möglichkeiten kennenzulernen, die uns für die Erzielung bestimmter Beschleunigungen oder Hemmungen zugänglich sind, und es ist ersichtlich, dass wir im Besitz solcher Kenntnisse mit der Aussicht auf Erfolg auch das kompliziertere Problem in Angriff nehmen können, das die Reaktionstätigkeit des lebenden Organismus stellt. Wir werden sehen, dass auch er sich des Hilfsmittels der Katalysatoren ausgiebig bedient, um je nach seinen Bedürfnissen Reaktionen zum Ablauf zu bringen ihre Geschwindigkeit zu begrenzen oder scheinbar ganz zu unterdrücken.

Eine der charakteristischen Eigenschaften der Katalysatoren ist ihre Fähigkeit, in äußerst geringer Menge sehr beträchtliche Umsetzungen herbeizuführen, ohne durch die Reaktion verbraucht zu werden. Dieselbe Eigenschaft findet man bei einer großen Anzahl von Stoffen, die entweder selbst lebendig sind oder aus einem lebenden Organismus stammen. Eins der ältesten und bekanntesten Beispiele hierfür bietet die alkoholische Gärung des Zuckers, in welcher durch die Gegenwart einer geringen Menge eines niederen Pilzes, des Hefepilzes, die Zersetzung großer Zuckermengen zu Alkohol und Kohlensäure herbeigeführt wird. Die Hefe bleibt dabei dauernd wirkungsfähig und kann, wenn sie dem allmählich vergiftenden Einfluss des immer reichlicher entstehenden Alkohols entzogen wird, stets neue Mengen Zucker in Gärung versetzen.

Hier finden wir also an einem lebenden Organismus die Eigenschaften wieder, die bei dem Rostprozess des Eisens das Wasser, bei der Entstehung des Schwefelsäureanhydrids das Platin ausüben. Man ist daher, wenigstens formal, berechtigt, die Hefewirkung als eine katalytische anzusprechen.

Im Magensaft findet eine Spaltung der unlöslichen Eiweißstoffe statt, durch welche lösliche Produkte, die von den Gewebesäften des Organismus aufgenommen werden können, entstehen. Diese Umwandlung tritt aber nur in Gegenwart eines von der Magenschleimhaut erzeugten Stoffes, des Pepsins, auf, das auch außerhalb des Magens die Fähigkeit der Verdauung der Eiweißkörper beibehält. Weil man die Hefe als ein Ferment, d. h. Gärungserreger bezeichnete, so hatte man Substanzen, die wie das Pepsin in gewissem Sinne eine ähnliche Funktion ausüben, gleichfalls Fermente genannt und den Unterschied, dass es sich bei der Hefe um einen lebenden Pilz, bei dem Pepsin um eine leblose Substanz handelt, dadurch hervorgehoben, dass man Ersteres ein geformtes, Letzteres ein ungeformtes Ferment genannt hat.

Heute wissen wir, dass auch in den geformten Fermenten leblose Substanzen, wie das Pepsin, die wirksamen Agenzien sind, und man bezeichnet deshalb alle derartigen Substanzen, auch wenn sie an geformte Fermente gebunden sind und noch nicht von ihnen getrennt werden können, wie es bei manchen Bakterien der Fall ist, als Enzyme, d. h. im lebenden Organismus erzeugte Substanzen.

Außer dem Pepsin im Magensaft sind aus fast allen Organen und Organsäften Enzyme isoliert worden, die ganz bestimmte chemische Reaktionen katalytisch beeinflussen. So befindet sich im Speichel eine Substanz, Diastase, genannt, welche die Verzuckerung der Stärkearten besorgt, im Blut die Hämase und Oxidase, die beide die Verbrennungsvorgänge im Organismus regulieren, im Darm das Trypsin und Erepsin, das einen Teil der Eiweißverdauung besorgt, in den verschiedensten Organen fettspaltende Enzyme, Lipasen genannt, ferner in Leber, Galle, Pankreas eine große Anzahl dieser wirksamen Enzyme.

Eine Eigenschaft dieser Enzyme muss ganz besonders hervorgehoben werden, um den Reichtum an Mitteln, den die Natur dem Organismus zur Verfügung stellt, zu verstehen. Jedes Enzym ist nur einer ganz bestimmten Reaktion angepasst und ohne Einfluss auf irgendeine andere Reaktion, sodass jeder chemische Vorgang im Organismus einen eigenen Regulator besitzt, der genau auf die zu regulierende Umwandlung abgestimmt erscheint.

Wenn man einen kleinen elektrischen Lichtbogen zwischen zwei Metallspitzen in einer Weise, wie sie bei der Bogenlampe ausgeübt wird, überspringen lässt, so verdampft das Metall bei der hohen Temperatur, die etwa 3000 Grad betragen mag. Man kann diesen

Lichtbogen auch in reinem Wasser erzeugen, wenn man die Enden der mit einer starken elektrischen Stromquelle verbundenen Metallstäbe unter Wasser nahezu in Berührung bringt. Dann verdampft das Metall, wie in der Luft, kühlt sich aber sofort in dem umgebenden Wasser wieder ab und bleibt als äußerst fein verteilter Metallnebel im Wasser schwebend.

Es entsteht so eine Art Lösung des Metalls in Wasser, die sich aber von einer gewöhnlichen Lösung, wie einer Salz- oder Zuckerlösung, durch viele Eigenschaften scharf unterscheidet. Wenn auch die einzelnen Metallnebelteilchen selbst bei starker Vergrößerung dem Auge unsichtbar bleiben, so muss man doch annehmen, dass es sich um sehr fein verteilte Suspensionen d. h. Schwebungen handelt. Das lässt sich dadurch erweisen, dass solche Metalllösungen nicht durch Pergament hindurchfiltrieren, sondern dass nur das Wasser die Poren des Pergaments durchdringt, das Metall aber zurückgehalten wird, während Salz- und Zuckerlösungen ungehindert durchzutreten vermögen. Man kennt eine große Anzahl von Substanzen, welche, in Wasser gebracht, in diesem Sinne nicht zu den wahren Lösungen gezählt werden können, sondern als ungemein feine Suspensionen oder Schwebungen betrachtet werden müssen. Alle Eiweißstoffe gehören zu ihnen und alle Enzyme. Man bezeichnet solche Lösungen, denen die Fähigkeit einer Diffusion durch tierische oder pflanzliche Membrane abgeht, als kolloidale Lösungen. Durch das elektrische Verfahren ist man imstande, kolloidale Metalllösungen herzustellen.

Man hat je nach der Wahl der Metallstäbe, zwischen denen der Lichtbogen erzeugt wird, mit Leichtigkeit kolloidale Platin-, Gold-, Silber- usw. Lösungen herstellen können. Zwischen den Enzymlösungen und den kolloidalen Metalllösungen zeigen sich ganz überraschende Übereinstimmungen, die nicht zum wenigsten auf den bei beiden vorhandenen kolloidalen Zustand zurückgeführt werden müssen. Jedenfalls spielt die äußerst feine Verteilung der im Wasser vorhandenen Schwebeteilchen, die eine sehr große Oberfläche der kolloidal gelösten Substanzen schaffen, bei allen diesen Prozessen eine maßgebende Rolle. Den Wert, den die kolloidalen Metalllösungen für die Erkenntnis der Enzymwirkungen besitzen, besteht in der Möglichkeit eines Vergleichs der die beiden Erscheinungskreise beherrschenden Gesetze.

Die meisten Enzyme können eine bestimmte Reaktion katalytisch beeinflussen, und die gleiche Reaktion wird von den kolloidalen Metalllösungen hervorgerufen. Es handelt sich um die Zersetzung des Wasserstoffperoxid in Wasser und Sauerstoff $H_2O_2 = H_2O + O$. Das unter entsprechenden Vorsichtsmaßregeln recht beständige Wasserstoffperoxid wird durch Zusatz einer geringen Menge eines Enzyms oder eines kolloidalen Metalls katalytisch sehr schnell zerfetzt, und für beide Vorgänge bildet die Menge des in bestimmten Zeiten abgespaltenen Sauerstoffs ein Maß für die Reaktionsgeschwindigkeit, sodass ein unmittelbarer Vergleich der Wirkungen gegeben ist. Dabei zeigt sich, dass die Enzyme im wesentlichen denselben Gesetzen der Reaktionsgeschwindigkeit unterliegen wie die kolloidalen Metalle, und dass speziell die Art ihrer Einwirkung auf das Wasserstoffperoxid übereinstimmt. Die Ähnlichkeiten sind aber noch weitergehend, was wohl mit der Empfindlichkeit des kolloidalen Zustandes im Allgemeinen zusammenhängt. Enzyme und kolloidale Metalllösungen zeigen Temperaturoptima ihrer Wirkungen. Beide verlieren ihre Wirksamkeit bei Temperaturen, die in der Nähe des Siedepunktes des Wassers liegen, beide können durch dieselben Stoffe vorübergehend betäubt oder ganz vergiftet werden, d. h. ihre Wirksamkeit gegenüber H_2O_2 für einige Zeit oder dauernd verlieren, und zwar sind diese Stoffe die gleichen, die wie Anilin, Blausäure, Sublimat auch als Blutgifte für den lebenden Organismus von Wichtigkeit sind. Die Enzyme sind wahrscheinlich in oder an den Zellen lokalisiert. Über ihre chemische Natur weiß man noch nichts, weil ihre Reindarstellung noch nicht gelungen ist.

Da der lebende Organismus häufig darauf angewiesen ist, einzelne der für seinen Bestand notwendigen Teile gegen chemische Angriffe zu schützen, so besitzt er auch eine große Anzahl hemmender Katalysatoren, der Antienzyme. So wird die Eiweiß enthaltende Wandung des Magens vor der verdauenden Wirkung des Pepsins durch ein Antipepsin bewahrt. Ebenso enthalten die sauerstoffempfindlichen Zellen, die der Oxidation bei der Berührung mit sauerstoffhaltigem Blut entzogen werden müssen, Enzyme mit der Eigenschaft, den Sauerstoff inaktiv, also ohne oxidierende Kraft, abzuspalten.

4. Wie Transmutationen die Endlagerfrage lösen können

Abb. 4.1: Transmutation - Das Neutronenexperiment nELBE am HZDR - Foto Jürgen Lösel

Unter Transmutation versteht man die Umwandlung chemischer Elemente in andere chemische Elemente durch Kernreaktionen. Transmutationen finden beispielsweise in Sternen statt, denn nur so können Elemente im Universum entstehen, die schwerer sind als Eisen. Neutronen, also die elektrisch ungeladenen Teilchen, die zusammen mit positiv geladenen Protonen die Bestandteile der Atomkerne bilden, spielen dafür eine zentrale Rolle.

Neutronen können Atomkerne spalten und setzen dabei Energie frei, die im Kernkraftwerk in elektrische Energie umgewandelt wird. Dabei werden wieder Neutronen frei. Zudem entstehen Spaltprodukte, von denen die meisten relativ schnell zerfallen – man spricht von einer kurzen Halbwertszeit – und dabei Strahlung abgeben. Neutronen können aber auch von Atomkernen eingefangen werden, die sich dadurch in andere Atomkerne umwandeln. So können Plutonium und andere radioaktive Schwermetalle entstehen, die nur langsam zerfallen, also eine lange Halbwertszeit haben, und zudem hochgiftig sind.

Doch auch diese radioaktiven Schwermetalle sind weiter spaltbar und könnten in den Transmutationsanlagen der Zukunft auch zur Energiegewinnung eingesetzt werden. Allerdings werden dafür schnelle Neutronen gebraucht. Für die Kernspaltung in heutigen Reaktoren sind dagegen langsame, weniger energiereiche Neutronen verantwortlich.

Um Transmutationsanlagen konzipieren und bauen zu können, müssen die Eigenschaften schneller Neutronen genauestens bekannt sein. Damit befasst sich Wissenschaftler aus dem Helmholtz-Zentrum Dresden-Rossendorf (HZDR) wie Dr. Arnd Junghans. Mit der Neutronenquelle nELBE verfügen er und seine Kollegen über eine Anlage für schnelle Neutronen mit einer hohen Bewegungsenergie. Die Neutronen entstehen, indem Elektronen aus dem Elektronenbeschleuniger ELBE auf ein Target, also eine Zieloberfläche, aus flüssigem Blei gelenkt werden. Stößt ein Elektron mit einem Bleiatom zusammen, so wird es abgebremst und gibt einen Teil seiner Energie in Form eines Photons ab. Dieses Lichtteilchen ist so energiereich, dass es ein Neutron aus einem Atomkern herausschlagen kann. „Dabei werden 200.000 ultrakurze Neutronenpulse pro Sekunde abgegeben, eine weltweit einzigartige Leistung", so Arnd Junghans. Die bisherigen Experimente dienten dazu, die Reaktion der schnellen Neutronen mit Eisenatomen zu untersuchen. Eisenlegierungen spielen in zukünftigen Transmutationsanlagen als Baustoff eine Rolle. Werden die Neutronen beispielsweise durch die Eisenkerne zu sehr abgebremst, fehlt ihnen die Energie für die eigentliche Aufgabe: die Umwandlung von radioaktiven Schwermetallen.[18]

Bald sollen die schnellen Neutronen im HZDR auch auf Plutonium-Kerne gelenkt werden, um die genauen Umwandlungsraten bestimmen zu können. „Über die Messung der Flugzeit und der Geschwindigkeit der Neutronen können wir deren Energie berechnen", so Arnd Junghans weiter. Die Informationen werden gebraucht, um neue Typen von Kernreaktoren für die Transmutation zu entwickeln.

---

18 Quelle: https://idw-online.de/de/news406149

Das derzeit intensiv erforschte Prinzip der Transmutation ist eine vielversprechende Möglichkeit, um den weltweit anfallenden radioaktiven Abfall aus Kernkraftwerken zu verringern.

Wissenschaftler sehen schon seit Längerem in der Transmutation einen vielversprechenden Weg gerade für die langlebigen radioaktiven Abfallstoffe. Es handelt sich hierbei um radioaktive Schwermetalle wie Plutonium, Americium und Curium, die in der Fachsprache „minore Aktiniden" genannt werden.

Bei der Spaltung von Atomkernen in den Kernreaktoren der heute betriebenen Kernkraftwerke fallen radioaktive Reststoffe an, die teilweise sehr giftig sind und nur langsam zerfallen. Manche Stoffe benötigen einige Hunderttausend Jahre, bis sie ihre Energie in Form von radioaktiver Strahlung abgegeben haben. Zugleich ist in Deutschland, wie in vielen anderen Staaten auch, die Endlagerfrage noch nicht gelöst.

Gelänge es, diese mit Hilfe von schnellen Neutronen in weniger langlebige bzw. teilweise sogar stabile Stoffe umzuwandeln, dann bräuchte man zwar immer noch Endlager, doch könnten diese kleiner und in ihren zeitlichen Dimensionen überschaubarer ausfallen.

5. Literatur zum naturwissenschaftlichen Weltbild

Auerbach, Felix: *Raum und Zeit, Materie und Energie;* Dürr'sche Buchhandlung, Leipzig (1921)

Bekenstein, J.D.: *Phys. Rev. D7* (1973) 2333 und *Phys. Rev. D23* (1981) 278

Bennet, Charles H.: *Maxwells Dämon;* in: Spektrum der Wissenschaft, Heft 1/1988, S. 48-55

Blome, Hans-Joachim u. Zaun, Harald: *Der Urknall – Anfang und Zukunft des Universums;* München (2. aktualisierte Auflage 2007)

Born, Max: *Die Relativitätstheorie Einsteins;* Springer, Berlin-Heidelberg-New York (1969)

Bouwmeester D, Pan JW, Mattle K, Eibl M, Weinfurter H, Zeilinger A (1997) Experimental Quantum Teleportation, Nature 390: 575-579

Churchland, Paul M.: *Die Seelenmaschine. Eine philosophische Reise ins Gehirn;* Spektrum, Heidelberg (2001)

Cypionka, Heribert: *Grundlagen der Mikrobiologie;* Springer (2006)

Davis, Paul: *Der Plan Gottes. Die Rätsel unserer Existenz und die Wissenschaft;* Insel Verlag (1996)

Dawkins R (2003): A Devil's Chaplain: Reflections on Hope, Lies, Science, and Love. Houghton Mifflin 2003, ISBN 0-618-33540-4

Dawkins, Marian Stamp: *Die Entdeckung des tierischen Bewusstseins;* Spektrum, Heidelberg (1994)

Dennet, Daniel C.: *Spielarten des Geistes;* Bertelsmann, München (1999)

DIN 19226 Teil 1, Deutsche Elektrotechnische Kommission im DIN und VDE (DKE) Februar 1994

Driesch, Hans: *Metaphysik;* Hirt, Breslau (1924)

Dubislav, Walter: *Naturphilosophie;* Junker und Dünnhaupt, Berlin (1933)

Dürr, Hans-Peter, Hrsg.: *Physik und Transzendenz,;* Scherz (1989)

Ebeling W, Feistel R (1982) Physik der Selbstorganisation und Evolution. Akademie Verlag Berlin, S. 83 ff

Einstein, Albert: *Über die spezielle und die allgemeine Relativitätstheorie;* Vieweg+Sohn, Braunschweig (1973)

Einstein, Albert: *Zur Elektrodynamik bewegter Körper;* In: Annalen der Physik. 322, Nr. 10, 1905, S. 891-921

Feynman, Richard: *Vorlesungen über Physik;* Band II, Oldenburg (2007), Kap. 15-4.

Froböse, Rolf: *Die geheime Physik des Zufalls;* Norderstedt (2008)

Görnitz, B & Th.: *Der kreative Kosmos – Geist und Materie aus Quanteninformation;* Spektrum, Heidelberg (2007)

Görnitz, Th. Graudenz, D., Weizsäcker, C.F.v.: *Quantum Field Theory of Binary Alternatives;* Intern. J. Theoret. Phys. 31 (1992) 1929-1959

Goswami, Amit: *Die schöpferische Evolution. Zwischen Gottesglaube und Darwinismus;* Lüchow, Stuttgart (2009), S. 31 f.

Gould, James L. & Gould, Carol Grant: *Bewusstsein bei Tieren;* Spektrum, Heidelberg (1997)

Griffin, D. R.: *Wie Tiere denken;* dtv, München (1990)

Haeckel, Ernst u. Sedlacek, Klaus-Dieter (Hrsg.): *Die Welträtsel – Gemeinverständliche Studien über monistische Philosophie;* Norderstedt (2009)

Hawking, S. W.: *Particle creation by black holes;* Comm. Math. Phys. 43 (1975) 199-220

Heisenberg, Werner: *Quantentheorie und Philosophie;* Reclam, Stuttgart (2008), S. 43

Herbert, Nick: *Quantenrealität. Jenseits der neuen Physik;* Birkhäuser, Basel (1987)

Hey, Tony u. Walters, Patrick: *Das Quantenuniversum;* Spektrum (1998)

Hofstadter, Douglas R. & Dennet, Daniel C.: *Einsicht ins Ich. Fantasien und Reflexionen über Selbst und Seele;* Klett-Cotta, Stuttgart (1986)

Kanitscheider, Bernulf: *Kosmologie;* Reclam (1991)

Kranz, Joachim u. Kuballa, Manfred: *Chemie im Alltag.* Cornelsen Scriptor, Berlin 2003

Küng, Hans: *Der Anfang aller Dinge: Naturwissenschaft und Religion;* Piper (2005)

Law, Stephen: *Philosophie;* Dorling Kindersley, München (2008)

Lazlo, Ervin: *Holos die Welt der neuen Wissenschaften;* Via Nova (2002)

Monod J (1970) Zufall und Notwendigkeit. R. Piper Verlag München 1971, ISBN 3-492 01913-7

Mortimer, Charles E.: Chemie – *Das Basiswissen der Chemie.* Thieme, Stuttgart 2003

Neumann von J (1991) Die Rechenmaschine und das Gehirn. R. Oldenbourg Verlag München, ISBN 3-486-45226-6

Penrose R (1995) Schatten des Geistes. Wege zu einer neuen Physik des Bewusstseins. Spektrum, Heidelberg/Berlin/Oxford ISBN 3-86025-260-7

Penrose, R.: *The Emperor's New Mind.* Oxford University Press, Oxford (1989; Deutsch: *Computerdenken;* Spektrum, Heidelberg (1991)

Prigogine I (1980) Dialog mit der Natur. R Piper Verlag München 1990, ISBN 3-492-11181-5

Rae, Alastair I.M.: *Quantenphysik: Illusion oder Realität;* Reclam, Stuttgart (1996)

Schlichting HJ (2000) Von der Energieentwertung zur Entropie. Praxis der Naturwissenschaften/ Physik 49(2): 7-11

Schrenck-Notzing, Dr. A. Freiherrn von u. Sedlacek, Klaus-Dieter: *Die Natur Psycho-Physikalischer Phänomene. Erforschung telekinetischer Vorgänge;* Norderstedt (2009)

Schrödinger (1989) Was ist Leben? R. Piper GmbH & Co. KG München 1987, ISBN 3-492-11134-3

Sedlacek, Klaus-Dieter: *Äquivalenz von Information und Energie. Auf der Suche nach den Grundbausteinen der Welt;* Norderstedt (2009)

Sedlacek, Klaus-Dieter: *Der Widerhall des Urknalls;* Norderstedt (2012)

Sedlacek, Klaus-Dieter: *Leben nach dem Leben. Die Befreiung des Bewusstseins von den Fesseln der Zeit;* Norderstedt (2016)

Sedlacek, Klaus-Dieter: *Supervereinigung. Wie aus nichts alles entsteht. Ansatz einer großen einheitlichen Feldtheorie;* Norderstedt (2010)

Sedlacek, Klaus-Dieter: *Synthetisches Bewusstsein. Wie Bewusstsein funktioniert und Roboter damit ausgestattet werden können;* Norderstedt (2011)

Sedlacek, Klaus-Dieter: *Unsterbliches Bewusstsein. Raumzeit-Phänomene, Beweise und Visionen;* Norderstedt (2008)

Shannon CE, A Mathematical Theory of Information. In: Bell System Technical Journal. Short Hills N.J. 27.1948, (Juli, Oktober): S. 379–423, 623–656 ISSN 0005-8580

Sharov, Alexander S. u. Novikov, Igor D.: *Edwin Hubble. Der Mann, der den Urknall entdeckte;* Birkhäuser, Basel (1994)

Sperling, Jan: *Untersuchung von H/D-Isotopeneffekten bei der elektrolytischen Wasserspaltung im Hinblick auf eine mögliche Quantenkorrelation;* Dissertation, FU Berlin (1999)

Szilard, Leo: *Über die Entropieverminderung in einem thermodynamischen System bei Eingriffen intelligenter Wesen;* In: Zeitschrift für Physik 1929; 53: 840-856

Tipler, Paul A. Und Mosca, Gene: *Physik für Wissenschaftler und Ingenieure;* 6. Auflage, Spektrum (2009)

Verweyen, J.M.: *Naturphilosophie;* Teubner, Leipzig (1915)

Volkmann, Paul: *Erkenntnistheoretische Grundzüge der Naturwissenschaften;* Teubner, Leipzig (1910)

von Weizsäcker, Carl Friedrich: *Aufbau der Physik;* Hanser, München (1985)

von Weizsäcker, Carl Friedrich: *Die Einheit der Natur;* Hanser, München (1971), S. 269

Wilber, Ken: *Naturwissenschaft und Religion. Die Versöhnung von Wissen und Weisheit;* Fischer, Frankfurt (2010)

Wrobel N, Sedlacek KD (2014) *Leben aus Quantenstaub.* Books on Demand Norderstedt, ISBN 978-3-7357-2412-0

Wrobel N, Sedlacek KD (2014) *Quantenbewusstsein.* Books on Demand Norderstedt, ISBN 978-3-7386-0013-1

Wrobel N, Sedlacek KD (2015), *Was ist Krankheit? Quanteneffekte in der Medizin.* Books on Demand, Norderstedt, ISBN 978-3-7347-9263-2

Zeilinger, Anton: *Einsteins Spuk: Teleportation und weitere Mysterien der Quantenphysik;* Goldmann, München (2007)

6. Stichwortverzeichnis

BUCHTIPPS

Abrupte Klimaschwankungen seit 2000 Jahren

Lokale und kosmische Ursachen eines Klimawandels. Herausgeber: Sedlacek, Klaus-Dieter (Hrsg.). Innerhalb der letzten zwei Jahrtausende sind verschiedene abrupte Klimaschwankungen nachweisbar. Der fortwährende Wandel des Klimas verzeichnete allein fünf große Klimaepochen und zahlreiche ...

Allgemeine moderne Psychologie

Allgemeine moderne Psychologie Systematische Einführung in die Wissenschaft psychischer Prozesse Autor: Messer, August Man hat mit Recht drei Hauptwurzeln der Psychologie unterschieden: die praktische Menschenkenntnis, den religiösen Seelenglauben und die biologische Lebenserklärung. Psychologie als ...

Anleitung zum Roman-Schreiben

Wie man anfängt, einen Plot entwickelt und eine gute Geschichte erzählt. Autor: Wilde, Oliver J. Sie wollen einen Roman schreiben? Das ist toll! Aber begnügen Sie sich nicht damit, nur einen Roman ...

Äquivalenz von Information und Energie

Die Grundbausteine der Welt – Neuausgabe – Autor: Sedlacek, Klaus-Dieter. „Es stellt sich letztendlich heraus, dass Information ein wesentlicher Grundbaustein der Welt ist", versicherte der durch sein Quantenteleportationsexperiment bekannte Prof. Zeilinger in ...

Besseres Gedächtnis

Wie man es stärkt, trainiert und einsetzt. Autor: Atkinson, Wilhelm Walker. Viele Menschen scheinen zu glauben, dass Erinnerungen einfach kommen und nicht gefördert werden können. Aber der Trugschluss einer solchen Vorstellung wird ...

Der erdgeschichtliche Klimawandel

Den wahren Ursachen von Klimaschwankungen auf der Spur. Autor: Wilhelm Bölsche , Klaus-Dieter Sedlacek (Hrsg.). Der Klimazustand während der letzten Jahrhunderttausende ist im Wesentlichen auf den Einfluss von Sonneneinstrahlung zurückzuführen, die ...

Der verborgene Mechanismus des Weltgeschehens

Der verborgene Mechanismus des Weltgeschehens Neue Erkenntnisse über die Gestalten biotechnischer Systeme der Welt Autoren: Sedlacek, Klaus-Dieter; Francé, Raoul H. Seit Jahrtausenden ist die Menschheit bestrebt, die Welt, in der sie lebt, erkennen ...

Die geheimnisvolle Kultur der alten Kelten

Von Druiden, Fürstensitzen und der Lebensart unserer frühgeschichtlichen Vorfahren. Autor: Grupp, Georg Die Kelten zeichneten sich aus durch hohes handwerkliches Können, Handelsbeziehungen bis in den Süden Europas und tollkühnem Mut, der den ...

Die Kultur der Azteken

Mit einem Anhang Große Landesausstellung Baden-Württemberg „Azteken" im Lindenmuseum. Autor: Prescott, William. „Von dem ganzen ausgedehnten Reich, das einst die Herrschaft Spaniens in der Neuen Welt anerkannte, ist kein Teil an Wichtigkeit ...

Die Lebenskraft

Wie Enzyme, Bewusstsein und quantenbiologische Effekte das Leben regulieren Autoren: Sedlacek, Klaus-Dieter; Wrobel, Norbert Der Begründer der Quantenmechanik und Nobelpreisträger Erwin Schrödinger beschäftigte sich unter anderem mit der Frage: „Was ist Leben?" ...

Die letzten Ursachen

Das Buch der Naturerkenntnis. Hrsg.: Sedlacek, Klaus-Dieter. Die klassischen physikalischen Theorien, zum Beispiel die klassische Mechanik oder die Elektrodynamik, haben eine klare Interpretation. Den Symbolen der Theorie wie Ort, Geschwindigkeit, Kraft beziehungsweise ...

Die verborgene Ordnung des Weltsystems

Neue Erkenntnisse über die schöpferischen Kräfte der Natur. Autor: Francé, Raoul Heinrich. Wie zeigt sich die verborgene Ordnung des Weltsystems? Woher kommt die Erfindungskraft, die den Wohlstand bei uns sichert? Ist sie ...

Durchblick Chemie

Praktische Grundlagen und Einführung in die anorganische, organische und Biochemie Klaus-Dieter Sedlacek, Lassar Cohn, Walther Löb Wollen Sie in unserer modernen Welt mitreden? Dann brauchen Sie den Durchblick! Dazu gehören auch Grundkenntnisse ...

Einfach logisch denken!

Oder die Gesetze des Denkens. Autor: Atkinson, Wilhelm Walker In diesem Buch werden die Methoden und Prinzipien der korrekten Anwendung des Denkvermögens aufgezeigt, und zwar auf eine einfache und klare Weise, ohne ...

Einsteins Relativitätstheorie ganz ohne Mathematik

Spezielle und allgemeine Relativitätstheorie Paul Kirchberger , Klaus-Dieter Sedlacek (Hrsg.) Man wird nicht selten gefragt, ob man eine Schrift wisse, die in die Einsteinsche Theorie für Laien so einführen könne, dass ...

Epigenetik-Experimente

Neuvererbung oder Beweise für die Vererbung erworbener Eigenschaften? Autor: Kammerer, Paul Der Biologe Paul Kammerer wurde durch seine Aufsehen erregenden Experimente zur Epigenetik berühmt. In einer seiner Versuchsserien verwendete er zwei Arten ...

Es begann mit Feuerskraft

Das Werden des Menschen und seiner Kultur. Autor: Neumann, Carl Wilhelm . Seit Anbeginn seiner Tage war der Mensch keineswegs der stolze Beherrscher der Natur, als den er sich heute mit Recht ...

Exotische Reise durch Persien

Abenteuerlicher Bericht aus einer fremdartigen Welt des 19ten Jahrhunderts. Autor: Loti, Pierre. „Wer mit mir kommen und die Zeit der Rosenblüte in Ispahan sehen will, der mache sich gefasst auf die Gefahren ...

Freizeitvergnügen Sternenhimmel mit bloßem Auge

Wie man Sternbilder auffindet ohne Instrumente. Autor: Kirchberger, Paul. Der Anblick des gestirnten Himmels ist das Größte, das uns die Natur zu bieten vermag, und kein empfängliches Gemüt kann sich seinem Eindruck ...

Geld vernünftig ausgeben

Über die richtige Art von Sparsamkeit Autor: Marden, Orison Swett Im Inhalt behandelte Punkte: – Wirtschaft ist keine Schikane, sondern das planvolle Handeln zur Befriedigung von Bedürfnissen. – Kapital ist der kleine Unterschied zwischen ...

Gestalt-Psychologie

Einführung in die neue Psychologie vom Begründer der Gestaltpsychologie Kurt Koffka , Klaus-Dieter Sedlacek (Hrsg.) Kurt Koffka hat als forschender Psychologe für dieses Buch zur Einführung in die Psychologie einen besonderen ...

Homöopathie und Praxis

Naturheilkundliche alternative Medizin für den mündigen Patienten. Autor: Voorhoeve, Jacob. Der Zweck des Buches ist es, den Leser mit der homöopathischen Heilweise näher bekannt zu machen. Unter Wahrung des wissenschaftlichen Charakters gibt ...

Im dunkelsten Afrika

Die legendäre Emin-Pascha Expedition. Autor: Stanley, Henry M. Im Sudan, der ab 1821 unter die Herrschaft der osmanischen Vizekönige von Ägypten gekommen war, brach 1881 der Mahdiaufstand aus. Nach dem Abzug der ...

Jenseits der Erscheinungen

Erkennbarkeit und Realität der Quantennatur. Autor: Schlick, Moritz. Es ist kein Zweifel, dass echte Erkenntnis der transzendenten Welt sehr wohl möglich ist. Die Wendung, zu der die Physik der letzten Jahre bzw. Jahrzehnte ...

Kleines Wörterbuch der Natur-Philosophie

1200 Begriffe, die man kennen sollte, kurz und prägnant. Herausgeber: Sedlacek, Klaus-Dieter. „Ein neues Wörterbuch der Natur-Philosophie? Wozu soll das gut sein? Schließlich gibt es doch ein riesiges, umfangreiches Internetlexikon in aller ...

Klimaänderungen und Klimaschwankungen

Ursachen, historische Fakten und kosmische Einflüsse, sowie ein Anhang „Mittelalterliche Warmzeit" Eduard Brückner, Julius Hann , Klaus-Dieter Sedlacek (Hrsg.) Größere Klimaänderung und Klimaschwankungen können nicht ohne einen tiefgehenden Einfluss auf das ...

Kultur erleben mit dem Wohnmobil in Frankreich

Vierzig kulturelle Highlights, Park- und Übernachtungsplätze sowie Navigations-Koordinaten Klaus-Dieter Sedlacek (Hrsg.) Dieser Wohnmobilführer ist anders. Er hilft uns, Kulturerlebnisse zu einem Genuss werden zu lassen. Er enthält die Beschreibung von vierzig kulturellen ...

Leben aus Quantenstaub

Leben aus Quantenstaub Elementare Information und reiner Zufall im Nichts als Bausteine einer 4-dimensionalen Quanten-Welt Autoren: Wrobel, Norbert; Sedlacek, Klaus-Dieter Obwohl bereits vor mehr als hundert Jahren die Quantenphysik Gestalt annahm, setzte sich ...

Leben in der Warmzeit der Erde

Aus den Urtagen vor dem heutigen Klimawandel Wilhelm Bölsche , Klaus-Dieter Sedlacek (Hrsg.) Der Weltklimarat schlägt Alarm. Die Lage spitzt sich zu: Die Erde erwärmt sich immer mehr. In diesem Buch geht ...

Leben nach dem Leben

Die Befreiung des Bewusstseins von den Fesseln der Zeit Klaus-Dieter Sedlacek Für uns Menschen hat die Frage nach dem zeitlichen Ende unserer Existenz eine hohe Bedeutung. Die Antwort, die der Glaube sucht, ...

Leonardo da Vinci

Seine naturwissenschaftlichen Studien und genialen Erfindungen Hermann Grothe , Klaus-Dieter Sedlacek (Hrsg.) Leonardo da Vinci versuchte, ein Phänomen zu verstehen, indem er es genau beobachtete und bis ins kleinste Detail beschrieb ...

Liebesbeziehungen und deren Störungen

Lebensführung nach den Grundsätzen der Individualpsychologie. Autor: Alfred Adler , Klaus-Dieter Sedlacek (Hrsg.). Um einen Menschen ganz kennenzulernen, ist es notwendig, ihn auch in seinen Liebesbeziehungen zu verstehen ... Wir müssen ...

Massenpsychologie am Beispiel Jan Bockelsons

Geschichte eines Massenwahns mit einer Einführung von Sigmund Freud Friedrich Reck-Malleczewen , Klaus-Dieter Sedlacek (Hrsg.) Der Begriff Massenhysterie oder auch Massenwahn bezeichnet eine starke emotionale Erregung in großen Menschenmengen. Auch massenhaft ...

Meine erste Weltumseglung

Tagebuch einer epochalen Expedition James Cook , Klaus-Dieter Sedlacek (Hrsg.) James Cook unternahm seine erste Weltumseglung im Rahmen einer wissenschaftlichen Expedition, um den Durchgang des Planeten Venus vor der Sonnenscheibe – ...

Mit der Beagle um die Welt

Bericht meiner Forschungsreise zum Galapagos-Archipel Charles Darwin , Klaus-Dieter Sedlacek (Hrsg.) Auszug aus Darwins Reisebericht: Ich habe die Reise mit zu tief empfundenem Entzücken gemacht, als dass ich nicht jedem Naturforscher empfehlen ...

Naturphilosophie

Das Wesen von Naturgesetzen und die Erklärung des Lebens. Neubearbeitung. Autor: Schlick, Moritz. Die Naturphilosophie verhält sich zur Naturwissenschaft wie die Philosophie im Allgemeinen zur Wissenschaft überhaupt. So ist es die Aufgabe ...

Optische Täuschungen

... und Illusionen, sowie ihre Ursachen. Autor: Reuss, August von . Optische Täuschungen bzw. Illusionen können nahezu alle Aspekte des Sehens betreffen. Es gibt Illusionen aller Art, Lichtblitze, Farbreize, Tiefenillusionen, geometrische Illusionen, ...

Peking – Paris im Automobil

Die legendäre 16.000 km – Rallye 1907. Autor: Barzini, Luigi. „Gibt es jemanden, der diesen Sommer eine Fahrt per Automobil von Peking nach Paris unternehmen wird?", fragte die Pariser Zeitung Le Matin ...

Phänomen Naturgesetze

Phänomen Naturgesetze Das Geheimnis hinter den Erscheinungen der Welt Autor: Sedlacek, Klaus-Dieter Was uns an den beinahe mythischen Denkern der antiken Welt so fasziniert, ist die wundervolle, abgeschlossene Einheit ihres Weltbildes. Mit welcher ...

Psychologische Verkaufskunst

Denk- und Handlungsweisen, Vorgangsweise und Abschluss. Autor: Atkinson, Wilhelm Walker. In der Psychologie der Verkaufskunst gibt es zwei wichtige Elemente, nämlich (1) Die Psyche des Verkäufers; und (2) die Psyche des Käufers. Das zu verkaufende ...

Quantenbewusstsein

Quantenbewusstsein Natürliche Grundlagen einer Theorie des evolutiven Quantenbewusstseins Autoren: Wrobel, Norbert; Sedlacek, Klaus-Dieter Seltsam sind die physikalischen Gesetze, die unsere Welt wirklich beherrschen: Es sind die Gesetze einer makroskopischen Quantenwelt, in der alles ...

Supervereinigung

Wie aus nichts alles entsteht. Ansatz einer großen einheitlichen Feldtheorie. – Neuausgabe -. Autor: Sedlacek, Klaus-Dieter. Unter Physikern herrscht allgemein Übereinstimmung darin, dass die fundamentale Wirklichkeit unserer Welt aus Feldern besteht. Bei ...

The great god Pan / Der große Gott Pan – zweisprachig

Horror story English – German / Horror Geschichte Englisch – Deutsch. Autor: Machen, Arthur. The Great God Pan is a horror and fantasy novel by the Welsh writer Arthur Machen. Machen was ...

The nature of the physical world

The Gifford Lectures 1927 Sir Arthur Eddington , Klaus-Dieter Sedlacek (Hrsg.) In these lectures the author Eddington discusses some of the results of modern study of the physical world which give ...

The Philosophy of Physical Science

TARNER LECTURES 1938 – CAMBRIDGE Sir Arthur Eddington , Klaus-Dieter Sedlacek (Hrsg.) It is often said that there is no „philosophy of science", but only the philosophies of certain scientists. But ...

Treibhauseffekt und Klimawandel

Energiewende, ja bitte, aber nicht wegen CO2. Von Sedlacek, Klaus-Dieter (Hrsg.) Dieses Buch dokumentiert zum Thema Klimawandel und CO2 teils unbequeme wissenschaftliche Fakten bzw. Meldungen und die dazugehörigen Quellen. Sie sind eingeladen, ...

Unsterbliches Bewusstsein

Raumzeit-Phänomene, Beweise und Visionen – Taschenbuchausgabe Klaus-Dieter Sedlacek In diesem Buch geht es weder um Glauben noch um Esoterik, sondern um Beweise. Glaubwürdige, wissenschaftliche Beweise, die in eine Form gepackt sind, dass ...

Wege zur Physikalischen Erkenntnis

Meine wissenschaftliche Selbstbiographie, Reden und Vorträge Max Planck , Klaus-Dieter Sedlacek (Hrsg.) Diese erweiterte Neuauflage des Buchs „Wege zur physikalischen Erkenntnis" enthält neben der wissenschaftlichen Selbstbiographie folgende Vorträge: Die Einheit des physikalischen ...

Wie intelligent sind Pflanzen?

Sensationelle Einblicke in die geheime Seite des pflanzlichen Wesens Autoren: Wagner, Adolf; Sedlacek, Klaus-Dieter In diesem Buch behandeln die Autoren Fragen zum Thema Intelligenz und Bewusstsein bei Pflanzen und geben Antworten. Der ...

Wie man seinen Verstand benutzt

Und seine Willenskraft stärkt. Ein praktisches Handbuch der Psychologie. Autor: Atkinson, Wilhelm Walker. Der Mechanismus der psychischen Zustände – die geistige Maschinerie, mit deren Hilfe wir fühlen, denken und wollen – ...

Zeichnen für Einsteiger

Achtzehn Lektionen in naturalistischem Zeichnen. Autor: Furniss, Dorothy. Magst du die Malerei? Ist Zeichnen für dich interessant? Hast du einen Bleistift, eine Schachtel Kreide oder einen Malkasten? Denn wenn du auch nur ...